1 MONTH OF
FREE
READING

at

www.ForgottenBooks.com

By purchasing this book you are eligible for one month membership to ForgottenBooks.com, giving you unlimited access to our entire collection of over 1,000,000 titles via our web site and mobile apps.

To claim your free month visit:

www.forgottenbooks.com/free1248953

ISBN 978-0-428-61243-6
PIBN 11248953

This book is a reproduction of an important historical work. Forgotten Books uses state-of-the-art technology to digitally reconstruct the work, preserving the original format whilst repairing imperfections present in the aged copy. In rare cases, an imperfection in the original, such as a blemish or missing page, may be replicated in our edition. We do, however, repair the vast majority of imperfections successfully; any imperfections that remain are intentionally left to preserve the state of such historical works.

MÉMOIRES

DE LA

SOCIÉTÉ ROYALE DES SCIENCES

DE LIÉGE.

MÉMOIRES

DE LA

SOCIÉTÉ ROYALE DES SCIENCES

DE LIÉGE.

Nec temere nec timide.

DEUXIÈME SÉRIE.

TOME VII.

DÉPOTS :

LONDRES,	PARIS,	BERLIN,
chez Willams et Norgate,	chez Roret, libraire,	chez Friedländer et Sohn,
Henrietta Str., 14.	rue Hautefeuille, 10 *bis*.	Carlstrasse, 11.

BRUXELLES,

F. HAYEZ, IMPRIMEUR DE L'ACADÉMIE ROYALE.

DÉCEMBRE 1878

506

TABLE DES MATIÈRES.

LISTE

MEMBRES DE LA SOCIÉTÉ

AU 31 DÉCEMBRE 1878.

—————

Bureau.

Président,	M. DE SELYS LONGCHAMPS.
Vice-Président,	» R. MALHERBE.
Secrétaire général,	» CANDÈZE.
Trésorier,	» DE KONINCK.
Bibliothécaire,	» DEWALQUE.

Membres effectifs.

1842 DE KONINCK, L. G., professeur émérite de l'université de Liège.

CHANDELON, J. T. P., professeur de chimie à l'université de Liège.

SELYS LONGCHAMPS (baron E. de), membre de l'Académie royale des sciences, des lettres et des beaux-arts de Belgique.

TRASENSTER, L., professeur d'exploitation des mines à l'université de Liège.

1844 SCHMIT, J. P., professeur à l'école des mines annexée à l'université de Liège.

a

1844 KUPFFERSCHLAEGER, Is., professeur de docimasie et de chimie toxicologique à l'université de Liège.

1845 DELVAUX DE FENFFE, AD., ingénieur honoraire des mines, à Liège.

1847 DE CUYPER, A. C., professeur de mécanique et d'astronomie mathématique à l'université de Liège.

SCHWANN, T., professeur de physiologie à l'université de Liége.

1853 BÈDE, E., industriel, à Verviers.

CANDÈZE, E., membre de l'Académie des sciences, des lettres et des beaux-arts de Belgique, à Glain.

CHAPUIS, F., id., id., à Verviers.

PÂQUE, A., ancien professeur de mathématiques, à Liége.

1855 DEWALQUE, G., professeur de minéralogie, de géologie et de paléontologie à l'université de Liège.

BOURDON, J., docteur en sciences naturelles, à Liège.

1856 CATALAN, C. E., professeur de calcul différentiel, de calcul intégral et d'analyse à l'université de Liége.

1857 HOUTAIN, L., docteur en sciences physiques et mathématiques, à Liège.

1860 GILLON, A., professeur de métallurgie à l'université de Liège.

1861 PÉRARD, L., professeur de physique à l'université de Liége.

MORREN, Éd., professeur de botanique à l'université de Liège.

1865 FOLIE, F., administrateur-inspecteur de l'université de Liège.

CHARLIER, E., docteur en médecine, à Liége.

1868 GRAINDORGE, L. A. J., chargé du cours des théories dynamiques de Jacobi à l'université de Liège.

1869 HABETS, A., ingénieur honoraire des mines, à Liège.

1870 MASIUS, V., professeur de pathologie et de thérapeutique générales à l'université de Liège.

VANLAIR, C., id., id.,

1871 VAN BENEDEN, Éd., professeur de zoologie, de physiologie et d'anatomie comparées à l'université de Liège.

1871 LE BOULENGÉ, P., major d'artillerie, à Liége.
    DE VOS, A., professeur à l'école moyenne, à Liége.
1874 MALHERBE, R., ingénicur des mines, à Liége.
    FIRKET, AD.,   id.,   id.
    FALISSE, J.-V., professeur de mathématiques à l'athénée de
        Liége.
1875 SPRING, W., professeur de chimie à l'université de Liége.
    SWAEN, A., professeur d'anatomie à l'université de Liége.
1876 DE KONINCK, Lucien, chargé du cours de chimie analy-
        tique à l'université de Liège.
1878 LE PAIGE, docteur en sciences, chargé de cours à l'uni-
        versité de Liége.
    GHYSENS,   id.,   id.

Membres correspondants.

1842 VAN BENEDEN, P., professeur à l'université de Louvain.
    LAGUESSE, ingénieur en chef des mines, à Mons.
    NEUENS, général d'artillerie, à Anvers.
1843 DECAISNE, J., professeur au Muséum d'histoire naturelle, à
        Paris.
    STAS, J., membre de l'Académie royale des sciences, des
        lettres et des beaux-arts de Belgique, à Bruxelles.
    NYST, H.,   id.,   id.
    KEYSERLING (comte A. DE), membre de l'Académie des
        sciences de St-Pétersbourg.
    GERVAIS, P., membre de l'Institut de France, professeur
        à la faculté des sciences, à Paris.
    SUNDEVALL, professeur à la faculté des sciences, à Stock-
        holm.
    PUTZEYS, secrétaire général au Ministère de la Justice, à
        Bruxelles.
    REICHERT, professeur à l'université de Berlin.
    STEICHEN,   id.   à l'École militaire, à Bruxelles.

1843 Bréguet, mécanicien, à Paris.

Simonoff, directeur de l'Observatoire de Kasan (Russie).

Cheffkine, général, aide de camp de S. M. l'Empereur de Russie, à St-Pétersbourg.

Seyler, docteur en médecine, à Wiltz (grand-duché de Luxembourg).

1844 Lecointe, professeur de mathématiques supérieures, à Anvers.

Malherbe, juge au tribunal de Metz.

1845 Maus, inspecteur général des ponts et chaussées, à Bruxelles.

Navez, lieutenant-colonel d'artillerie en retraite, à Schaerbeek.

Coquilhat, général d'artillerie, à Anvers.

Hagen, professeur à l'université de Cambridge (États-Unis).

Chasles, M., membre de l'Institut, à Paris.

1847 Bosquet, pharmacien, à Maestricht (Néerlande).

1848 Klipstein (von), professeur à l'université de Giessen.

1849 Michaelis, professeur à l'Athénée de Luxembourg.

1850 Ansted, professeur de géologie, à Londres.

Schlegel, directeur du Muséum d'histoire naturelle, à Leyde (Néerlande).

1852 Le Conte, J. L., docteur en médecine, à Philadelphie (États-Unis).

Davidson, Th., membre de la Sociëté royale de Londres.

Ettingshausen (von), professeur de physique à l'université de Vienne.

Lamont, directeur de l'Observatoire, à Munich.

Dana, J. D., professeur de géologie et d'histoire naturelle, à Philadelphie (États-Unis).

Ettingshausen (chevalier Constantin von), membre de l'Académie des sciences, à Vienne.

1853 Westwood, professeur de zoologie à l'université d'Oxford (Angleterre).

Parry (major F. J. Sidney), à Londres.

Waterhouse, conservateur au Musée Britannique, à Londres.

1854 PETRINA, professeur de physique, à Prague (Bohème).

KOELLIKER, professeur à l'université de Wurzbourg (Bavière).

DUTREUX, receveur général, à Luxembourg.

DROUET, H., naturaliste, à Charleville (France).

WEBER, professeur de physique à l'université de Gœttingen (Prusse).

STAMMER, docteur en médecine, à Dusseldorf (Prusse).

ERLENMEYER, docteur en médecine, à Neuwied (Prusse).

LUCAS, H., aide-naturaliste au Muséum d'histoire naturelle, à Paris.

BLANCHARD, E., membre de l'Institut, à Paris.

1855 GEINITZ, H. B., professeur à l'École polytechnique, à Dresde.

BECQUEREL, A. C., membre de l'Institut, à Paris.

LIAIS, directeur de l'Observatoire impérial de Rio de Janeiro.

DUMONCEL, physicien, à Paris.

TCHÉBYCHEFF, P., membre de l'Académie des sciences, à St-Pétersbourg.

MICHOT (abbé), botaniste, à Mons.

1857 JAMIN, J. C., membre de l'Institut, à Paris.

RAY, J., trésorier de la Société d'agriculture de Troyes (France).

WRIGHT (Dr Th.), membre de la Société royale d'Édimbourg, à Cheltenham (Angleterre).

SCHMIT, N. C., professeur à la faculté des sciences de l'université de Bruxelles.

1858 CALIGNY (marquis DE), correspondant de l'Institut, à Versailles (France).

1859 MARSEUL (abbé DE), entomologiste, à Paris.

BEYRICH, professeur à l'université de Berlin.

MARCOU, J., géologue, à Cambridge (États-Unis).

1860 DU BOIS-REYMOND, professeur à l'université de Berlin.

BRÜCKE, professeur à l'université de Vienne.

FAVRE, A., professeur de géologie à l'Académie de Genève (Suisse).

1860 STUDER, B., professeur émérite à l'université de Berne (Suisse).

CHEVROLAT, membre de la Société entomolog. de France, à Paris.

1862 CASPARY, professeur de botanique à l'université de Kœnigsberg (Prusse).

WARTMANN, É., professeur de physique, à Genève (Suisse).

1863 HELLIER BAILY, paléontologiste, à Dublin.

GOSSAGE, membre de la Société chimique, à Londres.

GÜBLER, professeur agrégé à la faculté de médecine, à Paris.

DELESSE, professeur de géologie à l'École normale, à Paris.

1864 THOMSON, J., membre de la Société entomologique de France, à Paris.

BRÜNER DE WATTEVILLE, directeur général des télégraphes, à Vienne.

1865 GHERARDI (commandeur), directeur de l'Institut technique, à Florence.

DURIEU DE MAISONNEUVE, directeur du Jardin Botanique, à Bordeaux (France).

CIALDI (commandeur), directeur des travaux maritimes, à Rome.

HUGUENY, professeur, à Strasbourg.

TERSSEN, colonel d'artillerie, à Anvers.

DE COLNET D'HUART, conseiller d'État, à Luxembourg.

ZEIS, conservateur au Muséum royal d'histoire naturelle, à Dresde.

MILNE EDWARDS, membre de l'Institut, à Paris.

DAUSSE, ingénieur en chef des ponts et chaussées, à Paris.

LE JOLY, Archiviste perpétuel de la Société des sciences naturelles de Cherbourg (France).

VARLEY CROMWELL, ingénieur en chef de la Compagnie des télégraphes électriques, à Londres.

GODWIN AUSTEN, membre de la Société royale de Londres, Chilworth Manor, Guilford (Angleterre).

1865 HAMILTON, membre de la Société géologique de Londres.

DE BORRE, A., conservateur au Musée royal d'histoire naturelle, à Bruxelles.

1866 RODRIGUEZ, directeur du Musée zoologique de Guatémala.

LEDENT, professeur au collége communal de Verviers.

DESAINS, professeur de physique à la Sorbonne, à Paris.

1867 GOSSELET, J., professeur à la faculté des sciences de Lille (France).

BARNARD, président de l'École des mines, à New-York (États-Unis).

RADOSZKOFFSKI, président de la Société entomologique de Sᵗ-Pétersbourg.

SÉGUIN, ainé, membre de l'Institut, à Paris.

BONCOMPAGNI (prince Balthasar), à Rome.

1868 RENARD (S. Ex. le chevalier), conseiller d'État, secrétaire de la Société impériale des naturalistes de Moscou.

CLAUSIUS, R., professeur de physique à l'université de Bonn (Prusse).

HELMHOLTZ, professeur de physique, à Berlin.

CAILLETET, pharmacien et chimiste, à Charleville (France).

1869 MARIÉ DAVY, directeur de l'Observatoire météorologique de Montsouris, à Paris.

SCHLOEMILCH, professeur d'analyse à l'École polytechnique de Dresde.

SIMON, E., naturaliste, à Paris.

PISCO, professeur à l'École industrielle de Vienne.

1870 DAGUIN, professeur à la faculté des sciences de Toulouse (France).

TRAUTSCHOLD, professeur à l'École d'agriculture à Pétrovskoi, prés Moscou (Russie).

MALAISE, C., professeur à l'Institut agronomique de Gembloux.

LIOUVILLE, J., membre de l'Institut, à Paris.

BERTRAND, J. L. F.,   id.,   id.

SERRET, J. A.,   id.,   id.

1871 Van Hooren, conservateur au Musée royal d'históire naturelle, à Bruxelles.

Hesse, professeur à l'université de Munich.

Imschenetski, professeur à l'université de Karkoff (Russie).

Mueller (baron von), botaniste du gouvernement à Melbourne (Australie).

Ploem, docteur en médecine, à Sindanglaia (Java).

Henry, L., professeur à l'université de Louvain.

Durége, professeur à l'École polytechnique de Prague (Bohème).

Maxwell T. Masters, membre de la Société royale, à Londres.

Thomson, James, vice-président de la Société géologique de Glasgow.

Ribeiro, membre de l'Académie des sciences, à Lisbonne.

Capellini (commandeur G.), professeur de géologie à l'université de Florence.

1872 Vallès, inspecteur honoraire des ponts et chaussées, à Paris.

Garibaldi, professeur à l'université de Gènes (Italie).

Fradesso da Silveira, directeur de l'Observatoire, à Lisbonne.

Kanitz, Dr Aug., professeur à l'université de Klausenbourg (Hongrie).

Lucca, professeur de chimie à l'université de Naples (Italie).

1873 Clos, directeur du Jardin des Plantes, à Toulouse.

Martins, directeur du Jardin Botanique de Montpellier.

Bates, H., secrétaire adjoint de la Société géographique de Londres.

Melsens, membre de l'Académie royale des sciences, des lettres et des beaux-arts de Belgique.

Hermite, membre de l'Institut, à Paris.

Darboux, professeur à la Sorbonne, à Paris.

Fournier, Eug., D^r, membre de la Société botanique de France, à Paris.

1873 HALL (James), paléontologiste de l'État, à Albany (États-Unis).

WORTHEN, A. H., directeur du *Geological Survey* de l'Illinois (États-Unis).

MEEK, F. B., paléontologiste de l'État, à Washington.

WHITNEY, J. D., géologue de l'État, directeur du *Geological Survey* de Californie (États-Unis).

GLAZIOU, botaniste, directeur du *Passeio publico,* à Rio de Janeiro.

LADISLAÔ NETTO, botaniste, directeur du Musée impérial de Rio de Janeiro.

DE CARVALHO (Pedro Alphonso), docteur en médecine, directeur de l'Hôpital de la Miséricorde, à Rio de Janeiro.

BURMEISTER, H., directeur du Musée national de Buenos-Ayres.

MORENO, F. P., paléontologiste, à Buenos-Ayres.

ARESCHOUG, professeur adjoint à l'université de Lund (Suéde).

1874 WINKLER, D. C. J., conservateur du Musée de Harlem (Néerlande).

HAYDEN, géologue de l'Étta, à Washington.

VAN RYSSELBERGHE, aide à l'Observatoire royal, à Bruxelles.

GEGENBAUER, professeur à l'université de Heidelberg.

HAECKEL,   id.,   id.,   à Iéna.

WALDEYER,   id.,   id.,   à Strasbourg.

HUXLEY, professeur à l'école des mines, à Londres.

1875 MANSION, professeur à l'université de Gand.

MICHAELIS, O., captain, chief of Ordnance, à St-Paul, Minn., Dépt de Dakota (États-Unis).

DEWALQUE, Fr., professeur à l'université de Louvain.

M. MARIE, répétiteur à l'école polytechnique, à Paris.

DESPEYROUS, professeur de mathématiques à la faculté de sciences de Toulouse.

HOÜEL,   id.,   id.,   à Bordeaux.

MATHIEU, Em.,   id.,   id.,   à Nancy.

1875 Eymer, professeur à l'université de Tubingue.

De la Valette St-George, id., id., à Bonn.

Ray-Lankester, id., id., à Oxford.

Packard, id., id., à Salem (États-Unis).

Flemming, W., id., id., à Prague.

Plateau, F., professeur à l'université de Gand.

Roemer, F., id., id., à Breslau.

Saporta (Gaston comte de), correspondant de l'Institut de France, à Aix (France).

1876 Balfour, J. H., professeur de botanique à l'université d'Édimbourg.

Balfour, Th. G. H., membre de la Société royale, à Londres.

1877 Mac Lachlan, Rob., membre de la Société entomologique, à Londres.

Tissandier, Gaston, rédacteur du journal *la Nature*, à Paris.

1878 Hertwig, B., professeur à l'université d'Iéna.

Strasburger, id., id.

Butschli, professeur à l'université de Carlsruhe.

Brongnart, Charles, à Paris.

LISTE

DES

SOCIÉTÉS SAVANTES, REVUES, ETC.,

AVEC LESQUELLES

LA SOCIÉTÉ DES SCIENCES DE LIÉGE

échange ses publications.

BELGIQUE.

Bruxelles. — *Académie royale des sciences, des lettres et des beaux-arts de Belgique.*
Observatoire royal.
Société entomologique de Belgique.
Société malacologique de Belgique.

Mons. — *Société des sciences, des lettres et des beaux-arts du Hainaut.*

ALLEMAGNE.

Berlin. — *Königlich preussische Akademie der Wissenschaften.*
Deutsche Geologische Gesellschaft.
Entomologischer Verein.
Zeitschrift für die gesammten Naturwissenschaften.

Bonn. — *Naturhistorischer Verein der Preussischen Rheinlande und Westphalens.*

Breslau. — *Schlesische Gesellschaft für vaterländische Cultur.*

Colmar. — *Société d'histoire naturelle.*

Erlangen. — *Physikalisch-medicinische Societät.*

Francfort. — *Senckenbergische naturwissenschaftliche Gesellschaft.*

Fribourg. — *Naturforschende Gesellschaft.*

Giessen. — *Oberhessische Gesellschaft für Natur- und Heilkunde.*

Goerlitz. — *Neues Lausitzisches Magazin.*

Gottingue. — *Königliche Gesellschaft der Wissenschaften und Georg-August-Universität.*

Halle. — *Naturwissenschaftlicher Verein für Sachsen und Thüringen.*

    Naturforschende Gesellschaft.

Kiel. — *Naturwissenschaftlicher Verein.*

Koenigsberg. — *Königliche physikalisch-ökonomische Gesellschaft.*

Landshut. — *Botanischer Verein.*

Metz. — *Académie des lettres, sciences, arts et agriculture.*

Munich. — *Königlich Bayerische Akademie der Wissenschaften.*

    Königliche Sternwarte.

Offenbach. — *Offenbacher Verein für Naturkunde.*

Stettin. — *Entomologischer Verein.*

Stuttgard. — *Verein für vaterländische Naturkunde in Würtemberg.*

Wiesbaden. — *Nassauischer Verein für Naturkunde.*

Wurzbourg. — *Physikalisch-medicinische Gesellschaft in Würzburg.*

    Naturwissenschaftliche Zeitschrift.

Zwickau. — *Verein für Naturkunde.*

AUTRICHE-HONGRIE.

—

Hermannstadt. — *Siebenbürgischer Verein für Naturwissen-schaften.*

Prague. — *Königlich böhmische Gesellschaft der Wissenschaften.*
Kaiserlich-Königliche Sternwarte.

Vienne. — *Kaiserliche Akademie der Wissenschaften.*
Kaiserlich-Königliche zoologisch-botanische Gesellschaft.
Kaiserlich-Königliche geologische Reichsanstalt.

ESPAGNE.

—

Madrid. — *Real Academia de Ciencias.*

FRANCE.

—

Bordeaux. — *Académie des sciences, belles-lettres et arts.*
Société linnéenne.
Société des sciences physiques et naturelles.

Caen. — *Société linnéenne de Normandie.*

Cherbourg. — *Société des sciences naturelles.*

Dijon. — *Académie des sciences.*

Lille. — *Société des sciences, de l'agriculture et des arts.*

Lyon. — *Académie des sciences.*
Société d'agriculture.
Société linnéenne.

Montpellier. — *Académie des sciences et lettres.*

Nancy. — *Société des sciences (ancienne Société des sciences natu-relles de Strasbourg).*

Paris. — *Société Géologique de France.*
Société Philomatique.
Muséum d'histoire naturelle.

Rouen. — *Société des amis des sciences naturelles.*

Toulouse. — *Académie des sciences.*
Societé des sciences physiques et naturelles.

Troyes. — *Société académique de l'Aube.*

Agen. — *Société d'agriculture, sciences et arts.*

GRANDE-BRETAGNE ET IRLANDE.

—

Dublin. — *Royal Irish Academy.*
Natural history Society.

Édimbourg. — *Geological Society.*

Londres. — *Geological Society.*
Linnean Society.
Mac Millan Office.
Royal Society.

Glasgow. — *Geological Society.*
Natural history Society.
Philosophical Society.

Manchester. — *Litterary and philosophical Society.*

ITALIE.

—

Bologne. — *Academia delle Scienze.*

Catane. — *Academia gioenia di scienze naturali.*

Florence. — *R. Comitato geologico d'Italia.*

Gênes. — *Observatorio della R. Universita.*

Modène. — *Societa dei naturalisti.*

Naples. — *Societa Reale.*

Palerme. — *Instituto tecnico.*

Rome. — *Bolletino di bibliografia delle scienze matematiche.*
Reale Academia dei Nuovi Lincei.

LUXEMBOURG.

—

Luxembourg. — *Institut royal grand-ducal, section des sciences naturelles et mathématiques.*

NÉERLANDE.

—

Amsterdam. — *Koninklijke Academie van wetenschappen.*
Harlem. — *Société hollandaise des sciences.*
Rotterdam. — *Société expérimentale.*

RUSSIE.

—

Helsingfors. — *Société des sciences de Finlande.*
Moscou. — *Société impériale des naturalistes.*
Saint-Pétersbourg. — *Académie impériale des sciences.*
    Société d'archéologie et de numismatique.
    Société entomologique.
    Société impériale de minéralogie.

SUÈDE ET NORWÉGE.

—

Bergen. — *Museum.*
Christiania. — *Kongelige Frederiks Universitet.*
Stockholm. — *Académie royale des sciences.*
    Nordist medicinskt Arkiv, directeur : Dr Axel Key.

SUISSE.

—

Berne. — *Naturforschende Gesellschaft.*
    Société helvétique des sciences naturelles.
Neuchâtel. — *Societé des sciences naturelles.*
Schafhouse. — *Naturforschende Gesellschaft.*

AMÉRIQUE.

—

ÉTATS-UNIS.

American Association for advancement of sciences.

Boston. — American Academy of arts and sciences.

Society of natural History.

Cambridge. — Museum of comparative zoology.

Columbus. — Ohio State agricultural Society.

Madison. — Wisconsin Academy of sciences, letters and arts.

New-Haven. — Connecticut Academy of arts and sciences.

Newport. — Orleans County Society of natural sciences.

New-York. — Lycæum of natural History.

Philadelphie. — Academy of natural sciences.

American philosophical Society.

Wagner Free Institute of sciences.

Portland. — Natural History Society.

Salem. — The American Naturalist.

Essex Institute.

Peabody Academy of sciences.

San-Francisco. — Californian Academy of sciences.

Washington. — Smithsonian Institution.

GUATEMALA.

—

Guatemala. — Sociedad economica.

RÉPUBLIQUE ARGENTINE.

—

Buenos-Ayres. — Universitad.

ASIE.

—

INDES ANGLAISES.

Calcutta. — Asiatic Society of Bengal.

AUSTRALIE.

—

Hobart-Town. — Tasmanian Society of natural sciences.

RECHERCHES

SUR

LES FOSSILES PALÉOZOÏQUES

DE

LA NOUVELLE-GALLES DU SUD

(AUSTRALIE);

PAR

L.-G. DE KONINCK, D. M.,

PROFESSEUR ÉMÉRITE A L'UNIVERSITÉ DE LIÉGE.

RECHERCHES

SUR

LES FOSSILES PALÉOZOÏQUES

DE

LA NOUVELLE-GALLES DU SUD

(AUSTRALIE).

————

TROISIÈME PARTIE.

———

FOSSILES CARBONIFÈRES.

—

Avant de me livrer à l'étude des nombreuses formes animales appartenant à l'époque carbonifère, je jetterai un coup d'œil sur quelques débris végétaux contemporains de ces mêmes formes, recueillis en même temps et souvent dans les mêmes roches par le révérend W. B. Clarke.

Je remarquerai d'abord que la plupart des échantillons qui m'ont été communiqués et dont le nombre ne dépasse pas vingt, sont dans un si triste état de conservation que M. Crépin, qui a eu l'obligeance de les examiner, n'est parvenu à en déterminer aucun avec une complète certitude, malgré l'expérience qu'il a acquise d'un semblable travail et malgré les nombreux matériaux de comparaison qui sont à sa disposition au Musée de Bruxelles.

Selon lui, néanmoins, quelques échantillons se rapprochent des *Lepidodendron Weltheimianum*, Sternberg; d'autres du *Bornia radiata*, Ad. Brongniart (voir pl. VII, fig. 1); d'autres enfin du *Calamites varians*, Germar, et constituent les formes dominantes.

Toutes ces plantes sont contenues, les unes dans un calcaire dur et compacte de couleur gris-jaunâtre ou verdâtre, les autres dans un grès grisâtre ou brunâtre, assez tendre et facile à pulvériser. Plusieurs sont accompagnées de fossiles animaux marins, tels que *tiges de Crinoïdes*, *Productus*, *Conularia*, etc. Par leurs caractères, elles n'appartiennent pas à la flore houillère proprement dite, mais à celle qui l'a précédée et qui se trouve conservée dans les roches sur lesquelles la formation houillère repose.

Les principales localités dans lesquelles les divers fragments de végétaux dont je viens de parler, ont été recueillis, sont : les carrières de Murree, Russell' Shaft, Glen William, Burragood et Ichthyodorulite Range. C'est aux paléontologistes et aux géologues qui auront l'occasion de visiter ces diverses localités, de faire les recherches nécessaires afin d'obtenir des matériaux d'une conservation suffisante pour en permettre l'étude complète et contribuer ainsi au progrès de la science.

Classe : **POLYPI.**

Ordre : ZOANTHARIA.

Section : RUGOSA.

Genre **AXOPHYLLUM**, *Milne Edwards* et *J. Haime.*

AXOPHYLLUM? THOMSONI, *L.-G. de Koninck.*

(Pl. **V**, fig. 3.)

Polypier simple, cylindro-conique, légérement courbé, entouré d'une épithèque mince, à bourrelets d'accroissement faibles; calice subcirculaire; columelle assez forte, comprimée latéralement et à section ovalaire. Les cloisons primaires sont au nombre de quarante-quatre; elles sont assez épaisses dans leur partie moyenne, s'amincissent vers la partie centrale du polypier et se recourbent un peu sur elles-mêmes avant d'atteindre la columelle. Ces cloisons alternent avec un égal nombre de cloisons secondaires qui n'ont que le tiers de leur étendue et dont la plupart s'y soudent par leur extrémité interne, en se recourbant légèrement. Les loges intercloisonnaires sont remplies de traverses vésiculaires sur une épaisseur d'environ 2 millimètres sur tout le pourtour marginal. La fossette septale n'est pas très-distincte; elle est située du côté de la courbure concave du polypier.

Dimensions. — Je n'ai eu à ma disposition qu'un fragment assez imparfait de cette espèce, dont la longueur doit être d'environ 5 à 6 centimètres; le diamètre du calice est de 23 millimètres.

Rapports et différences. — Par sa forme relativement plus allongée, plus courbée et moins turbinée, ainsi que par la soudure de ses cloisons secondaires aux cloisons primaires, cette espèce se distingue facilement de toutes celles déjà connues.

En la dédiant à **M.** James Thomson, de Glasgow, j'ai voulu rendre hommage aux talents remarquables qu'il déploie dans ses recherches sur les polypes carbonifères britanniques dont l'étude lui a été confiée par l'Association britannique pour l'avancement des sciences et le remercier de l'extrême obligeance qu'il a eue d'examiner les espèces australiennes dont il est question dans ce travail et dont la plupart des descriptions sont faites sur des notes qu'il a eu la bonté de me transmettre.

Gisement et localités. — Les deux échantillons de cette espèce mis à ma disposition proviennent, l'un de Jervis's Bay et l'autre de Colocolo.

Genre **LITHOSTROTION**, *Lwyd.*

—

1. LITHOSTROTION IRREGULARE, *Phillips.*

(Pl. V, fig. 1.)

SCREW STONE.	Robert Plot, 1668, *Nat. hist. of Staffordshire*, p. 195, pl. 12, fig. 5.
LITHODENDRON IRREGULARE.	J. Phillips, 1836, *Geol. of Yorkshire*, t. II, p. 202, pl. 2, fig. 14 and 15 (non Michelin).
— IRREGULARE.	Milne Edwards et J. Haime, 1851, *Polyp. foss. des terr. paléoz.*, p. 336.
— —	L.-G. de Koninck, 1872, *Nouv. recherches sur les anim. fossiles du terr. carb. de la Belgique*, p. 31, pl. I, fig. 5, et pl. 2, fig. 1.

Ce polypier dont j'ai donné une description détaillée en 1872, forme des touffes dendroïdes très-considérables; ses polypiérites sont très-longs, cylindriques et légèrement flexueux; leur diamètre est d'environ 4 à 5 millimètres. La columelle est peu saillante et peu comprimée. Le nombre des cloisons varie de seize à vingt-quatre suivant l'âge. Tous ces caractères se retrouvent sur les échantillons d'Australie que j'ai sous les yeux et m'empêchent de les confondre avec les autres espèces du même genre.

Gisement et localités. — Cette espèce est très-répandue dans le calcaire carbonifère d'Angleterre, d'Irlande, de Russie et de Belgique, où M. Éd. Dupont l'a reconnue dans un grand nombre de localités, sous forme d'un banc distinct de 15 à 20 centimètres d'épaisseur, intercalé dans le calcaire et pouvant servir d'horizon constant pour aider à la classification des couches qui le renferment. Il serait intéressant de s'assurer si cette espèce affecte les mêmes allures en Australie où elle est signalée dans un calcaire gris-bleuâtre à grain très-fin et cassant du port Macquarie, dans le Piper's Creek.

2. LITHOSTROTION BASALTIFORME, *W. B. Conybeare* and *W. Phillips.*

(Pl. V, fig. 2.)

LITHOSTROTION.	E. Luidius, 1760, *Lithophyl. brit. ichnogr.*, p. 120, pl. 23, fig. 1.
	Parkinson, 1820, *Organ. remains of a former World,* t. II, p. 42, pl. 5, fig. 3 and 6.
ASTREA BASALTIFORMIS.	W. B. Conybeare and W. Phillips, 1822, *Outl. of the geol. of England and Wales,* p. 359.
LITHOSTROTION STRIATUM.	Fleming, 1828, *Brit. anim.*, p. 503.
— BASALTIFORME.	Milne Edwards and J. Haime, 1852, *Brit. foss. Corals,* p. 190, pl. 38, fig. 3.
—	Idem, 1860, *Hist. nat. des Coralliaires,* t. III, p. 429.

Polypier astréiforme à polypiérites prismatiques à cinq ou à six pans, complétement soudés par leurs murailles. Calices inégaux et dont la partie diagonale varie de 10 à 15 millimètres. Columelle petite, comprimée, mais un peu renflée au milieu ; cloisons minces, au nombre de quarante à cinquante, alternativement un peu inégales et dont les grandes atteignent seules la columelle. Les loges cloisonnaires sont remplies d'une innombrable quantité de traverses vésiculaires. La surface externe des polypiérites isolés est ornée de côtes longitudinales et de légers bourrelets transversaux d'accroissement.

Dimensions. — Ce polypier peut atteindre de grandes dimensions, et son diamètre dépasse quelquefois plusieurs décimètres.

Gisement et localités. — Cette espèce a été observée en Angleterre, en Irlande et en Russie dans les assises moyennes du calcaire carbonifère. M. W. B. Clarke m'en a communiqué quelques échantillons contenus dans un calcaire bleuâtre très-dur et très-cassant et recueillis sur les bords du Murrambidgee.

GENRE **CYATHOPHYLLUM**, *Goldfuss.*

CYATHOPHYLLUM INVERSUM, L.-G. *de Koninck.*

(Pl. V, fig. 4.)

Polypier simple, en cône de taille moyenne, peu courbé et dont l'épithèque me semble être très-mince, quoique les bourrelets d'accroissement soient assez forts. Calice circulaire, médiocrement profond, à bords assez épais. Cloisons principales au nombre de quarante-deux, minces, légèrement arquées dans la majeure partie de leur étendue et fortement tordues sur elles-mêmes vers le centre du calice. Ces cloisons alternent avec le même nombre de cloisons secondaires, qui n'occupent que le tiers environ de l'étendue des cloisons principales. Celles-ci sont soudées aux cloisons principales par des vésicules convexes, dont la convexité est tournée vers le bord externe, tandis que la convexité des vésicules qui remplissent les loges intercloisonnaires que l'on trouve au bord de la limite extrême des cloisons secondaires, ont leur convexité tournée vers le centre du polypier. Je n'ai observé aucune trace de fossette septale.

Dimensions. — La longueur du seul échantillon incomplet qui a été soumis à mon examen est d'environ 4 centimètres, mais il est probable que la longueur normale est de 7 centimètres; le diamètre du calice est de 3 $\frac{1}{2}$ centimètres.

Rapports et différences. — Suivant mon savant et excellent ami, M. James Thomson, que j'ai consulté à cet égard, cette espèce diffère de toutes ses congénères actuellement connues, par la forme et l'arrangement de ses cloisons, ainsi que par la disposition toute particulière des vésicules qui remplissent les loges interseptales. L'espèce qui s'en rapproche le plus par la structure interne, paraît être le *Cyathophyllum regium,* **J.** Phillips, mais qui, étant toujours composé et astréiforme, ne peut être confondu avec elle.

Gisement et localité. — Je n'oserais affirmer positivement que cette espèce soit carbonifère, quoique toutes les autres qui sont renseignées comme provenant de la même localité, c'est-à-dire Colocolo, appartiennent à cette formation.

GENRE **LOPHOPHYLLUM,** *Milne Edwards* et *J. Haime.*

—

1. LOPHOPHYLLUM MINUTUM, *L.-G. de Koninck.*

(Pl. **V,** fig. 5.)

Polypier assez court, ayant la forme d'une petite corne recourbée, à calice circulaire profond, recouvert d'une forte épithèque ornée de côtes longitudinales serrées et de bourrelets d'accroissement peu prononcés. Les cloisons sont au nombre de treize, dont deux atteignent le centre du calice et servent de limite à la fossette septale, au milieu de laquelle se trouve une autre cloison qui n'atteint que les deux tiers de l'étendue des cloisons adjacentes. Nulle trace de traverses endothécales. Columelle un peu comprimée latéralement et dans une position légèrement excentrique.

Rapports et différences. — Cette espèce est très-voisine de mon *Lophophyllum breve,* dont elle possède le même nombre de cloisons; elle en diffère par sa forme générale qui me paraît plus élancée et surtout par les côtes longitudinales dont sa surface extérieure est ornée. Par ce dernier caractère elle se rapproche du *Lophophyllum eruca,* M⁰ Coy, dont elle se distingue facilement par ses deux cloisons septales qui atteignent le centre du calice, tandis que dans l'espèce décrite par M. M⁰ Coy, une seule cloison dépasse les autres et s'étend jusqu'à la columelle.

Dimensions. — Diamètre du calice 7 millimètres. L'état frag-
mentaire de l'échantillon décrit ne permet pas d'indiquer les
autres dimensions.

Gisement et localités. — M. James Thomson a reconnu la
présence de cette espèce dans les schistes qui, en Écosse, servent
de base au calcaire carbonifère que je considère comme l'analogue de notre calcaire de Visé. En Australie un seul échantillon
en a été recueilli à Burragood sur les bords du Paterson (Paterson River).

2. LOPHOPHYLLUM CORNICULUM, *L.-G. de Koninck.*

(Pl. V, fig. 6.)

Polypier de taille moyenne, de forme conique, faiblement
courbée à surface externe à peu près complétement lisse, malgré la faible épaisseur de l'épithèque. Calice circulaire très-pro-
fond, à bords tranchants et droits. Cloisons principales minces
au nombre de trente-six, atteignant toutes la columelle et alternant avec le même nombre de cloisons secondaires très-peu
développées. La columelle est centrale et un peu comprimée
latéralement. La fossette septale est assez large et profonde; sa
position ne correspond ni à l'une, ni à l'autre des deux cour-
bures du polypier; elle est située tantôt à sa droite, tantôt à sa
gauche.

Dimensions. — La longueur est d'environ 3 centimètres et le
diamètre du calice d'environ 1 $\frac{1}{2}$ centimètre.

Rapports et différences. — Cette espèce a quelque ressemblance avec le *Lophophyllum Konincki*, Milne Edwards et
J. Haime; elle s'en distingue facilement par sa taille, par la forme
lisse de sa surface, par le nombre de ses cloisons et surtout par
la situation latérale de sa fossette septale.

Gisement et localité. — Quelques échantillons de cette espèce
ont été recueillis à Colocolo, dans un grès tantôt grisâtre, tantôt
rougeâtre et coloré par de l'oxyde de fer. La plupart ne s'y trouvent qu'à l'état de moule.

Genre **AMPLEXUS,** *Sowerby.*

————

AMPLEXUS ARUNDINACEUS, *Lonsdale.*

AMPLEXUS ARUNDINACEUS. Lonsdale, 1845, In *Strzelecki's Physical descr. of New-South-Wales,* p. 267, pl. 8, fig. 2.
— Mc Coy, 1847, *Ann. and mag. of nat. hist.,* t. XX, p. 228.

Polypier assez long, cylindro-conique, plus ou moins recourbé vers sa base. Surface extérieure ornée de côtes longitudinales assez bien prononcées, traversées par de nombreux plis ou bourrelets d'accroissement. Suivant Lonsdale les cloisons sont nombreuses et si l'on en juge par la figure qu'il a donnée, elles alternent avec des cloisons rudimentaires. Les planchers semblent être bosselés et la cloison septale peu prononcée.

Par ces deux derniers caractères l'*Amplexus arundinaceus* se rapproche du *Zaphrentis cylindrica,* Scouler, et il ne serait pas impossible qu'il dût être classé dans le même genre et à côté de celui-ci. L'état des échantillons dont je dispose ne me permet pas de trancher cette question.

Gisement et localités. — M. Strzelecki cite Shoalhaven et Barbers et M. Mc Coy, Curradullas, dans la Nouvelle-Galles du Sud. Les échantillons communiqués par M. W. B. Clarke, consistant principalement en empreintes externes, proviennent de Colocolo et se trouvent en grand nombre dans un calcaire d'un brun jaunâtre sur l'âge carbonifère duquel la présence du *Griffithides Eichwaldi,* Fischer, et du *Cladochonus brevicollis,* Mc Coy, ne permet pas d'avoir le moindre doute.

Genre **ZAPHRENTIS,** *Rafinesque* et *Clifford.*

————

1. ZAPHRENTIS PHILLIPSI? *Milne Edwards* et *J. Haime.*

ZAPHRENTIS PHILIPSI. Milne Edwards et J. Haime, 1851, *Polyp. foss. des terr. paléoz.,* p. 332, pl. 5, fig. 1.
— — Idem, 1852, *Mon. of the Brit. foss. Corals,* p. 168, pl. 34, fig. 2.
— — L.-G. de Koninck, 1872, *Nouv. recherches sur les foss. carb. de Belg.,* p. 96, pl. 10, fig. 2.

Malgré sa grande expérience dans la classification des polypes carbonifères, mon savant ami, **M. J.** Thomson, n'a pu déterminer qu'avec doute le petit échantillon de cette espèce qu'il a eu l'obligeance d'examiner, mais dont l'état de conservation laisse trop à désirer pour le faire dessiner. Voici la description qu'il en a faite :

Polypier petit, en forme de cône courbé, à section circulaire; épithèque forte; cloisons au nombre de vingt-deux et parfaitement distinctes se réunissant par groupes et s'étendant jusqu'au centre de la cavité circulaire. Ces cloisons alternent avec un égal nombre de cloisons secondaires. La fossette septale s'étend jusqu'au centre; elle est limitée par deux cloisons principales assez fortement courbées en sens inverse et ayant leur concavité du côté de la fossette.

Dimensions. — Le diamètre du fragment qui a servi à la description qui précède et qui provient évidemment d'un jeune individu, n'est que de 6 millimètres.

Gisement et localités. — Un seul échantillon de cette espèce, sur la détermination exacte duquel je n'ai pas mes apaisements, a été recueilli dans le calcaire carbonifère brunâtre de Colocolo. En Écosse **M. J.** Thomson l'a rencontrée dans les schistes qui se trouvent à la base du calcaire carbonifère de ce pays.

2. ZAPHRENTIS GREGORYANA, *L.-G. de Koninck.*

(Pl. V, fig. 7.)

Polypier de taille moyenne, en forme de corne peu courbée, à bourrelets d'accroissement peu prononcés. Épithèque mince et laissant apparaître des côtes longitudinales bien marquées, assez généralement simples dans toute leur étendue du côté convexe de la courbure, mais se bifurquant en assez grand nombre par interposition, du côté concave. Calice circulaire, modérément profond. Cloisons au nombre de trente-six, beaucoup plus épaisses en dehors qu'en dedans. Toutes convergent vers le centre en se courbant légèrement. La plupart sont soudées entre elles par des vésicules irrégulières, surtout dans leurs parties les plus rapprochées des bords. La fossette septale est assez grande, mais n'atteint pas complètement le centre, elle est divisée par une petite cloison médiane et située du côté de la petite courbure.

Dimensions. — Longueur environ 5 centimètres; diamètre du calice, 2 centimètres.

Rapports et différences. — Cette espèce a beaucoup d'analogie avec Z. *Cliffordana,* Milne Edwards et J. Haime, par la disposition et la forme de sa fossette septale; elle en diffère par sa taille qui est beaucoup plus grande et par l'arrangement de ses côtes.

Gisement et localités. — M. J. Thomson a reconnu cette espèce dans le schiste sur lequel repose le calcaire carbonifère en Écosse. En Australie elle a été recueillie à Jarvis's Bay et à Colocolo dans un grès calcareux d'une nuance gris-noirâtre.

3. ZAPHRENTIS CAINODON, *L.-G. de Koninck.*

(Pl. V, fig. 8.)

Polypier de forme conique, assez allongé eu égard à son diamètre et faiblement courbé; calice légèrement oval, assez profond et à bords minces. L'épithèque a disparu, mais il est probable qu'elle a dû être assez mince et assez lisse, puisqu'elle n'a laissé subsister aucune trace de bourrelets d'accroissement. Les cloisons sont au nombre de quarante. Celles qui sont situées du côté de la grande courbure ont moins d'étendue que les autres. Celles-ci sont plus ou moins courbées sur elles-mêmes et se réunissent vers la partie centrale par deux groupes latéraux, en produisant une fossette septale qui s'étend au delà du centre même du calice et occupe une position un peu latérale. Dans la partie marginale de cette fossette produite par deux cloisons principales, on observe trois autres cloisons accessoires, dont la médiane est très-peu distincte et plus petite que les deux autres qui l'accompagnent.

Dimensions. — Longueur totale 4-5 centimètres; grand diamètre du calice 13 millimètres; petit diamètre 11 millimètres.

Rapports et différences. — Cette espèce a quelque ressemblance avec la précédente, dont elle se distingue cependant
facilement par le nombre de ses cloisons et l'étendue de sa fossette septale.

Gisement et localités. — M. J. Thomson a rencontré cette
espèce en Écosse, associée à la précédente. En Australie elle a
été recueillie à Burragood sur les bord du Paterson (Paterson
River).

4. ZAPHRENTIS ROBUSTA, *L.-G. de Koninck.*

(Pl. V, fig. 9.)

Polypier turbiné, faiblement courbé, assez trapu, à cavité
circulaire et profonde. Épithèque très-forte, munie de bourrelets
d'accroissement nombreux et peu réguliers et ornée de côtes
longitudinales obtuses et sensiblement égales entre elles. Cloisons au nombre de trente-six, légèrement flexueuses et n'atteignant pas complètement le centre de la cavité calicinale, où le
plancher devient apparent. Fossette septale assez étroite, située
du côté de la petite courbure et ne s'étendant pas jusqu'au centre.
Outre la cloison septale principale, on y observe deux petites
cloisons secondaires peu développées.

Dimensions. — Le seul fragment de cette espèce qui me soit
connu, a environ 3 centimètres de longueur; le diamètre de son
calice est de 21 millimètres et son épithèque a près de 2 millimètres d'épaisseur.

Rapports et différences. — Ce *Zaphrentis* se distingue facilement de toutes les espèces précédentes, par sa forme turbinée, le
grand diamètre proportionnel de son calice et surtout par l'épaisseur de son épithèque.

Gisement et localités. — Elle se trouve en Écosse avec les deux
espèces précédentes, et en Australie, à Burragood sur le Paterson (Paterson River). Comme la cavité calicinale de l'échantillon décrit est remplie d'un calcaire brunâtre assez compacte,

il est à présumer qu'il provient d'un calcaire semblable qui, probablement, n'aura pas encore été exploré, puisque c'est le seul fossile sur lequel j'en ai rencontré des traces.

GENRE **CYATHAXONIA**, *Michelin.*

———

CYATHAXONIA MINUTA, *L.-G. de Koninck.*

(Pl. V, fig. 10.)

Polypier ayant la forme d'un petit cône allongé et légèrement courbé et dont la surface est ornée de petites côtes longitudinales, traversées par des stries d'accroissement ; sa section transverse est circulaire, tandis que celle de la columelle est ovale. L'épithèque est relativement assez forte. Les cloisons sont au nombre de vingt, composées chacune de deux lamelles soudées entre elles à une certaine distance de la muraille et avant d'atteindre la columelle autour de laquelle elles rayonnent. La columelle est creuse et percée d'un petit canal à section ovale dans toute sa longueur.

Dimensions. — Le seul échantillon qui m'ait été communiqué étant incomplet, je ne puis donner que des dimensions approximatives : longueur 14-15 millimètres; diamètre 4-5 millimètres.

Rapports et différences. — Cette espèce se distingue facilement du *C. cornu,* Michelin, qui est celle dont elle se rapproche le plus, par l'épaisseur de son épithèque et les côtes longitudinales qui ornent sa surface.

Gisement et localité. — Un seul échantillon de cette espèce a été recueilli à Burragood.

Ordre : TUBULOSA.

———

Genre CLADOCHONUS, *Mc Coy.*

—

CLADOCHONUS TENUICOLLIS, *Mc Coy.*

(Pl. VII, fig 2.)

CLADOCHONUS TENUICOLLIS. Mᶜ Coy, 1847, *Ann. and mag. of nat. hist.*, t. XX,
p. 227, pl. 11, fig 8.

Polypier composé d'une série de polypiérites, rappelant assez bien la forme d'une pipe de terre ordinaire, lorsqu'ils sont isolés : ces polypiérites se soudent les uns aux autres vers la base de leur calice et se prolongent en un pédicelle plus ou moins long et assez épais. L'insertion se fait en général alternativement d'un côté et d'autre. Les cloisons sont surmontés par quelques fines stries longitudinales sur les parois internes du calice.

Dimensions. — Longueur d'un polypiérite 10-11 millimètres ; diamètre du calice 2-3 millimètres.

Rapports et différences. — Cette espèce est assez facile à distinguer du *C. Michelini*, Milne Edwards et J. Haime, par l'épaisseur de son pédicelle et par l'alternance plus régulière de ses calices ; elle diffère du *C. crassus*, Mᶜ Coy, par la longueur de son pédicelle.

Gisement et localités. — M. Mᶜ Coy assure que cette espèce est commune dans le schiste carbonifère de Dunvegan ; M. W.-B. Clarke l'a recueillie à Burragood, dans un calcaire argileux d'une nuance grise jaunâtre et terne.

Section : TABULATA.

Genre **SYRINGOPORA**, *A. Goldfuss.*

---

1. SYRINGOPORA RETICULATA, *A. Goldfuss.*

(Pl. VII, fig. 5.)

Syringopora reticulata. A. Goldfuss, 1826, *Petrefacta Germaniæ*, t. I. p. 76, pl. 25, fig. 8.

—   —   Milne Edwards and J. Haime, 1852, *Mon of the brit. fossils Corals*, p. 162, pl 46, fig. 1.

—   F. Roemer, 1870, *Geol. v. Ober-Schlesien*, p. 60, pl. 7, fig. 11.

—   L.-G. de Koninck, 1872, *Nouv. recherches sur les foss. carb. de la Belgique*, p. 123, pl. 11, fig. 7 et pl. 12, fig. 1 (y consulter la synonymie).

Polypiérites très-longs, faiblement convergents, généralement assez droits, quelqûefois assez flexueux, presque parallèles entre eux, distants les uns des autres d'environ leur diamètre total et entourés d'une forte épithèque finement plissée; tubes de connexion assez nombreux, assez régulièrement espacés et distants entre eux, de 2 à 4 millimètres, selon les échantillons.

Dimensions. — Cette espèce forme souvent de très-grandes colonies; ses polypiérites ont un diamètre de 1 $\frac{1}{2}$ millimètre en moyenne.

Gisement et localités. — Cette espèce est très-répandue dans le calcaire carbonifère de Belgique, de France, d'Angleterre et de Russie. Des deux échantillons d'Australie soumis à mon examen, l'un se trouve dans un calcaire argileux d'un gris jaunâtre recueilli dans les carrières de Murce à Raymond-Terrace et l'autre dans un calcaire de même nature, mais d'une teinte plus foncée, provenant de la chaine à Ichthyodorulites sur les bords du Karua.

2. SYRINGOPORA RAMULOSA? *A. Goldfuss.*

(Pl. VII, fig. 4.)

Syringopora ramulosa. A. Goldfuss, 1826, *Petref. Germ.*, t. I, p. 76, pl. 15, fig. 7.
—   —   Milne Edwards and J. Haime, 1852, *Monogr. of the brit. foss. Corals*, p. 161, pl. 46, fig. 3.
—   L.-G. de Koninck, 1872, *Nouv. rech. sur les foss carbon. de la Belgique,* p. 126, pl. 12, fig. 2 (y consulter la synonymie).

Je n'ai pas tous mes apaisements sur la détermination de l'échantillon australien que j'ai sous la main, quoi qu'il ait une certaine ressemblance avec celui que MM. Milne Edwards et J. Haime ont fait représenter planche 46, figure 3ᶜ de leur Monographie.

Il se compose d'un certain nombre de rameaux, soudés entre eux et d'épaisseur à peu près égale qui ont probablement servi de base à une colonie.

Gisement et localité. — Ce polypier s'étale sur un fragment de calcaire argileux grisâtre recueilli à Burragood et portant l'empreinte bien reconnaissable d'une partie de *Productus semireticulatus,* Martin; son origine carbonifère est donc parfaitement constatée.

Genre FAVOSITES, *Lamarck.*

—

FAVOSITES OVATA, *Lonsdale.*

(Pl. III, fig. 5.)

Stenopora ovata. Lonsdale, 1844, In *Darwin's volcanic Islands,* p. 163.
—   —   Idem, 1845, In *Strzelecki's Physical descr. of N. S. Wales,* p. 263· pl. 8, fig. 3.
—   —   Mᶜ Coy, 1847, *Ann. and mag. of nat. hist.,* t. XX, p. 226.
Chœtetes   —   Dana, 1849, *Geology of the U. S. expl. expedit. under the command. of C. Wilkes,* p. 712, pl. 11, fig. 7.
Chœtetes? ovata. Milne Edwards et J. Haime, 1851, *Polyp. foss. des terr. paléoz.,* p. 273.

Polypier rameux à branches cylindriques peu épaisses, divergeantes et composées d'un nombre considérable de petits polypiérites dont l'origine est au centre même de ces branches

et qui, de ce point, se dirigent obliquement vers la surface. Les
calices sont petits et presque circulaires. Les murailles sont assez
épaisses et percées d'un certain nombre de pores dont la disposition n'a rien de régulier et dont les uns se trouvent sur les
angles et les autres sur les parois mêmes des murs. Les planchers qui ont été fort bien observées par M. Dana, sont assez
rapprochés les uns des autres et régulièrement espacés.

Dimensions. — Ce polypier paraît pouvoir atteindre une longueur assez considérable. L'un des échantillons recueillis par
M. W. B. Clarke, quoiqué brisé à ses deux extremités, a 7 centimètres de long et celui figuré par Lonsdale en a 10. Le diamètre
des branches du premier n'est que de 3-10 millimètres, tandis
que celui du second est d'environ 15 millimètres.

Rapports et différences. — Par sa forme générale, cette espèce
a la plus grande ressemblance avec certains échantillons de
Chœtetes tumida, Phillips, des environs de Glasgow, dont M. R.
Etheridge junior a récemment fait une nouvelle étude ([1]); les
observations du savant paléontologiste d'Édimbourg m'ont fourni
la preuve que non-seulement ce *Chœtetes* diffère du *Favosites
ovata* par l'absence de trous muraux et par le petit diamètre de
ses polypiérites, mais encore que l'espèce est toute différente
de celle que j'ai décrite sous le nom de *Monticulipora tumida,*
ainsi que j'aurai l'occasion de le prouver ultérieurement ([2]).

Gisement et localités. — M. de Strzelecki a recueilli cette
espèce à la Terre de Van Diemen, aux Monts Wellington et Dro-
medary et dans les plaines de Norfolk. M. Dana indique sa présence à Harper's Hill et M. W. B. Clarke l'a trouvée dans un
calcaire noirâtre à Glen William et dans un calcaire grisâtre à
Barragood dans la Nouvelle-Galles du Sud. D'après M. Mc Coy,
elle est commune dans le grès de Darlington du même pays.

([1]) *Ann. and mag. of nat. hist.,* 4th scr., vol. XIII, p. 194.

([2]) Il est à remarquer que l'espèce type décrite par J. Phillips et étudiée
de nouveau par M. R. Etheridge provient des assises supérieures du calcaire
carbonifère, tandis que celle figurée par moi-même appartient aux assises
inférieures de ce même calcaire.

Classe : ECHINODERMATA.

Ordre : CRINOIDEA ([1]).

Genre **SYNBATHOCRINUS**, *Phillips.*

SYNBATHOCRINUS OGIVALIS, *L.-G. de Koninck.*

(Pl. **VI**, fig. 1.)

Le calice, assez petit, a la forme d'un cône tronqué, mais assez court.

Comme dans toutes les espèces de ce genre, la pièce basale est unique et très-peu développée et ne possède qu'une longueur d'environ un millimètre quoique son diamètre soit de 5 millimètres. La surface par laquelle elle se soude au dernier article de la tige est circulaire, faiblement déprimée et a 3 millimètres de diamètre ; au centre, on observe une très-petite ouverture circulaire, correspondant au point médian de la tige.

Les cinq pièces radiales qui complètent le calice ont toutes à peu près la même forme et la même taille ; cette forme est celle d'un triangle équilatéral renversé dont le sommet aurait été tronqué et par la partie tronquée duquel elles se soudent à la base. Leur surface est garnie de trois plis qui, ayant leur origine commune au centre de chacune des pièces, se dirigent, l'une verticalement vers la base et les deux autres, obliquement à droite et à gauche vers les deux angles latéraux et y produisent un dessin ayant approximativement la forme d'un Y majuscule.

Par la juxtaposition des pièces et la jonction des extrémités

([1]) Je crois devoir faire observer que, pour la description des espèces, j'ai fait usage de la nomenclature exposée dans ma *Monographie des Crinoïdes carbonifères de Belgique.*

de ces mêmes ornements, il se produit un espace assez semblable à celui d'une ouverture ogivale; comme il est facile de le comprendre par la jonction des lettres que je viens de citer YYY. Leur surface articulaire est grande et un peu oblique d'arrière en avant.

Rapports et différences. — Le *Synbathocrinus ogivalis* ne peut pas être confondu avec le *S. conicus*, Phillips, qui est la seule espèce du genre actuellement connue, parce que son calice est beaucoup plus court et plus évasé et surtout parce que sa surface porte des segments qui font complétement défaut sur l'espèce que je viens de citer.

Gisement et localité. — Un seul échantillon de cette jolie espèce a été recueilli dans un calcaire argileux jaunâtre, assez friable, à Burragood, sur les bords de la rivière de Paterson (*Paterson River*).

Genre **POTERIOCRINUS**, *Miller*.

—

Parmi les fossiles carbonifères soumis à mon examen je n'ai trouvé que deux fragments qui puissent être rapportés à ce genre. Ils consistent, l'un en une *pièce basale* et l'autre en une pièce radiale d'espèces très-voisines, la première du *P. tenuis* (pl. VI, fig. 7), et la seconde du *P. radiatus*, Austin (pl. VI, fig. 2), si elles n'y sont pas identiques.

Ces fragments qu'il m'a été impossible de mieux définir, proviennent l'un et l'autre du calcaire dans lequel l'espèce précédente a été recueillie.

Genre **ACTINOCRINUS**, *Miller.*

ACTINOCRINUS POLYDACTYLUS, *Miller.*

(Pl. VI, fig. 3.)

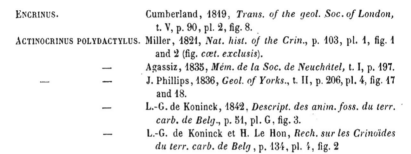

ENCRINUS.	Cumberland, 1819, *Trans. of the geol. Soc. of London,* t. V, p. 90, pl. 2, fig. 8.
ACTINOCRINUS POLYDACTYLUS.	Miller, 1821, *Nat. hist. of the Crin.,* p. 103, pl. 1, fig. 1 and 2 (fig. *cœt. exclusis*).
—	Agassiz, 1835, *Mém. de la Soc. de Neuchâtel,* t. I, p. 197.
— —	J. Phillips, 1836, *Geol. of Yorks.,* t. II, p. 206, pl. 4, fig. 17 and 18.
—	L.-G. de Koninck, 1842, *Descript. des anim. foss. du terr. carb. de Belg.,* p. 51, pl. G, fig. 3.
—	L.-G. de Koninck et H. Le Hon, *Rech. sur les Crinoïdes du terr. carb. de Belg,* p. 134, pl. 4, fig. 2

Quoique je n'aie eu à ma disposittion que le moule interne d'un calice presque complet, je n'ai pas hésité, malgré l'absence absolue de toute trace d'ornementation, à l'identifier avec l'*Actinocrinus polydactylus*, Miller. En effet, la forme, le nombre et l'arrangement dans toutes les pièces sont tellement identiques à celles des pièces correspondantes des meilleurs échantillons auxquels j'ai pu les comparer, qu'il ne me reste aucun doute sur cette identité; je me borne ici à constater cette identité et à renvoyer, pour la description, aux ouvrages indiqués plus haut.

Gisement et localité. — Cette espèce n'est pas rare dans le calcaire carbonifère des environs de Hook-Point en Irlande. Il est au contraire très-rare dans celui de Tournai. En Australie, il se trouve dans un psammite grisâtre à Glen William.

Genre **PLATYCRINUS**, *Miller.*

Ce genre n'est représenté parmi les fossiles recueillis par M. W. B. Clarke, que par l'empreinte de quelques articles de tige et par une base complète d'un petit individu (pl. VI, fig. 6). Ces différentes pièces appartiennent, sinon au *Platycrinus lævis*,

Miller, du moins à une espèce très-voisine, mais elles ne sont pas suffisamment caractérisées pour décider cette question. La *base,* composée de pièces minces et réunies en coupe largement ouverte, n'a que 4 millimètres de diamètre, et à peu près 1 millimètre de hauteur.

Gisement et localités. — Les fragments de *Platycrinus* dont il est ici question ont été trouvés, les uns dans un psammite gris jaunâtre de Glen William; les autres dans un calcaire argileux gris entre les Rivières Hunter et Ronchel et à Burragood sur la Rivière Paterson.

Genre **TRIBRACHYOCRINUS**, *Mc Coy.*

TRIBRACHYOCRINUS CLARKEI, *Mc Coy.*

(Pl. VI, fig. 5.)

TRIBRACHYOCRINUS CLARKII. Mc Coy, 1847, *Ann. and mag. of nat. hist.,* 1st ser., t. XX, p. 228, pl. 12, fig. 2.

Le *sommet* de l'unique espèce encore connue du genre un peu anomal auquel elle a servi de type, peut acquérir des proportions assez considérables et atteindre un diamètre de 5 à 6 centimètres. Un échantillon de taille moyenne, mais à peu près complet, me servira à en donner une description exacte, qui

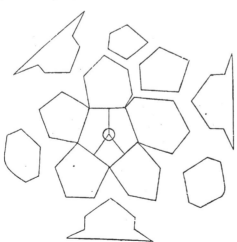

sera encore facilitée par la projection horizontale des diverses pièces dont il se compose.

Comme on le voit, la base est composée de trois pièces dont deux plus grandes que la troisième et de forme pentagonale, tandis que la dernière est tétrago-

nale. La disposition de ces pièces est exactement celle des pièces
basales des *Platycrinus.* Cette base est peu élevée et a la forme
d'une coupe très-évasée, à bords pentagonaux. A chacun de ces
bords se soude une pièce *sous-radiale,* dont trois sont également
de forme pentagonale, tandis que les deux autres adjacentes et
situées du côté anal, ont, au contraire, six côtés dont deux très-
peu développés. L'une de ces deux pièces hexagonales ressemble
beaucoup, par sa forme générale, aux trois pièces pentagonales,
tandis que l'autre parait comme tordue sur elle-même et rejetée
plus d'un côté que de l'autre. C'est cette conformation qui est
cause que le calice paraît gibbeux et que sa section horizontale,
au lieu d'être représentée par un cercle comme celle de la plupart des Crinoïdes, l'est par une ovale, le côté anal ne suivant
pas la courbe circulaire régulière des autres côtés. Toutes ces
pièces sont un peu plus longues que larges.

Les *premières pièces radiales* sont un peu plus larges que
longues, surtout vers leurs extrémités articulaires dont la surface est très-étendue; elles ne sont qu'au nombre de trois, ce
qui constitue une véritable anomalie dans la structure générale
des Crinoïdes; aussi le côté est-il assez fortement rétréci vers
son extrémité supérieure. La forme même de ces pièces a
quelque chose de spécial et qui se rencontre rarement dans
d'autres genres; elle imite assez bien celle de certains blasons
dont la partie supérieure s'étendrait à droite et à gauche en ses
extrémités pointues destinées à rejoindre les extrémités semblables des *pièces radiales* adjacentes et à enclaver en même temps
les *pièces interradiales* subcordiformes qui viennent se placer
entre elles et les séparent les unes des autres. Ces dernières ne
sont, à proprement parler, qu'au nombre de deux, parce que la
troisième, bien qu'ayant à peu près la même forme que les deux
autres, joint les *pièces anales* du côté irrégulier et s'y soude en
partie. Quoiqu'il soit probable que le nombre des *pièces anales*
soit au moins de trois, je n'ai pu en observer que deux, y compris celle que je considère comme l'analogue des *pièces interradiales* proprement dites, par suite de l'état défectueux du *côté
anal*, de l'unique échantillon assez complet dans les autres
parties, qui ait été mis à ma disposition.

A l'exception des premières pièces brachiales, toutes les autres pièces du calice ne sont pas bien épaisses ; toutes se distinguent facilement les unes des autres par une suture bien marquée en forme de sillon ; leur surface est généralement lisse, ainsi que cela résulte de l'inspection des moules externes qui m'ont été communiqués ; néanmoins on aperçoit sur les bords de quelques-unes des *pièces sous-radiales* un petit nombre de stries d'accroissement peu régulières et assez peu marquées, comme l'a fort bien fait observer M. le professeur Mc Coy.

Dimensions. — L'unique échantillon assez complet qui m'a servi à la description qui précède, a une longueur de 3 $\frac{1}{2}$ centimètres et un diamètre de 3 centimètres dans un sens et de 4 dans l'autre ; mais divers fragments me permettent d'affirmer que le sommet de cette espèce peut atteindre le double de ces dimensions.

Gisement et localités. — Cette belle espèce que M. Mc Coy a eu raison de dédier à M. W. B. Clarke qui la lui avait communiquée, ne parait pas être très-rare dans un grès micacé assez tendre et de couleur grisâtre ou rougeâtre que l'on rencontre dans les carrières de Murree à Raymond Terrace, à la jonction des rivières William et Hunter ; M. Mc Coy, dit l'avoir reçue de Darlington en Australie où elle se trouve dans un schiste gris assez tendre.

Genre **CYATHOCRINUS**, *Miller.*

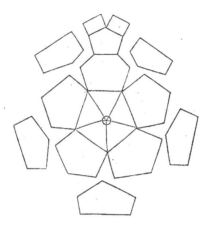

CYATHOCRINUS KONINCKI, *W. B. Clarke.*

(Pl. VI, fig. 4.)

An Pentadia corona? Dana, 1849, *Geology of the U. S. explor. expedition, under the comm. of C. Wilkes,* p. 713, pl. 10, fig. 10.

Je ne connais pas de sommet de Crinoïde dont le calice atteigne les proportions que possède celui de cette espèce.

Ce *calice* est globuleux et sa forme générale rappelle assez bien celle d'une grosse grenade.

La *base,* presque régulièrement pentagonale, porte un creux assez profond ayant la forme d'une étoile à cinq branches et dont chaque branche correspond à l'une des sutures des cinq *pièces basales.*

Les *pièces sous-radiales* sont grandes, presque aussi longues que larges et un peu irrégulièrement bombées dans leur partie centrale. Quatre de ces pièces sont assez régulièrement pentagonales; la cinquième correspond au côté irrégulier du calice; elle est hexagonale; son sommet tronqué se soude à une pièce anale beaucoup plus petite qu'elle; cette pièce est elle-même surmontée de deux autres pièces plus petites encore.

Les *pièces radiales* ont toutes à peu près la même forme; elles sont irrégulièrement pentagonales : deux de leurs côtés étant plus petits que les autres, elles sont plus larges que longues; leur surface articulaire des bras est très-large et leur bord interne est sigmoïdal comme chez le *C. granulatus*, Phillips.

N'ayant eu à ma disposition que des moules internes, mais très-complets de cette espèce, je ne puis rien dire de positif sur les ornements dont sa surface extérieure a pu être garnie; néanmoins, en examinant avec attention l'empreinte de chaque pièce sous-radiale, on y observe aisément cinq plis obtusément indiqués qui, d'un point central commun assez saillant, se dirigent perpendiculairement vers le milieu de chacun de ses cinq côtés. Cette disposition offre une grande analogie avec celle du fossile représenté par M. Dana (pl. IV, fig. 10ᵃ) et qu'il a désigné sous le nom de *Pentadia corona*. Aussi, suis-je porté à croire que ce fossile dont la forme et la grandeur correspondent assez bien à celles des pièces sous-radiales de notre *Cyathocrinus*, n'est autre chose qu'une de ces pièces. Dans ce cas, celles-ci seraient ornées extérieurement non-seulement des cinq côtes rayonnantes que je viens d'indiquer, mais encore de stries concentriques granulées et parallèles aux bords, dont les figures 10ᵇ et 10ᶜ de M. Dana donnent une fort bonne idée.

Le calice, dont la partie médiane est très-renflée, se rétrécit avec son sommet au point que le contour destiné à recevoir l'insertion des bras ne possède plus qu'environ la moitié du plus grand diamètre, pris vers le milieu de la hauteur.

La tige a dû être relativement très-mince, à en juger par la faible dimension de la surface de soudure du dernier article.

Dimensions (¹). — Longueur totale du calice 55 millimètres; diamètre 80 millimètres; longueur moyenne des *pièces sous-radiales*, 40 millimètres; diamètre transverse des mêmes, 47 millimètres; longueur des pièces radiales, 27 millimètres; diamètre transverse des mêmes, 42 millimètres; diamètre de la base

---

(¹) Les deux échantillons recueillis étant légèrement déformés, les mesures indiquées doivent être considérées comme approximatives.

44 millimètres; longueur et largeur de la première pièce anale, 16 millimètres.

Rapports et différences. — Je ne connais aucune autre espèce de *Cyathocrinus* qui prenne un aussi grand développement que celle-ci et qui puisse être confondue avec elle. C'est à la demande expresse de M. W. Clarke que je lui ai conservé le nom sous lequel il me l'a fait parvenir.

Gisement et localités. — Les moules que j'ai figurés sont formés d'un grès grisâtre, assez tendre et ont été recueillis à Osterley sur les bords de la rivière de Hunter. Le *Pantadia corona* provient d'Illamara.

Ordre : ASTEROIDEA.

Genre PALÆASTER, *J. Hall.*

PALÆASTER CLARKEI, *L.-G. de Koninck.*

(Pl. VII, fig. 6.)

La taille de cette espèce dépasse celles de toutes les espèces d'Astéroïdées paléozoïques actuellement connues. Ses rayons ne mesurent pas moins de 5 centimètres, du centre du disque à leur extémité; ils sont très-épais et soudés entre eux, sur la moitié de leur largeur; l'angle formé par les côtés marginaux de leur extrémité est d'environ 75°; leur surface dorsale est formée de trois rangées de fortes plaques transverses, de forme subhexagonale, intimement soudées les unes aux autres et couvertes d'un nombre considérable de petits tubercules dont la plupart sont arrondis et ressemblent à ceux qui ornent les plaques des *Palæchinus, ellipticus* et *sphæricus,* Scouler, tandis que quelques-uns seulement sont pointus et ont l'apparence de petites épines; ces derniers sont presque tous marginaux.

La partie couverte du disque est malheureusement en trop mauvais état pour me permettre d'en reconnaitre la structure exacte; elle m'a paru analogue à celle du *Palæaster matutina*, Hall, et j'y ai remarqué une plaque portant en relief un tubercule étoilé. Les plaques marginales ont à peu près la même largeur que les plaques principales adjacentes, mais elles n'ont que la moitié de leur longueur et, par conséquent, leur nombre est beaucoup plus considérable; elles en diffèrent au centre, par la présence, sur leur bord antérieur, d'une rangée de forts tubercules pointus, au nombre de cinq ou six pour chaque plaque.

La surface ventrale laisse apercevoir une forte rainure ambulacrale, bordée de chaque côté de seize à dix-huit plaques ambulacrales d'une largeur inégale et présentant un ensemble pétaloïde. Les plaques ambulacrales sont beaucoup plus larges que longues, minces dans le sens de leur longueur et voûtées dans celui de leur largeur; leur surface est ornée d'une infinité de petites granules, perceptibles à l'œil nu; elles se terminent du côté du disque, par une petite plaque auxiliaire arrondie et tuberculiforme. Il m'a été impossible de reconnaître exactement la forme de l'ouverture buccale et celle des petites plaques qui l'entourent.

Il est à remarquer que les plaques marginales sont très-visibles du côté dorsal et produisent en apparence de chaque côté du rayon, une série supplémentaire de plaques, venant s'ajouter aux trois séries normales dont il se compose.

Rapports et différences. — Je ne connais pas d'espèce qui, par sa taille et sa structure robuste, soit comparable à celle que je viens de décrire. Le *Palæaster Eucharis*, J. Hall, est la seule, parmi ses congénères, qui, par sa surface ventrale, offre quelques affinités avec elle; mais ses rayons sont plus grêles et ses plaques radiales plus nombreuses. La surface dorsale, au contraire, diffère totalement dans les deux espèces : dans l'une, on observe de grandes plaques radiaires polygonales et contiguës, et dans l'autre des plaques relativement beaucoup plus petites, arrondies, plus nombreuses et séparées les unes des autres par une infinité de petites plaques intermédiaires dont la présence n'admet aucune confusion possible.

Gisement et localité. — Tandis que la plupart des *Palæaster* actuellement connus ont été recueillis, soit dans le terrain silurien, soit dans le terrain dévonien, le *P. Clarkei* a été découvert dans le terrain carbonifère par le savant géologue à qui je me suis fait un devoir de le dédier ([1]). Malheureusement l'unique échantillon recueilli n'est pas dans un état de conservation suffisant pour me permettre de le faire connaître dans tous ses détails. Il consiste dans les empreintes extérieures des surfaces dorsale et ventrale d'un même individu dont les bords et le disque central ont beaucoup souffert pendant la fossilisation et dont les parties solides ont complètement disparu. Cet individu a été trouvé à Russell's Shaft dans un grès calcareux assez friable, de nuance verdâtre et composé de granules généralement assez fins, mais atteignant, dans certaines parties, la grosseur d'un petit pois et communiquant à la roche un aspect de poudingue.

Classe : BRYOZOA.

Ordre : CYCLOSTOMATA.

Genre PENNIRETEPORA, *A. d'Orbigny.*

PENNIRETEPORA GRANDIS, *Mc Coy.*

(Pl. V, fig. 11.)

GLAUCONOME GRANDIS. Mc Coy, 1844, *Syn. of the charact. of the carbon. limest. foss. of Ireland,* p. 199, pl. 28, fig 3.
PENNIRETEPORA — A. d'Orbigny, 1850, *Prodr. de paléont.,* t. 1er, p. 153.

Le cœnecium de cette espèce est formé d'une branche principale dont le diamètre est d'environ le double de celui des branches latérales. L'insertion de celles-ci sur la branche principale est alternante et a lieu sur un angle plus aigu vers le sommet

([1]) Je n'ignore pas que Salter annonce l'existence d'une belle espèce de *Palœaster* dans les assises carbonifères inférieures de Barnstaple, mais je n'ai pu en rencontrer nulle part ni la description ni la figure. Il m'a donc été impossible de la comparer à celle d'Australie. (Voir *Ann. and mag. of nat. hist.,* 2nd sér., t. XX, p. 326.)

qu'à la base. Son aspect général est celui d'une plume et son développement s'opère à peu près dans un même plan. La surface antérieure des diverses branches est couverte d'une double rangée de cellules alternantes, séparées par une côte médiane beaucoup moins prononcée sur la branche principale que sur les autres; trois cellules séparent ordinairement chacun des points d'insertion des branches latérales. La surface postérieure des branches est striée et irrégulièrement chargée de petits tubercules, très-apparents sur l'échantillon australien que j'ai sous les yeux.

Dimensions. — Longueur totale 7 centimètres; épaisseur de la branche principale, environ 1 millimètre à sa base; largeur totale environ 3 centimètres.

Gisement et localités. — Cette espèce a été découverte par M. C. B. Newenham dans les assises moyennes du calcaire carbonifère des environs de Cork, en Irlande, et décrite en premier lieu par M. le professeur Mc Coy; M. W. B. Clarke l'a trouvée dans un calcaire brunâtre, assez ferrugineux à Burragood, sur les bords de la rivière Paterson.

Genre **DENDRICOPORA**, *L.-G. de Koninck.*

—

Cœnecium formé d'un axe central vertical sur lequel se soudent à des distances irrégulières, d'autres branches latérales ayant à peu près la même importance que l'axe même; toutes ces branches donnent naissance à une grande quantité de rameaux, très-obliquement insérés sur elles, peu distants les uns des autres et à peu près parallèles entre eux; ces rameaux sont reliés entre eux, de distance en distance, par des traverses qui donnent lieu à la formation de pores ou de fenestrules subrectangulaires et tout à fait identiques à celles des *Fenestella*. La surface extérieure des branches et des rameaux est munie d'une triple rangée de cellules et n'est point carénée.

Rapports et différences. — Ainsi qu'il est facile de le constater, ce genre a de grands rapports avec le genre *Ptylopora* de Scouler, dont les caractères ont été publiés par Mc Coy. Il en

diffère essentiellement par la multiplicité de ses branches principales latérales, dont il n'existe pas de traces chez les *Ptylopora*.

Je ne connais encore qu'une seule espèce de ce genre; elle
provient du calcaire carbonifère, et le révérend W. B. Clarke l'a
dédiée à l'un de ses amis, M. Hardy, de Yass, à qui il est redevable d'un certain nombre de fossiles recueillis dans les environs
de cette ville.

DENDRICOPORA HARDYI, *W. B. Clarke.*

(Pl. VIII, fig. 1.)

Le cœnecium de cette espèce est en forme d'éventail un peu
plus long que large. L'axe 'ou branche principale qui est droit,
va en s'amincissant de la base au sommet; l'un et l'autre côté de
cet axe portent deux branches principales latérales ou accessoires;
sur l'un des côtés elles sont situées à une petite distance de la
base et insérées sous un angle d'environ 35°; sur l'autre, elles
ont leur origine vers le milieu de la longueur de l'axe, à une
petite distance l'une de l'autre; l'angle d'insertion de la branche
supérieure est identique à celui qui vient d'être indiqué, tandis
que l'angle de la branche inférieure est un peu plus aigu. Ces
quatre branches vont également en s'amincissant de leur point
d'insertion vers leur extrémité. Les autres rameaux auxquels
toutes ces branches donnent naissance, y sont insérés sous un
angle très-aigu; ils sont situés à une égale distance l'un de
l'autre, sont filiformes et subparallèles entre eux; ils sont soudés
l'un à l'autre par des traverses donnant lieu à des fenestrules
subrectangulaires, ordinairement beaucoup plus longues que
larges. La surface extérieure est ornée d'une triple rangée de
cellules disposées en quinconce et très-serrées les unes contre
les autres; elle n'est pas carénée; on compte dix ou onze cellules
sur les bords des oscules entre deux traverses.

Dimensions. — La longueur du plus grand échantillon de cette
espèce qui me soit connu, mais qui est incomplet, est de
5 $^1/_2$ centimètres; la largeur de 4 centimètres; le diamètre de
l'axe n'atteint pas un millimètre à sa base.

Gisement et localités. — Cette espèce, qui n'a aucune analogue actuellement connue, a été trouvée avec la précédente associée au *Spirifer glaber,* Martin.

GENRE **FENESTELLA**, *Lonsdale.*

—

1. FENESTELLA PLEBEIA, *Mc Coy.*

(Pl. VIII, fig. 2.)

FENESTELLA FLABELLATA.		Portlock, 1843, *Rep. on the geol. of the county of London-derry, etc.*, p. 324, pl. 22, fig. 1 and pl. 22a, fig. 4 (non Phillips).
—	PLEBEIA.	Mc Coy, 1844, *Syn. of the carbon. foss. of Ireland*, p. 203, pl. 29, fig. 3 (non Geinitz, *Carbonform. und Dyas. in Nebraska*).
—	FOSSULA.	Lonsdale, 1844, In *Darwin's Geol. observ. on the volcanic Islands*, p. 166.
		Lonsdale, 1845, In *Strzelecki's New-South-Wales and Van Diemen's Land*, p. 269, pl. 9, fig. 1.
		J. D. Dana, 1849, *Geol. of the U. S. explor. exped.*, p. 710, pl. 11, fig. 3.
—	PLEBEIA.	A. d'Orbigny, 1850, *Prod. de paléont. strat.*, t. Ier, p. 152.
—	— (partim).	J. Morris, 1854, *Catal. of brit. foss.*, p. 123.
	—	Mc Coy, 1851, *Brit. palœoz. foss.*, p. 114 (non Phillips).
—	VIRGOSA.	E. d'Eichwald, 1859, *Lethœa rossica*, t. Ier, p. 358, pl. 23, fig. 9.
—	PLEBEIA.	Ludwig, 1862, *Zur Palœont. des Urals*, p. 46, pl. 18, fig. 2.
—	PLEBEIA?	Kirkby, 1862, *Ann. and mag. of nat. hist.*, 3th ser., t X, p. 204, pl. 4, fig 14, 15, 18.
		H. C. Billings und W. Keferstein, 1862-1863, *Die Klassen u. Ordn. des Thierreiches*, t. III, p. 8, fig. 2.
—	DEVONICA.	P. Semenow et v. Möller, 1864, *Bull. de l'Acad. I de Saint-Pétersbourg*, t. VII, p. 233, pl. 3, fig. 16.
—	PLEBEIA.	F. Roemer, 1870, *Geol. von Ober-Schlesien*, p. 60, pl. 7, fig. 9, 10.
		Armstrong, 1871, *Trans. of the geol. Soc. of Glasgow*, t. III, suppl., p. 34.
		F. B. Meek, 1872, In *F. V. Hayden's final report of the U. S. geol. Survey of Nebraska*, p. 153, pl. 7, fig. 11.
		Idem, idem, *Report on the palœont. of Eastern Nebraska*, p. 153, pl. 7, fig. 11.
—	FOSSULA.	R. Etheridge, 1872, *Quart. Journal of the geol. Soc. of London*, t. XXVII, p. 332, pl. 25, fig. 1.
—	PLEBEIA.	L.-G. de Koninck, 1873, *Rech. sur les anim. foss.*, t. II, p. 11, pl. 1, fig. 3.

Le cœnecium de cette espèce est composé d'un nombre considérable de petites branches très-minces et très-étroites, souvent
dichotomes et ayant une direction sensiblement parallèle entre
elles. Ces branches, dont l'ensemble possède la forme d'un large
entonnoir, ne sont distantes les unes des autres que par un espace
équivalent à la largeur même de ces branches ; elles sont reliées
entre elles par des poutrelles ou traverses encore moins larges
qu'elles-mêmes. Ces poutrelles alternent entre elles et donnent
lieu à la formation d'oscules ou de fenestrules rectangulaires dont
les grands côtés produits par les branches ont à peu près deux
fois la longueur des petits. La surface antérieure des branches
est garnie d'une côte ou carène médiane, peu saillante, sur les
côtés de laquelle on observe les cellules dont les ouvertures non
marginées forment des séries alternantes ; quatre ou cinq de ces
ouvertures parfaitement circulaires occupent la longueur de la
branche comprise entre deux poutrelles. La surface postérieure
des branches est ornée de fines stries longitudinales, assez irrégulières et peu apparentes.

Dimensions. — Cette espèce est susceptible de prendre d'assez
grands développements. J'en ai observé des échantillons même
incomplets, qui avaient jusqu'à 16 centimètres de long, sur 10
à 12 centimètres de large. J'ai compté assez régulièrement
dix-neuf fenestrules par centimètre de longueur.

Rapports et différences. — Après avoir comparé avec beaucoup de soin les échantillons d'Australie avec un grand nombre
de spécimens recueillis dans le calcaire carbonifère de Belgique,
d'Écosse et d'Irlande, j'ai pu me convaincre que la *Fenestella*
décrite sous le nom de *F. fossula* par Lonsdale, ne diffère en
rien de celle que Mc Coy a figurée sous le nom de *F. plebeia*.

Cette identité ayant été constatée, on peut se demander quel
est celui des deux noms qui, désormais, doit être conservé. Cette
question ne me semble pas difficile à résoudre ; en effet, par la
synonymie que je viens de donner de l'espèce, on pourra se convaincre que les travaux dans lesquels il en est fait mention ont
paru dans la même année et probablement à peu près à la même
époque ; mais il est à remarquer que la courte description donnée

par Lonsdale était fort incomplète et insuffisante pour reconnaître avec certitude l'espèce à laquelle elle s'appliquait, tandis que celle publiée par M. Mᶜ Coy, outre qu'elle était mieux caractérisée, était accompagnée d'une excellente figure, qui ne permettait pas de confondre l'espèce aussi bien représentée avec aucune autre de ses congénères. Or, la figure de la *F. fossula* n'ayant été publiée par Lonsdale qu'en 1845, il me paraît hors de doute que c'est le nom de M. Mᶜ Coy qui doit obtenir la préférence. C'est celui dont j'ai fait usage.

En 1842, j'ai confondu cette espèce avec le *F. retiformis* de Schlotheim, avec laquelle elle a une si grande ressemblance que, vingt ans après moi, M. Kirkby a commis la même erreur. Néanmoins, en comparant entre eux des échantillons bien conservés de l'une et de l'autre espèce, on pourra se convaincre que les fenestrules de la *F. retiformis* possèdent une forme ovale, tandis qu'elles sont rectangulaires chez la *F. plebeia* et que le nombre des cellules d'une traverse à l'autre dont le cœnecium de cette dernière est ornée, est ordinairement distinct de celui des cellules observées sur la surface de la première. Il ne serait pas impossible que l'espèce décrite avec soin par M. F. B. Meek sous le nom de *F. Shumardi*, Prout, ne fût qu'une variété naine de la *F. plebeia*, Mᶜ Coy [1].

Gisement et localités. — Ainsi que je l'ai déjà fait observer en 1875 [2], cette espèce se trouve exclusivement dans le terrain carbonifère. Je crois même pouvoir affirmer qu'on ne la rencontre que dans les assises supérieures et moyennes du calcaire appartenant à ce terrain. Elle a été indiquée par M. Mᶜ Coy dans un grand nombre de localités en Irlande. Elle n'est pas rare aux environs de Glasgow et dans certaines localités du Derbyshire et du Yorkshire. Elle a été observée dans l'Oural et à Bleiberg en Prusse. Lonsdale l'indique comme se trouvant au Mont Wellington dans l'île Van Diemen, dans les plaines de Saint-Patrick et à

---

[1] Voir F. B. Meek, *Report on the paleontology of Eastern Nebraska,* p. 153, pl. 7, fig. 3.

[2] Consulter le tome II de mes *Recherches sur les animaux fossiles,* p. 12.

la terrasse de Raymond (Raymond Terrace), et **M. L. D.** Dana à Glendon, dans la Nouvelle-Galles de Sud. **M. R.** Etheridge la cite de Gympie et de Smithfield Reef, dans la terre de la Reine (Queensland). **M. W. B.** Clarke l'a recueillie à Glen William, sur les bords de la rivière William, dans un calcaire brunâtre compacte et cassant, dans lequel elle est accompagnée de la *Fenestella* Morrisii, Mᶜ Coy, et du *Griffithides Eichwaldi*, Fischer.

2. FENESTELLA PROPINQUA, *L.-G. de Koninck.*

(Pl. VIII, fig. 3.)

FENESTELLA AMPLA? J. D. Dana, 1849, *Geology of the U. S. explor. exped.*, p. 710, pl. 11, fig. 2 (fig. 1 *exclus*.).

Le cœnecium de cette espèce, qui ne paraît pas être de bien grande taille, a la forme d'un entonnoir assez évasé vers sa partie supérieure et à parois plus ou moins irrégulièrement plissées ou ondulées. Ses branches sont filiformes, régulières, subparallèles entre elles et bifurquées vers les parties supérieures; les poutrelles sont de la même épaisseur que celle des branches ; elles sont subéquidistantes et donnent lieu à la production de fenestrules de forme ovale dont le grand diamètre possède deux et demi à trois fois la dimension du petit. Les cellules sont au nombre de sept par fenestrule et leurs deux rangées ne sont séparées l'une de l'autre que par une faible carène médiane. Il m'a été impossible d'observer la moindre trace de stries ou d'ornements sur la surface extérieure de ce Bryozoaire; elle m'a paru complètement lisse.

Dimensions. — L'échantillon qui a été mis à ma disposition a une longueur de 4,5 centimètres; son diamètre est de 3,5 centimètres à son bord supérieur; mais il est loin d'être complet. Ses fenestrules ont une longueur de 2 millimètres et une largeur de trois quarts de millimètre environ.

Rapports et différences. — Cette espèce est très-voisine de la *F. multiporata,* Mᶜ Coy, par la disposition et les allures de ses branches. Elle s'en distingue facilement par la forme ovale et

assez irrégulière de ses fenestrules, tandis qu'elles sont rectangulaires et très-irrégulières chez sa congénère, dont la surface
intérieure est, en outre, régulièrement striée. Elle me parait
être identique à celle que M. J. D. Dana a rapprochée de la
Protoretepora (*Fenestella*) *ampla*, Lonsdale, en faisant observer,
toutefois, qu'elle devrait probablement constituer une nouvelle
espèce.

Gisement et localité. — Cette espèce accompagne la précédente dans le calcaire de Glen William. M. J. D. Dana l'a trouvée à Glendon.

3. FENESTELLA MULTIPORATA, *Mc Coy.*

(Pl. VIII, fig. 4.)

FENESTELLA MULTIPORATA. F. Mc Coy, 1844, *Syn. of the char. of the carbonif. foss. of
Irel.*, p. 203, pl. 28, fig. 9.
— J. Morris, 1854, *Cat. of brit. foss.*, p. 123.

Le cœnecium de cette espèce est composé de branches grèles
assez allongées, assez irrégulièrement disposées, à bifurcations
nombreuses; ses poutrelles sont extrèmement minces et leurs
traces disparaissent facilement; ses fenestrules, de forme rectangulaire, sont irrégulières et bordées de sept ou huit cellules de
chaque côté ; les bords des cellules sont légèrement tuméfiés et
saillants. Selon M. Mc Coy, sa surface postérieure est régulièrement striée.

Dimensions. — L'échantillon incomplet qui m'a été communiqué n'a que 3 centimètres de long sur 5,5 centimètres de
large; ses branches sont distantes l'une de l'autre d'environ un
millimètre et ses poutrelles de 3 millimètres en moyenne.

Gisement et localités. — Cette espèce que j'ai eu occasion de
comparer avec des échantillons d'Irlande et sur la détermination
de laquelle je n'ai pas le moindre doute, se trouve dans le calcaire carbonifère supérieur des environs de Cork. Elle a été
recueillie par M. W. B. Clarke dans un calcaire brunâtre de
Burragood sur les bords de la rivière Paterson, où elle est associée à la *Rhychonella pleurodon*, Phillips.

4. FENESTELLA INTERNATA, *Lonsdale*.

FENESTELLA INTERNATA. Lonsdale, 1844, In *Darwin's Geol. obs. on the volc. Islands*, p. 165.
—   —   Idem, 1845, In *Strzelecki's Phys. descr. of N. S. Wales and Van Diemen's Land*, p. 269, pl. 9, fig 2.
—   —   F. Mc Coy, 1847, *Ann. and mag. of nat. hist.*, t. XX, p. 226.
—   —   J. D. Dana, 1849, *Geology of the U. S. explor. exped.*, p. 710, pl. 10, fig. 13.

Le cœnecium est composé de branches minces s'étendant en éventail, subparallèles entre elles et assez rarement dichotomes; les fenestrules sont rectangulaires et produites par des traverses minces; elles sont un peu plus longues que larges; leur largeur équivaut au diamètre des branches; les cellules sont petites, au nombre de deux ou de trois par fenestrule et séparées par une côte peu apparente. Selon Lonsdale, la surface postérieure est légèrement granuleuse.

Rapports et différences. — Cette espèce, qui a quelque ressemblance avec la *F. plebeia*, s'en distingue par le petit nombre de cellules correspondant à chaque fenestrule et par les granulations de sa surface extérieure, laquelle est striée chez la *F. plebeia*.

Gisement et localités. — Selon Lonsdale, elle a été recueillie au Mont Wellington, dans la terre de Van Diemen, dans les plaines de Saint-Patrick et à la Terrasse de Raymond, dans la Nouvelle-Galles du Sud; M. J. D. Dana l'indique à Glendon et M. W. B. Clarke l'a trouvée dans un calcaire gris de la chaine à Ichthyodorulites, sur les bords du Karua.

5. FENESTELLA MORRISII, *Mc Coy*.

FENESTELLA MORRISII. Mc Coy, 1844, *Syn. of the charact. of the carb. limest. foss. of Ireland*, p. 202, pl. 28, fig. 13.
—   —   A. d'Orbigny, 1850, *Prodr. de paléont.*, t. 1er, p. 152.
—   —   J. Morris, 1854, *Cat. of brit. fossils*, p. 123.

Cœnecium sous forme d'éventail ou plus ou moins arborescent, à branches plusieurs fois dichotomes avant d'atteindre le bord supérieur; fenestrules souvent assez peu régulières quoique affectant généralement la forme rectangulaire ; leurs poutrelles sont fort minces et subéquidistantes. Les cellules, au nombre de six pour chaque côté des fenestrules, sont très-apparentes et entourées d'un léger bourrelet ; la carène médiane qui les sépare n'est pas très-prononcée. La surface postérieure des branches est lisse.

Gisement et localités. — Cette espèce qui ne paraît pas être fort rare dans les assises supérieures du calcaire carbonifère des environs de Cork, en Irlande, a été trouvée par M. W. B. Clarke dans un calcaire argileux grisâtre à Burragood, sur les bords de la rivière Paterson, associée à l'espèce suivante, à la *Rhynchonella pleurodon*, Phillips, ainsi qu'à un grand nombre de fragments de tiges de Crinoïdes.

6. FENESTELLA GRACILIS? *J. D. Dana.*

Fenestella gracilis? J. D. Dana, 1849, *Geology of the U. S. explor. exped.*, p. 711, pl. 11, fig. 4.

Cette espèce sur laquelle je n'ai pas tous mes apaisements relativement à son identité avec celle décrite et figurée par M. J. D. Dana, est remarquable par la forme dendroïde et la grande ténuité de ses branches ; celles-ci n'ont rien de bien régulier dans leur direction ni dans leur arrangement, quoiqu'il y en ait une principale qui, par de nombreuses bifurcations, donne lieu à la production de la plupart des branches latérales ; tous ces embranchements sont reliés entre eux par des traverses très-minces et dont la distance de l'une à l'autre et la direction sont loin d'être uniformes. Néanmoins, les fenestrules produites par ses traverses sont ordinairement plus longues que larges. Les cellules qui les bordent sont, assez régulièrement, au nombre de six pour chaque côté et sont faciles à distinguer par leur renflement marginal. La surface postérieure m'est inconnue.

Dimensions. — L'unique échantillon de cette espèce que je connaisse a 5 centimètres de long, sur environ 1 $\frac{1}{2}$ de large. Les branches filiformes sont distantes l'une de l'autre d'environ 1 millimètre.

Rapports et différences. — Cette espèce a de très-grands rapports avec la *F. undulata,* J. Phillips, dont elle ne diffère essentiellement que par le nombre de ses cellules. **M. J.** Dana rapproche l'espèce décrite par lui, de la *F. formosa,* M° Coy, qui s'en distingue facilement par les pores dont la carène médiane des branches est percée.

Gisement et localités. — Elle accompagne l'espèce précédente. **M. J. D.** Dana l'a recueilli à Glendon, N. S. W.

GENRE **PROTORETEPORA**, *L.-G. de Koninck.*

—

Cœnecium infundibuliforme, composé d'un grand nombre de branches coalescentes ordinairement plusieurs fois dichotomes avant d'avoir atteint tout leur développement et rayonnant autour d'un mince pédoncule qui leur sert de point de départ; par cette disposition rayonnante ces branches donnent lieu à la formation de lignes régulières d'oscules ou de fenestrules à contour oval qui suivent régulièrement et parallèlement leur propre direction. Toute la surface interne est ornée de plusieurs lignes de petites cellules ordinairement disposées en quinconce. La surface est presque lisse ou couverte d'un grand nombre de fines stries longitudinales très-peu apparentes.

Rapports et différences. — Ce genre, dont la *Fenestella ampla* de Lonsdale peut être considérée comme type, a dû être créé pour un certain nombre de Bryozoaires paléozoïques qui, par leur forme générale, ont quelque ressemblance avec les espèces du genre *Retepora* que l'on rencontre dans le terrain tertiaire ou qui vivent encore dans nos mers actuelles. Néanmoins, il sera bien facile de les distinguer les unes des autres en faisant observer que, chez les *Retepora* proprement dits, les branches sont contournées, de manière à former des mailles et non des lignes régulières d'oscules ou de fenestrules. Sa ressemblance avec le genre *Phyllopora* de M. W. King est plus grande encore et il n'en diffère essentiellement qu'en ce que ses cellules couvrent sa surface interne, tandis que, chez les *Phyllopora* c'est le contraire qui existe; chez ces derniers, en outre, les cellules sont moins serrées et beaucoup moins régulièrement disposées en lignes; ces deux caractères sont suffisants, à mon avis, pour démontrer une organisation différente des animaux appartenant à chacun des deux groupes, et pour autoriser leur séparation générique. Les *Protoretepora* se distinguent des *Polypora*, M° Coy, et des *Synocladia*, W. King, par l'absence de cellules sur les traverses ou poutrelles qui soudent les diverses branches entre elles chez les premiers, et par la présence de petites carènes servant à limiter les séries de cellules et à les séparer les unes des autres chez les seconds. On peut ajouter encore que les fenestrules de ces derniers ont une forme polygonale qui les fait reconnaitre assez facilement.

Distribution géologique. — Après avoir étudié la plupart des formes qui me paraissaient présenter quelque analogie avec les espèces que je propose de réunir dans un nouveau groupe générique, et après les avoir soigneusement comparées les unes aux autres, j'ai pu me convaincre qu'aucune espèce de ce groupe n'est antérieure à l'époque dévonienne, ni postérieure à l'époque carbonifère.

Les principales espèces, dont la plupart ont été décrites sous les noms génériques de *Fenestella* et de *Polypora*, sont les suivantes :

1° *Protoretepora Balaniana*, A. d'Orbigny (¹), *Retepora retiformis*, Michelin, non Schlotheim (²) = *Fenestella antiqua*, Lonsdale, non Goldfuss (³).

2° *Protoretepora (Polypora) mexicana*, H. A. Prout (⁴).

3° — *(Polypora) Shumardii*, H. A. Prout (⁵).

(¹) *Prodrome de paléont.*, t. Ier, p. 100.

(²) *Monographie zoophyt.*, p. 190, pl. 49, fig. 7.

(³) *Geological Transact.*, 2nd ser., vol. V and Phillips, *Palæoz. fossils*, p. 84, pl. 12, fig. 38.

(⁴) *Transact. of the Acad. of sc. of St-Louis*, t. Ier, pl. 16, fig. 2.

(⁵) *Ibid.*, pl. 16, fig. 3.

4° *Protoretepora* (*Fenestella*) *ampla*, Lonsdale ([1]).

5°   —   (*Polypora*) *Halliana*, H. A. Prout ([2]).

6°   —   (*Polypora*) *Hamiltoniana*, H. A. Prout ([3]).

De ces six espèces la première seulement est dévonienne et se trouve dans les assises supérieures de l'époque géologique à laquelle elle appartient; les autres sont carbonifères. Jusqu'ici aucune de ces dernières n'a été rencontrée en Europe.

PROTORETEPORA AMPLA, Lonsdale.

(Pl. VIII, fig. 4.)

FENESTELLA AMPLA. Lonsdale, 1844, In *Darwin's Geolog. observ. on the volcanic Islands,* p. 163.
—   —   Idem, 1845, In *Strzelecki's Physical descr. of N. S. Wales and Van Diemen's Land,* p. 268, pl. 9, fig. 3.
—   —   Mc Coy, 1847, *Ann. and mag. of nat. hist.,* t. XX, p. 226.
—   —   J. D. Dana, 1849, *Geology of the U. S. explor. expedition,* p. 710, pl. 11, fig. 1 (fig. 1 *exclusâ*) and pl. 10, fig. 2.

Le cœnecium de cette espèce a la forme d'un vase conique à bords plus ou moins élevés et diversement plissés; elle a dû être fixée par un pédoncule étroit et pointu; son aspect général rappelle assez bien celui de certaines espèces de *Retepora* encore vivantes ou tertiaires; de même que chez celles-ci, les branches de cœnecium sont si intimement soudées les unes aux autres, qu'elles ne forment plus qu'un tissu homogène percé d'un grand nombre de fenestrules ovales qui, disposées en lignes droites, souvent dichotomes, rayonnent autour du pédoncule et se dirigent vers les bords. Contrairement à ce qui existe chez les *Fenestella*, les cellules sont situées à la surface interne; trois lignes parallèles de ces cellules, extrèmement petites et disposées en quinconce,

([1]) *Strzelecki's Phys. descr. of New-South-Wales and Van Diemen's Land,* p. 268, pl. 9, fig. 3.
([2]) *Proceed. of the Acad. of sc. of St-Louis,* t. I, p. 680, and *Geol. Survey of Illinois,* t. II, p. 441, pl. 41, fig. 6.
([3]) *Ibid.,* t. II, p. 124, pl. 10, fig 6.

occupent l'espace laissé libre entre deux rangées de fenestrules; deux ou trois petites cellules, parfaitement semblables aux premières, bordent les côtés inférieur et supérieur de chaque fenestrule. Extérieurement les branches sont beaucoup mieux limitées par suite de leur forme légèrement arrondie; leur surface est couverte d'un grand nombre de fines stries longitudinales, peu apparentes.

Dimensions. — L'échantillon le plus complet que j'aie eu à ma disposition, n'a que 3 centimètres de haut, sur un diamètre de 5-7 centimètres, à ses bords libres. Le nombre de ses fenestrules est de sept ou huit par centimètre de longueur.

Rapports et différences. — De toutes les espèces connues, la *Protoretepora Halliana*, Prout, est celle qui se rapproche le plus de celle-ci; elle n'en diffère que par une disposition moins régulière des cellules. Les autres espèces ont, pour la plupart, des fenestrules plus petites et un arrangement différent dans la disposition des cellules. L'échantillon que M. Dana a représenté planche 10, figure 15, et qu'il a rapporté avec doute à la *F. internata*, Lonsdale, ne me paraît pas différer de l'espèce que je viens de décrire.

Gisement et localités. — Selon M. Mc Coy, cette espèce est commune dans les grès de Murree, de Bell's Creek et de Loder's Creek; M. Dana l'a trouvée à Glendon et M. W. B. Clarke à Stony Creek dans un grès d'un gris jaunâtre, assez friable, dans lequel elle est associée à un grand nombre de *P. brachythærus*, Sow. M. de Strzelecki l'a rencontrée à Spring Hill, au Mont Wellington et dans les Marches orientales de la Terre de Van Diemen.

Genre RETEPORA? *Lamarck.*

—

RETEPORA? LAXA, *L.-G. de Koninck.*

(Pl. VIII, fig. 5.)

Je désigne sous ce nom une assez grande et belle éspèce de Bryozoaires qui, probablement, deviendra le type d'un nouveau genre, lorsqu'on sera parvenu à s'en procurer des échantillons plus parfaits que ceux qui m'ont été communiqués.

Le cœnecium forme un véritable réseau composé de branches assez grêles et uniformément épaisses dans toute leur étendue, n'ayant aucune direction régulière et soudées directement entre elles, de façon à produire de grandes fenestrules dont le contour, d'un hexagone irrégulier, est plus ou moins allongé. L'ensemble de ce tissu paraît pouvoir prendre la forme d'une coupe allongée et conique. J'ai pu assez facilement constater que sa surface intérieure est lisse et que les cellules se trouvent placées à la surface extérieure. Mais, par suite du mauvais état des échantillons, il m'a été impossible d'observer cette dernière surface assez intacte pour en donner une description complète et tout à fait exacte; j'ai pu remarquer néanmoins qu'elle est ornée d'une double série de petites cellules alternantes, situées sur les bords internes des fenestrules, dont chaque côté en possède dix à douze. J'ai lieu de croire que ces deux séries de cellules sont directement adjacentes l'une à l'autre et ne sont pas séparées par une carène comme chez les *Fenestella.*

Dimensions. — Hauteur 6 centimètres; diamètre supérieur 4 centimètres; angle terminal 34°.

Gisement et localité. — Cette belle espèce, que je ne trouve à comparer à aucune autre, ne paraît pas être rare dans un phtanite brun, assez ferrugineux de Colocolo et de Burragood; elle est y associée à l'*Orthis rempinata,* Martin, et à l'*Orthotetes crenistria,* Phillips.

GENRE **POLYPORA**, *Mc Coy.*

—

POLYPORA PAPILLATA, *Mc Coy.*

(Pl. VII, fig. 7.)

POLYPORA PAPILLATA. Mc Coy, 1844, *Syn. of the char. of the carb. limest. foss. of Irel.*,
p. 206, pl. 29, fig. 1.
— — J. Morris, 1854, *Cat. of brit. foss.*, p. 107.

Le petit fragment mis à ma disposition et que je considère
comme appartenant à cette espèce, possède si parfaitement la
forme et les caractères qu'en donne M. F. Mc Coy, que je ne
crois pas me tromper sur sa détermination. En effet, le cœnecium
est composé de branches parallèles, rarement dichotomes, dont
la largeur égale celle des fenestrules; celles-ci sont ovales, légèrement allongées ou subcirculaires; les poutrelles qui y donnent
naissance sont minces et cintrées des deux côtés. La surface
poreuse est ornée de trois rangées de cellules non marginées et
disposées en quinconce. Selon M. Mc Coy, la surface postérieure,
qu'il m'a été impossible d'observer, est lisse, sauf la présence de
quelques petits pores placés à l'origine de la plupart des poutrelles.

Gisement et localités. — Un seul échantillon de cette espèce,
dont M. F. Mc Coy a, le premier, signalé l'existence dans le
calcaire carbonifère de l'Irlande, a été trouvé par M. W. B. Clarke
dans un calcaire d'un gris sombre de Buclean.

Classe : BRACHIOPODA.

Genre **PRODUCTUS**, *Sowerby.*

---

1. PRODUCTUS CORA, *A. d'Orbigny.*

(Pl. IX, fig. 1.)

TEREBRATULA PECTEN.		G. Fischer de Waldheim, 1809, *Notice des fossiles du Gouv. de Moscou*, p. 30, pl. 3, fig. 1.
PRODUCTUS CORA.		A. d'Orbigny, 1842, *Paléont. du voyage dans l'Amérique mérid.*, p. 55, pl. 5, fig 8, 9 et 10.
—	—	E. de Verneuil, 1847, *Bull. de la Soc. géol. de France*, 2e série, t. IV, p. 736.
—	—	F. A. Roemer, 1860, *Palæontographica*, t. IX, p. 13, pl. 4, fig. 6.
—	—	R. Davidson, 1866, *Quart. Journ. of the geol. Soc. of London*, t. XXII. p. 43.
—	RIPARIUS.	H. Trautschold, 1867, *Bull. de la Soc. I. des Natur. de Moscou*, no III, p. 35, pl. 5, fig. 2.
—	CORA.	J. W. Dawson, 1868, *Acad. geology*, p. 297, fig. 98.
—	—	Shumard, 1854, In *Marcy's expl. of the Red River of Louisiana*, p. 189.
—	cfr. CORA.	Fr. Toula, 1869, *Sitzungsb. der K. Akad. der Wissensch. zu Wien*, t. LIX, p. 441.
	—	R. Etheridge, 1872, *Quart. Journal of the geol. Soc. of London*, t. XXVIII, p. 328, pl. 15, fig. 1 et 2.
	—	L.-G. de Koninck, 1873, *Rech. sur les anim. fossiles*, t. II, p. 20, pl. 1, fig. 15 (¹).
	—.	D. A. Derby, 1874, *Bull. of the Cornell Univ.*, t. I, no 2, p. 49, pl. 2, fig. 17, and pl. 6, fig. 17.
	—	Fr. Toula, 1875, *Sitzungsb. der K. Akad. der Wissensch. zu Wien*, t. LXXI, p. 549.
	—	H. Trautschold, 1876, *Die Kalkbr. von Miatchk.*, p. 53, pl. 5, fig. 1.

Cette espèce a été si bien décrite et si parfaitement figurée par un certain nombre de paléontologistes, que je crois pouvoir me dispenser d'entrer dans de grands détails relativement à ses caractères distinctifs. Je me bornerai à faire observer que les

---

(¹) On y trouvera la synonymie complète de cette espèce.

échantillons d'Australie que j'ai sous les yeux, appartiennent à la variété qui se distingue ordinairement par la grande taille qu'elle peut atteindre, comme on peut aisément s'en assurer par la figure que j'en ai donnée; les petites côtes longitudinales dont la surface de cette variété est couverte, sont ordinairement un peu plus épaisses et moins régulières que chez les autres. Sous tous les rapports ces échantillons se rapprochent de ceux que j'ai recueillis abondamment dans le calcaire carbonifère de Visé et que j'ai décrits et figurés dans mes ouvrages.

Dimensions. — L'un des échantillons recueillis par M. W. B. Clarke possède une longueur d'environ 10 centimètres et une largeur de 7 centimètres.

Gisement et localités. — Ainsi que j'ai déjà eu l'occasion de le faire observer, cette espèce est remarquable par l'étendue de sa distribution géographique; elle apparaît presque partout où le terrain carbonifère s'est déposé, tant en Asie et en Amérique, qu'en Europe et en Australie. Elle paraît avoir pris naissance avant la formation des premières assises du calcaire carbonifère et avoir prolongé son existence jusqu'à l'époque correspondante au dépôt des dernières assises de ce même calcaire. Il est à remarquer qu'elle atteint sa plus grande taille au moment même où elle est sur le point de disparaître de la faune vivante. Le Rév. W. B. Clarke a trouvé plusieurs exemplaires de ce *Pro-ductus* dans un calcaire compacte de couleur jaune brunâtre, aux environs de Tilleghary. M. R. Etheridge me paraît avoir été induit en erreur en considérant comme dévoniens les échantillons de cette espèce qui lui ont été communiqués par M. Daintree et qui ont été recueillis par cet explorateur à Gympie, dans la Terre de la Reine (*Queen's Land*) avec plusieurs autres espèces carbonifères.

2. PRODUCTUS MAGNUS, *Meek* et *Worthen*.

(Pl. X, fig. 1.)

PRODUCTUS MAGNUS. Meek and Worthen, 1861, *Proceed. of the Acad. of nat. sc. of Phi-ladelp.*, p. 142.

— — Idem, 1868, *Geol. Survey of Illinois*, t. III, p. 528, pl. 20, fig. 7.

Cette belle et grande espèce est de forme subhémisphérique; son bord cardinal égale ou dépasse légèrement le diamètre transverse de la coquille. Les oreillettes sont à peu près rectangulaires. La valve ventrale, dont le contour est subsemi-elliptique, est modérément voûtée, légèrement gibbeuse et munie, sur les deux tiers inférieurs de sa longueur, d'un large sinus médian peu profond. Crochet petit, peu recourbé et ne dépassant que faiblement le bord cardinal. La valve dorsale est concave, mais la majeure partie de sa région viscérale est presque plane, tandis que sa partie marginale est brusquement recourbée presque à angle droit, sur une partie de son étendue, évaluée à environ le quart de la longueur totale de la valve.

Le têt de l'une et de l'autre de ces valves est mince, comparativement à leur taille. Leur structure interne a beaucoup de rapports avec celle du *P. semireticulatus*, Martin, mais les empreintes musculaires sont moins bien marquées que chez ce dernier. La surface interne de la partie recourbée de la valve dorsale est couverte d'un grand nombre de petites fossettes ressemblant à des piqûres d'épingle et assez rapprochées les unes des autres.

La surface externe de chacune des deux valves est ornée de nombreuses côtes longitudinales, assez minces, peu régulières, souvent dichotomes; sur la valve ventrale ces côtes sont interrompues sur leur parcours par de nombreux petits tubes spiniformes, à base assez allongée et légèrement épaissie. Une rangée de tubes semblables, mais plus prononcées, se trouve disposée le long et à une faible distance du bord cardinal de cette même valve ventrale. Ces tubes correspondent à des fossettes de la valve opposée. Quelques faibles ondulations concentriques d'accroissement traversent les côtes longitudinales, sans toutefois produire une réticulation semblable à celle qui distingue si bien le *P. semireticulatus*, de la plupart de ses congénères.

Dimensions. — Les dimensions suivantes ont été prises sur un échantillon de l'Illinois, envoyé au Musée royal d'histoire naturelle de Bruxelles par M. Worthen : longueur, 7 centimètres ; largeur, 8 centimètres ; épaisseur totale, 3,75 centimètres ; le seul échantillon d'Australie qui m'ait été communiqué a 4,5 centimètres de long et 5,5 de large.

Rapports et différences. — Avant d'avoir eu l'occasion de l'étudier en nature, je conservais beaucoup de doutes sur la valeur spécifique de ce *Productus.* Actuellement je suis complètement de l'avis de MM. Meek et Worthen, qu'il mérite d'être considéré comme espèce parfaitement distincte. Les *Productus* dont il se rapproche le plus, sont, d'un côté, le *P. giganteus*, et de l'autre, le *P. semireticulatus* de Martin, entre lesquels il occupe pour ainsi dire une place intermédiaire. En effet, il ressemble au premier par sa forme générale, par sa grande taille ainsi que par la rangée d'épines dont son bord cardinal est couvert, mais il s'en distingue par la faible épaisseur de son test, par l'absence des fortes impressions musculaires et surtout par celle des deux excavations qui donnent lieu aux deux fortes protubérances que l'on remarque sur les moules internes des grands échantillons du *P. giganteus;* en outre, ses oreillettes ne sont jamais contournées en forme de cornet et sa valve dorsale, loin de suivre le contour et la courbure de la valve opposée comme chez le *P. giganteus.* s'en écarte, s'aplanit dans la majeure partie de son étendue et laisse ainsi beaucoup plus d'espace aux parties molles de l'animal. Il ne peut pas être confondu avec le *P. semireticulatus* dont j'ai été tenté d'abord de le considérer comme variété, par la raison que sa valve ventrale n'est jamais géniculée, quels que soient sa taille et son âge, que sa partie viscérale n'est jamais nettement séparée de la partie antérieure qui se prolonge ordinairement très-fort chez le *P. semireticulatus*, et qu'en outre, les rides concentriques qui produisent le dessin réticulé chez ce dernier et le font si facilement distinguer de ses congénères, sont très-peu prononcées et peu sensibles chez le *P. magnus.*

Gisement et localités. — Cette espèce a été découverte en Amérique dans les assises inférieures du calcaire carbonifère du comté de Monroe (Illinois) et du comté de Sainte-Geneviève (Missouri). Un seul échantillon en a été recueilli par M. Clarke au Sud-Est de Buchan dans un calcaire brunâtre bréchiforme.

3. PRODUCTUS SEMIRETICULATUS, *Martin.*

(Pl. IX, fig. 2.)

CONCHÆ PILOSÆ.	D. Ure, 1793, *Hist. of Rutherglen,* p 316, pl. 16, fig. 12.
ANOMITES SEMIRETICULATUS.	W. Martin, 1809, *Petrif. derbiens.,* p. 7, pl. 31, fig. 1, 2, 3, and pl. 33, fig. 4.
— PRODUCTUS.	Idem, 1809, *ibid.,* p. 9, pl. 22, fig. 1, 2, 3.
PRODUCTUS SCOTICUS.	Sow., 1814, *Miner. conch.,* t. 1, pl. 69, fig. 3.
— MARTINI.	Idem, 1821, *ibid.,* t. IV, p. 15, pl. 309, fig. 230.
— HEPAR ?	S. G. Morton, 1836, *Sillimann's Amer. Journal,* t. XXIX, p. 153, pl. 26, fig. 39.
STROPHOMENA ANTIQUATA.	Bronn, 1837, *Lethœa geogn.,* p. 86, pl. 2, fig. 14.
PRODUCTUS INCA.	A. d'Orbigny, 1844, *Paléont. du voyage dans l'Amérique mérid.,* p. 51, pl. 4, fig. 2 et 3.
— PERUVIANUS.	Idem, 1844, *ibid.,* p. 12, pl. 4, fig. 4.
— BOLIVIENSIS.	Idem, 1844, *ibid.,* p. 52, pl. 4, fig. 5, 6, 7, 8, 9.
— GAUDRYI.	
— ANTIQUATUS.	Mᶜ Coy, 1847, *Ann. and mag. of nat. hist.,* t. XX, p. 235.
— SEMIRETICULATUS.	E. de Verneuil, 1847, *Bull. de la Soc. géol. de France,* 2ᵉ sér., t. IV, p. 705.
SP.?	Christy, 1848, *Letters on geology,* pl. 5, fig. 1.
— SEMIRETICULATUS.	F. Roemer, 1852, In *Bronn's Lethœa geogn.,* 2. Aufl., p. 378, pl. 2, fig. 14, und pl. 3, fig. 6.
— CORA.	D. D. Owen, 1856, *Geol. reports of Iowa, Wisconsin and Minnesota,* p. 103, pl 5, fig. 1 (non d'Orb).
— ÆQUICOSTATUS.	Shumard, 1855, In *Swallow's first and second annual reports of the geological survey of Missouri,* p. 201, pl. C, fig. 10.
— SEMIRETICULATUS.	J. Hall, 1856, In *W. P. Blake's Report on the geology of the route from the Mississipi river to the Pacif. Ocean,* p. 99, pl. 2, fig. 16, 17.
— IVESII.	J. S. Newberry, 1861, *Ives's Colorado explor. expedition, geolog. report,* p. 122, pl. 2, fig. 1-8.
— SEMIRETICULATUS.	F. Roemer, 1863, *Zeitschr. der deutsch. geol. Gesellsch.,* p. 590, pl. 16, fig. 2.
—	T. Davidson, 1866, *Quart. Journ. of the geol. Soc. of London,* t. XXII, p. 43, pl. 2, fig. 12.
SP.?	H. D. Rogers, 1868, *The geology of Pennsylv.,* vol. II, part II, p. 833, fig. 687.
— SEMIRETICULATUS.	J. W. Dawson, 1868, *Acad. geology,* p. 297, fig. 97.

PRODUCTUS SEMIRETICULATUS. F. Toula, 1869, *Sitzungsber. der K. Akad. der Wissensch. zu Wien,* t. LIX, p. 441.

— — F. Roemer, 1870, *Geol. v. Ober-Schlesien,* p. 90.

— L.-G. de Koninck, 1873, *Rech. sur les anim. foss* , t. II, p. 27 (y consulter le reste de la synonymie).

— O. D. Derby, 1874, *Bull. of the Cornell Univ.,* t. I, n° 2, p. 47, pl. 4, fig. 8, pl. 6, fig. 18 and pl. 7, fig. 5, 6, 7, 15, 16.

— F. Toula, 1865, *Neues Jahrbuch für Mineralogie,* p. 234, pl. 6, fig. 1.

— — Idem, 1875, *Sitzungsber. der K. Akad. der Wissensch. zu Wien,* t. LXXI, p. 550.

Cette espèce dont on pourra facilement compléter la synonymie en consultant ma Monographie du genre auquel elle appartient, ainsi que la deuxième partie de mes *Recherches sur les animaux fossiles,* est si bien connue et si abondante dans le terrain carbonifère, qu'une description détaillée m'en paraît inutile. Ainsi que je l'ai déjà fait observer ailleurs, on la reconnaîtra toujours facilement par la gibbosité de sa valve ventrale et par les plis concentriques dont la partie viscérale et les oreillettes de cette même valve sont couvertes et qui, en se croisant à angle droit avec les côtes longitudinales et rayonnantes de la surface, y produisent un dessin réticulé, rarement aussi prononcé sur d'autres espèces. La valve dorsale est presque plane dans sa partie viscérale et se recourbe, presque à l'angle droit, pour produire le prolongement qui s'applique directement contre celui de la valve ventrale et en suit tous les mouvements.

Cette espèce est assez sujette à certaines variations de taille; tantôt ses prolongements sont très-courts et ne dépassent pas 1 centimètre de longueur, tantôt ils atteignent jusqu'à 7 ou 8 centimètres, sans que la partie principale de la coquille soit beaucoup modifiée : souvent ses côtes longitudinales sont lisses ou faiblement tuberculeuses; néanmoins la surface de certains échantillons est hérissée d'un grand nombre de tubes spiniformes dont quelques-uns ont jusqu'à 6 à 7 centimètres de longueur.

Les échantillons d'Australie sont de taille moyenne et se rapprochent de la variété que J. Phillips a désignée sous le nom de *P. pugilis.*

Gisement et localités. — Cette espèce qui est l'une des plus abondantes, des plus répandues et des plus caractéristiques du terrain carbonifère, en Europe, est assez rare en~Australie, malgré le grand développement que ce terrain prend dans ce pays. Cinq échantillons bien définis et en tout semblables à ceux de notre terrain carbonifère belge, m'en ont été communiqués par M. W. B. Clarke qui les a recueillis dans un calcaire brunâtre ou grisâtre à Glen William et à Colocolo. Un sixième provient des bords de la rivière William où il se trouve engagé dans un calcaire argileux gris associé à plusieurs autres espèces.

4. PRODUCTUS UNDATUS, *Defrance.*

(Pl. IX, fig. 4.)

PRODUCTUS UNDATUS. Defrance, 1826, *Dict des sc. nat*, t. XLIII, p. 354.
— — L.-G. de Koninck, 1842, *Descr. des anim. foss. du terr. carb.*, p. 156, pl. 12, fig. 2.
— TORTILIS? Mc Coy, 1844, *Syn. of the carb. foss. of Irel.*, p. 116, pl. 20, fig. 14.
— UNDATUS. de Verneuil, 1845, *Russia and the Ural mount.*, t. II, p. 261, pl. 15, fig. 15.
— — L.-G. de Koninck, 1847, *Rech. sur les anim. foss.*, t. I, p. 59, pl. 5, fig. 3.
— — A. d'Orbigny, 1850, *Prod. de paléont.*, t. I, p. 141.
— — J. Morris, 1850, *Catal. of brit. foss.*, p. 145.
— — M. v. Grünewaldt, 1860, *Mém. de l'Acad. I. de Saint-Pétersbourg*, 7e sér., t. II, p. 116.
— — T. Davidson, 1860, *Monogr. of scottish carbon. Brachiop.*, p. 4, fig. 15, 16, 17.
— — Idem, 1861, *Monogr. of the brit. carb. Brachiop.*, p. 161, pl. 30, fig. 7 et 13.
— UNDATUS? Toula, 1874, *Sitzungsber. der K. Akad. der Wissensch. zu Wien*, t. LXX, p. 9.

Coquille de taille médiocre, de forme suborbiculaire ou légèrement transverse, rarement plus longue que large. Bord cardinal ordinairement un peu inférieur au diamètre transverse. Valve ventrale assez régulièrement voûtée, subhémisphérique, dépourvue de sinus médian. Crochet petit, renflé, recourbé, mais ne dépassant guère le bord cardinal : oreillettes petites, presque rectangulaires à leurs extrémités. La surface externe est entièrement couverte de plis concentriques et épais; ces plis sont anguleux et disposés en terrasses les uns au-dessus des autres ; quoique subparallèles entre eux, leur direction n'a rien de bien régulier; ils sont, en général, sinueux et il est rare qu'ils ne soient pas interrompus sur leur parcours. Ces plis sont traversés perpendiculairement par une foule de petites côtes filiformes, se multipliant par interposition et quelquefois interrompues par un petit tubercule ou un petit tube spiniforme. La valve dorsale est concave et suit à une petite distance les contours de la valve opposée. Ses ornements sont identiques à ceux de cette dernière.

Dimensions. — Longueur 15 à 33 millimètres ; épaisseur 7 à 12 millimètres.

Gisement et localités. — Cette espèce se rencontre assez fréquemment dans le calcaire supérieur de Visé; elle paraît être rare partout ailleurs. On l'a trouvée en Angleterre, en Irlande et en Écosse, ainsi que dans le centre de la Russie et dans l'Oural. M. Toula l'indique avec doute au Spitzberg. Leichert ainsi que M. W. B. Clarke l'ont recueillie dans un psammite brun non loin du Paterson river dans la Nouvelle-Galles du Sud.

5. PRODUCTUS FLEMINGII, *Sowerby.*

(Pl. XI, fig. 3.)

ANOMIÆ ECHINATÆ.	D. Ure, 1793, *Hist of Rutherglen,* p. 315, pl. 15, fig. 3, 4.	
PRODUCTUS FLEMINGII.	J. Sowerby, 1814, *Min. conchol.,* t. I, p. 154, pl. 68, fig 2.	
— LONGISPINUS.	Idem, 1814, *ibid.,* p. 155, pl. 68, fig. 1.	
— FLEMINGII.	L.-G. de Koninck, 1847, *Rech. sur les anim. foss.,* t. I, p. 75, pl. 10, fig. 2.	
— —	T. Davidson, 1861, *Monogr. of the brit. carb. Brachiop.,* p. 154, pl. 35, fig. 5-19.	
— LONGISPINUS.	F. Roemer, 1863, *Zeitschr. der deutsch. geol. Gesellsch.,* p. 589, pl. 16, fig. 1.	
— —	T. Davidson, 1866, *Quart. Journ. of the geol. Soc. of London,* t. XXII, p. 43.	
— —	F. Roemer, 1870, *Geol. v. Ober-Schlesien,* p. 89, pl. 8, fig. 2.	
— —	R. Etheridge senior, 1872, *Quart. Journ. of the geol. Soc. of London,* t. XXVIII, p. 333, pl. 18, fig. 9.	
— FLEMINGII.	L.-G. de Koninck, 1873, *Rech. sur les anim. foss.,* t. II, p. 24, pl. 1, fig. 14 (¹).	

(¹) **Y** consulter la synonymie.

Productus longispinus. F. B. Meek and A. Worthen, 1873, *Geol. survey of Illinois*, t. V,
p. 569, pl. 25, fig. 10.
— — F. Toula, 1874, *Sitzungsber. der K. Akad. der Wissensch. zu
Wien*, t. LXX, p. 12.
— Idem, 1875, *Neues Jahrb. für Miner.*, p. 252, pl. 8, fig. 8.

Cette espèce dont la forme et l'aspect ne sont pas très-con-
stants, mais dont les échantillons les plus différents se relient
entre eux par de nombreux intermédiaires, n'atteint jamais un
grand développement. Elle est même généralement assez petite
et ordinairement transverse. La valve ventrale est régulièrement
voûtée ou partagée en deux lobes plus ou moins bien prononcés
par un sinus médian ayant son origine à une petite distance du
crochet et dont la largeur et la profondeur sont très-variables.
Le crochet, petit et recourbé, dépasse rarement le bord cardinal.

La valve dorsale est plus ou moins concave et parfois même
presque plane chez les individus dépourvus de sinus médian,
tandis qu'elle est lobée chez les autres. C'est à la première de ces
variétés qu'appartiennent tous les échantillons qui m'ont été communiqués par M. W. B. Clarke.

La surface de chacune des deux valves est ornée d'un grand
nombre de petites côtes longitudinales assez semblables entre
elles et se multipliant, soit par simple bifurcation, soit par inter-
calation. La partie viscérale est traversée dans sa partie la plus
voisine du crochet par des plis concentriques ordinairement plus
sensibles sur les oreillettes que sur les parties médianes. Quoique
un très-grand nombre d'échantillons européens aient leurs côtes
hérissées de prolongements tubulaires, spiriformes, atteignant
parfois une longueur de plusieurs centimètres, aucun des échantillons d'Australie, que j'ai sous les yeux, n'offre ce caractère.

Dimensions. — Un échantillon de taille moyenne et assez parfait a 17 millimètres de long et 20 millimètres de large.

Gisement et localités. — Cette espèce, de même que le *P. semireticulatus*, Martin, qu'elle accompagne presque partout, et dont
il est quelquefois difficile de la distinguer, est très-répandue dans
le terrain carbonifère, dont elle parait occuper toutes les assises.
Dans ces derniers temps sa présence a été constatée par M. Toula,

parmi les fossiles du Spitzberg recueillis par le docteur von Drasch. Les échantillons d'Australie proviennent de Buchan, de Glen William, Harper's Hill, de Burragood et de Colocolo, où ils se trouvent dans un calcaire gris ou brunâtre. M. M⁰ Coy l'indique dans le schiste durci noir de Lewis's Brook et M. N. Etheridge senior, sur les bords du Don dans la Terre de la Reine (Queensland).

6. PRODUCTUS PUNCTATUS, *Sowerby*.

(Pl. XI, fig. 2.)

CONCHÆ PILOSÆ.	Ure, 1793, *Hist. of Rutherglen*, p. 316, pl. 15, fig. 7.
ANOMITES PUNCTATUS.	Martin, 1809, *Petrif. derbiens.*, p. 8, pl. 37, fig. 6 (fig. 7 et 8 *excl.*).
TRIGONIA RUGOSA.	Parkinson, 1811, *Organ. remains*, t. III, p. 177, pl. 12, fig. 11.
PRODUCTUS PUNCTATUS.	Sowerby, 1823, *Miner. conch.*, t. IV, p. 22, pl. 323.
— —	E. de Verneuil, 1847, *Bull. de la Soc. géol. de France*, 2ᵉ sér., t. IV, p. 706.
— —	L.-G. de Koninck, 1847, *Rech. sur les anim. foss.*, t. I, p. 123, pl. 12, fig. 2 (¹).
— —	Quenstedt, 1852, *Handb. der Petrefaktenk.*, p. 491.
— —	Shumard, 1854, In *R. Marcy's exploration of the Red River of Louisiana*, p. 188, pl. 1, fig. 5 and pl. 2, fig. 1.
— —	M. v. Grünewaldt, 1860, *Mém. de l'Acad. I. de Saint-Pétersbourg*, 7ᵉ sér., t. II, p. 125.
— —	H. B. Geinitz, 1866, *Carbonf. u. Dyas in Nebraska*, p. 55.
— —	F. Roemer, 1870, *Geol. v. Ober-Schlesien*, p. 60, pl. 7, fig. 2.
— —	L.-G. de Koninck, 1873, *Rech. sur les anim. foss.*, t. II, p. 30, pl. 1, fig. 19 (²).
— —	F. B. Meek and A. H. Worthen, 1873, *Geol. survey of Illinois*, t. V, p. 569, pl. 25, fig. 13.
— —	F. Toula, 1875, *Sitzungsber. der K. Akad. der Wissensch. zu Wien*, t. LXXI, p. 549.

Cette belle espèce, qui est en même temps l'une des plus anciennement décrites et figurées et des plus faciles à reconnaître, n'est représentée parmi les fossiles recueillis par M. W. B. Clarke que par un fragment et un échantillon assez complet de la valve dorsale. Ce dernier offre cependant un certain intérêt, parce qu'il reproduit exactement et presque complètement, le moule de la surface interne de cette valve. Ainsi qu'il sera facile

(¹) Y consulter la synonymie.
(²) Id. id.

de s'en assurer par la figure, la forme de l'exemplaire était trans-
versément subovale et sensiblement plus large que longue. On y
observe distinctement, quoique un peu superficiellement, les traces
des bandelettes concentriques et du grand nombre de petites
épines qui couvrent la surface des coquilles de cette espèce et qui
en forment le principal caractère. Les empreintes des muscles
adducteurs y sont également et très-correctement représentées;
elles sont relativement petites, peu profondes, allongées et ramifiées vers leur partie supérieure; les empreintes réniformes font
complétement défaut; la lame médiane qui sert à soutenir et à
renforcer le bouton cardinal est relativement mince, mais elle
occupe environ les deux tiers de la longueur de la valve. Le bouton cardinal est robuste et trilobé. Il est à remarquer que, sur les
oreillettes et sur leurs parties voisines, les traces des bandelettes
sont entièrement effacées et remplacées par une surface subtriangulaire couverte de toutes petites granulations; cela provient
probablement de ce que le têt y était plus épais que dans les
autres parties de la valve. Les traces des ornements y ont été plus
complètement effacées.

Dimensions. — Longueur de l'échantillon décrit, environ
4 centimètres; largeur 5,5 centimètres.

Gisement et localités. — Cette espèce est très-abondante dans
les assises supérieures du calcaire carbonifère; elle est moins
fréquente dans les assises moyennes et semble faire défaut dans
les assises inférieures. C'est probablement à ces circonstances
qu'est due sa rareté dans le terrain carbonifère de l'Amérique,
où les assises inférieures sont généralement beaucoup mieux
représentées et mieux développées que partout ailleurs. C'est la
première fois que sa présence est signalée en Australie où
M. W. B. Clarke l'a recueillie dans un phtanite brun. A Buchan
sur les bords de la Rivière Gloucester (Gloucester River) et dans
un calcaire gris des bords du Karúa (Karúa River) et de la
Rivière William.

7. PRODUCTUS FIMBRIATUS, *Sowerby*.

(Pl. XI, fig. 5.)

PRODUCTUS FIMBRIATUS. J. de Carle Sowerby, 1823, *Miner. conch.*, t. V, p. 85, pl. 459, fig. 1.
—   —   L.-G. de Koninck, 1847, *Rech. sur les anim. foss.*, t. Ier, p. 127, pl. 12, fig. 3.
—   —   Quenstedt, 1852, *Handb. der Petrefaktenk.*, p. 491.
—   —   Davidson, 1861, *Monogr. of the brit. carb. Brach.*, p. 171, pl. 33, fig. 12 et 13, and pl. 44, fig. 15.
—   —   L.-G. de Koninck, 1873, *Rech. sur les anim. foss.*, t. II, p. 32, pl. 1, fig. 18.

Lorsque ce *Productus* a atteint son complet développement, il est ordinairement plus long que large, tandis que dans le jeune âge c'est souvent l'inverse qui se produit. Malgré cette différence, l'identité de l'espèce n'est pas bien difficile à constater, en ayant soin de réunir un nombre suffisant d'exemplaires pour pouvoir suivre les modifications qui se produisent insensiblement dans la forme de la coquille pendant son accroissement. D'un autre côté, les plis concentriques dont la surface est ornée, et qui se transforment parfois en véritables bourrelets, ne permettent pas de le confondre avec le *P. punctatus* qui est le seul avec lequel il ait quelque ressemblance ; en outre il n'atteint jamais la taille de celui-ci dont les bandelettes concentriques sont toujours planes et chargées d'épines ou de tubercules beaucoup plus nombreux et plus déliés.

Dimensions. — Les deux échantillons que j'ai sous les yeux n'ont que 6 millimètres de long et 7 millimètres de large.

Gisement et localités. — Cette espèce est plus fréquente dans les assises carbonifères supérieures que dans les autres. Elle n'est pas rare à Visé et aux environs de Glasgow. L'un des échantillons recueillis par M. W. B. Clarke, se trouve dans un grès gris un peu jaunâtre des environs de Tillegary, et l'autre dans un calcaire d'un gris foncé des bords du Karúa et du William's River.

8. PRODUCTUS SCABRICULUS, *Martin.*

CONCHYLIOLITHUS ANOMITES SCABRICULUS. Martin, 1809, *Petrif. derbiens.*, p. 8, pl. 36, fig. 5.
PRODUCTUS SCABRICULUS.   Sowerby, 1814, *Miner. conch.*, p. 157, pl. 69, fig. 1.
—   —   Defrance, 1826, *Dict. des sc. nat.*, t. XLIII, p. 350.
            Fleming, 1828, *Brit. anim*, p. 378.
—   —   Keferstein, 1834, *Naturges. des Erdkörpers*, p. 666.
            Deshayes in Lamarck, *Animaux sans vert.*, t. VI, p. 383.
—   —   J. Phillips, 1836, *Geol. of Yorkshire*, t II, p. 214, pl. 8, fig. 2
            and 20.
—   QUINCUNCIALIS.   Idem, 1836, *ibid*, p. 214, pl. 7, fig. 8.
LEPTÆNA SCABRICULA.   Fischer de Waldheim, 1837, *Oryct. du Gouv. de Moscou*,
            p. 142.
PRODUCTUS SCABRICULUS.   Desor, 1840, *Traduction de la conchol. min. de Sowerby*,
            p. 106, pl. 51, fig. 1 et 2.
—   ANTIQUATUS.   Von Buch, 1841, *Abhandl. der K. Akad. der Wissensch. zu
            Berlin*, 1. Theil, p. 29 (non Martin).
—   SCABRICULUS.   L.-G. de Koninck, 1843, *Descr. des anim. foss. du terr. carb.
            de la Belg.*, p. 190, pl. 11, fig. 3.
LEPTÆNA SCABRICULA.   Fahrenkohl, 1844, *Bull. de la Soc. I. des Natur. de Moscou*,
            t. XVI, p. 784.
PRODUCTA   —   Mᶜ Coy, 1844, *Syn. of the carb. limest. foss. of Irel.*, p. 114.
—   QUINCUNCIALIS.   Idem, 1844, *ibid.*, p. 114.
PRODUCTUS GORBIS.   Potiez et Michaud, 1844, *Gal. des moll. du Musée de Douai*,
            t. II, p. 26, pl. 41, fig. 2.
—   SCABRICULUS.   E. de Verneuil, 1845, In Murchison, de Verneuil and de Key-
            serling, *Russia and the Ural mount.*, t. II, p. 271, pl. 16,
            fig. 5, and pl. 18, fig. 5.
—   PUSTULOSUS?   Idem, 1845, *ibid.*, p. 276, pl. 16, fig. 11 (non Phillips).
—   L.-G. de Koninck, 1847, *Mém. de la Soc. royale des sc. de
            Liége*, t. IV, p. 114, pl. 11, fig. 6.
—   Idem, 1847, *Rech. sur les anim. foss.*, t. I, p. 10, pl. 11, fig. 6.
—   SCABRICULUS.   Mᶜ Coy, 1847, *Ann. and mag. of nat. hist.*, 1ˢᵗ ser., t. XX,
            p. 235.
            P. v. Semenow, 1854, *Ueber die Fossilien des schlesischen
            Kohlenk.*, p. 41.
—   J. Morris, 1854, *Cat. of brit. foss.*, p. 145.
—   ROGERSII.   Norwood and Pratten, 1854, *Journ. of the Acad. of nat. sc.
            in Philadelphia*, t. III, p. 9, pl. 1, fig. 3.
—   NEFFEDIEVI.   De Keyserling, 1854, In Schrenck, *Reise nach dem Nordosten
            des europ. Russlands*, t. II, p. 93.
            J. Hall, 1856, In *Blake's Report on the Pacific Railroad
            explor.*, p. 104, pl. 2, fig. 14, 15.
—   SCABRICULUS.   J. Marcou, 1858, *Geology of North-Amer.*, p. 47, pl. 5. fig. 6.
—   ASPERUS.   J. H. Mᶜ Chesney, 1858, *Descr. of new sp. of fossils from the
            palœoz. rocks of Western States*, p. 34, pl. 1, fig. 7.
—   SYMMETRICUS?   Idem, 1858, *ibid.*, p. 35, pl 1, fig. 9.
—   WILBERANUS.   Idem, 1858, *ibid.*, p. 36, pl. 1, fig. 8.

Productus scabriculus.	T. Davidson, 1860, *Monogr. of the carb. Brachiop. of Scotland*, p. 42, pl. 4, fig. 18.
— -	E. d'Eichwald, 1860, *Lethœa rossica*, t, I, p. 891.
—	T. Davidson, 1866, *Quart. Journ. of the geol. Soc. of London*, t. XXII, p. 42, pl. 2, fig. 13.
—	H. B. Geinitz, 1866, *Carbonf. u. Dyas in Nebraska*, p. 54.
— postulosus.	Idem, 1866, *ibid.*, p. 55.
Strophalosia horrescens.	Idem, 1866, *ibid.*, p. 81 (non de Verneuil).
Productus scabriculus.	J. Armstrong, 1871, *Trans. of the geol. Soc. of Glasgow*, t. III, supplem., p. 40.
— symmetricus.	F. B. Meek, 1852, *Report on the palœontology of Eastern-Nebraska*, p. 167, pl. 5, fig. 6 (pl. 8, fig. 13 *exclusâ*).
— nebrascensis.	Idem, 1872, *ibid.*, p. 165, pl. 2, fig. 2, pl. 4, fig. 6, and pl. 5, fig. 11.

Coquille ordinairement un peu plus longue que large, de forme ordinairement subcirculaire dans le jeune âge et un peu rectangulaire lorsqu'elle est adulte; dans ce dernier cas, les bords étant faiblement courbés, sont subparallèles entre eux. Valve ventrale très-bombée, déprimée dans sa partie médiane et généralement garnie d'un sinus très-large et peu profond. Le crochet est pointu, quoique renflé à une petite distance de son extrémité, recourbé et légèrement proéminent. Le bord cardinal est droit, son étendue atteint rarement celle du diamètre transverse; les oreillettes sont petites et terminées par un angle aigu. Toute sa surface externe est couverte de côtes longitudinales remarquables par les renflements alternatifs qu'elles éprouvent et qui les transforment en tubercules disposés un peu irrégulièrement en quinconce et souvent ornés de petites épines courbes. La valve dorsale est légèrement concave et ordinairement garnie d'un large lobe médian, correspondant au sinus de la valve opposée. Les tubercules de cette dernière y sont remplacés par des fossettes de même forme.

La surface de chacune des valves est ordinairement traversée par des ondulations concentriques, mieux marquées sur les oreillettes que sur le restant de la coquille.

Dimensions. — Cette espèce est susceptible d'acquérir d'assez grandes dimensions, et il n'est pas rare d'en rencontrer qui ont 6-7 centimètres de long; le seul échantillon recueilli par M. Clarke n'a que 23 millimètres de long sur 22 millimètres de large.

Rapports et différences. — Cette espèce a été désignée sous
divers noms suivant son état plus ou moins parfait de conservation. J'ai pu me convaincre, par l'inspection d'échantillons originaux, que la plupart des variétés dont on trouvera la nomenclature
dans la synonymie de l'espèce, ne dépendent que de la différence
dans la nature de terrain dans lequel elles ont été recueillies et
de la plus ou moins grande facilité que l'on a eue de les isoler.

Gisement et localités. — Ce *Productus* n'est pas rare dans les
étages supérieurs et moyens du calcaire carbonifère. Il occupe
une position horizontale extrèmement étendue, puisqu'on le
trouve non-seulement assez abondamment en Europe, presque
partout où le calcaire carbonifère vient au jour, mais encore en
Asie, en Amérique, dans l'Oural et en Australie. Dans ce dernier pays, il paraît néanmoins être assez rare, puisque le Rév.
W. B. Clarke n'en a trouvé qu'un seul échantillon sur les bords
de la rivière William, associé au *Spirifer duplicicosta*, Phillips.

9. PRODUCTUS BRACHYTHÆRUS, *G. Sowerby*

(PL X, fig. 4 et pl. IX, fig. 1.)

PRODUCTUS BRACHYTHÆRUS.		G. Sowerby, 1844, In *Darwin's Geol. observ. on the volcanic Islands,* p. 158.
—		J. Morris, 1845, In *Strzelecki's Phys. descr. of N. S. Wales and Van Diemen's Land,* p. 284, pl. 14, fig. 4c (fig. 4a et 4b exclusis).
—	—	F. Mc Coy, 1847, *Ann. and mag. of nat. hist.,* t. XX, p. 235.
—	UNDULATUS.	Idem, 1847, *ibid.,* p. 236, pl. 13, fig. 2.
—	BRACHYTHÆRUS.	L.-G. de Koninck, 1847, *Rech. sur les.anim. foss.,* t. I, p. 102, pl. 16, fig. 1a, 1b (fig. 1c et 1d exclusis).
—		J. Dana, 1849, *Geology of the U. S. explor. expedition,* p. 686, pl. 2, fig. 8.

Coquille de taille moyenne, renflée, légèrement transverse,
à contour subtrapézoïdal. Valve ventrale gibbeuse, à côtés
abruptes, un peu déprimée dans sa partie médiane, mais privée
de sinus bien accentué. Sa surface extérieure est garnie d'un
grand nombre de petites côtes longitudinales donnant naissance
à des tubes aciculaires rarement bien conservés; ces tubes ayant
leur origine à une certaine distance de l'endroit où ils traversent

la coquille pour s'isoler, produisent de petits tubercules allongés dont l'extrémité antérieure est percée lorsque les tubes ont disparu. Les oreillettes sont courtes, mais assez larges, et couvertes d'une rangée de cinq ou six tubes presque verticaux, à base arrondie et disposés parallèlement au bord cardinal. Crochet renflé, court, ne dépassant guère le bord cardinal qui est droit et dont l'étendue est inférieure à celle du diamètre transverse de la valve. Aux environs du crochet, on observe ordinairement quelques faibles rides concentriques. La structure intérieure de cette valve que j'ai eu occasion d'observer sur plusieurs moules bien conservés, est très-différente de celle que M. J. Morris lui a attribuée d'après un moule qu'il a cru avoir été produit par elle, mais qui, en réalité, appartient à une autre espèce, ainsi que je l'ai déjà fait entrevoir en 1847. En effet, le têt étant très-mince, la coquille ne peut pas recevoir les fortes empreintes musculaires qui décorent le moule représenté par le savant paléontologiste anglais; ces empreintes sont au contraire très-superficielles sur les divers moules que je considère comme provenant de coquilles appartenant réellement au *P. brachythœrus*, tel qu'il a été défini et décrit par Sowerby. Celles des muscles adducteurs sont étroites et formées d'un petit nombre de ramifications obliques; les attaches des muscles cardinaux ont dû être très-peu marquées, puisqu'elles n'ont laissé aucune trace de leur empreinte. Le restant de la surface intérieure laisse apercevoir quelques traces des tubercules allongés épineux qui ornent la surface extérieure.

La valve dorsale dont j'ai pu étudier deux échantillons, est presque plane dans sa partie viscérale, tandis que son prolongement se recourbe d'une façon assez abrupte et, s'appliquant contre celui de la valve opposée, continue à en suivre la direction jusqu'aux bords. Sa surface extérieure est ornée de fines côtes semblables à celles de la valve ventrale, mais avec cette différence qu'une partie des tubercules de cette dernière y est remplacée par des fossettes allongées ou arrondies suivant la place qu'elles occupent, et que c'est principalement la partie marginale qui est hérissée de tubes spiniformes assez gros et

assez longs, dont l'insertion n'a rien de régulier. Les rides concentriques sont un peu plus apparentes sur cette valve que sur
la valve ventrale. Le processus cardinal est très-petit; il se compose uniquement d'une dent trilobée, très-peu saillante. Il m'a
été impossible de découvrir la moindre trace de septum ni d'empreintes musculaires ou vasculaires sur la surface intérieure.

Dimensions. — La longueur moyenne des divers échantillons
mis à ma disposition est de 35 millimètres, la largeur de
31 millimètres et la hauteur de 20 millimètres.

Rapports et différences. — Cette espèce a de grands rapports
avec les *P. scabriculus*, Sowerby et *rugatus*, Philipps. Elle diffère du premier par sa forme beaucoup plus gibbeuse et par la
longueur de son prolongement, et du second, également par ce
dernier caractère et surtout par les côtes longitudinales et les
tubercules allongés qui ornent sa surface extérieure. Je suis
porté à croire que la figure 3 de la planche XV du mémoire de
M. R. Etheridge sur les fossiles de Queensland (¹) ne représentent que la valve dorsale d'un jeune individu de cette espèce,
mais je n'oserais pas l'affirmer avant d'avoir eu l'occasion d'examiner l'échantillon même que le savant paléontologiste de l'École
des Mines de Londres a fait dessiner.

Gisement et localités. — Cette espèce n'est pas rare en Australie, mais il est difficile d'en obtenir des échantillons d'une
bonne conservation. Selon M. Mc Coy, elle est très-abondante
dans le grès calcareux de Loder's Creek et de Korinda ; M. Dana
l'indique comme se trouvant à Wollongong-Point et à Illawara;
Strzelecki l'a recueillie au mont Wellington (terre de Van Diemen); M. W. B. Clarke a constaté son existence à Raymond
Terrace à la jonction des rivières William et Hunter, ainsi qu'à
Ællalong sur la route conduisant de Crawford's Creek à Wata-
gan Creek et à Darlington, où elle est contenue dans un grès
calcareux d'un gris jaunâtre assez friable; il l'a en outre trouvée
entre Muree et Morpeth dans un calcaire gris et compacte dans
lequel elle a conservé son têt qui est nacré et très-luisant.

_____

(¹) *Quarterly Journal of the geol. Soc. of London*, t. XXVIII, 1872.

10. PRODUCTUS FRAGILIS, *J. Dana.*

(Pl. X, fig. 3.)

PRODUCTUS FRAGILIS. J. Dana, 1849, *Geology of the U. S. expl. exped.*, p. 686, pl. 2, fig. 7.

Coquille de forme subrectangulaire, transverse et un peu plus large que longue. Valve ventrale assez profonde, à bords relevés et plus ou moins géniculés et prolongés ; partie dorsale faiblement sinuée ; bord cardinal égal au diamètre transverse ; oreillettes à extrémités déprimées ; bord cardinal formant un angle droit avec les bords latéraux ; crochet petit, peu recourbé et ne dépassant que fort peu la ligne cardinale. La surface extérieure est ornée d'une grande quantité de fines stries longitudinales, traversées par de légères ondulations concentriques ; les petites côtes produites par les stries ne paraissent pas être épineuses. Les empreintes musculaires situées assez près du crochet, sont très-peu profondes ; celles des muscles cardinaux sont très-étroites et formées de quelques ramifications irrégulières, tandis que celles des muscles adducteurs sont relativement larges et composées d'un assez grand nombre de sillons parallèles, à direction longitudinale et ne dépassant que fort peu la limite inférieure des empreintes cardinales ; le restant de la surface intérieure est occupé par des stries semblables à celles qui couvrent la surface extérieure, à cause de la faible épaisseur du têt, avec cette différence que, vers les bords, elles sont criblées d'une grande partie de petites fossettes semblables à des piqûres d'épingles.

La valve dorsale est légèrement concave et laisse par conséquent exister un espace relativement peu considérable entre elle et la valve opposée. Son têt paraît avoir été un peu plus épais que celui de cette dernière, sa surface intérieure ne portant aucune trace des ornements qui la couvrent extérieurement. Sa surface intérieure, dont j'ai pu étudier un moule d'une conservation exceptionnelle, représenté planche X, figure 3, se fait remarquer par les caractères suivants : son septum médian qui occupe un peu plus de la moitié de la longueur même de la valve est relativement assez fort et creusé d'un sillon sur presque toute sa longueur; son bord cardinal est épaissi et son processus se termine par un bouton à quatre lobes qui pénètre dans le crochet. Les empreintes des muscles adducteurs ne sont pas très-étendues, mais elles sont formées de plusieurs ramifications saillantes à la partie inférieure desquelles aboutissent les empreintes vasculaires réniformes dont la surface est couverte de fines stries ondulées à direction subparallèle à celle du bord frontal. Le restant de la surface, à l'exception de l'extrémité des oreillettes, est entièrement couvert de très-petites fossettes ressemblant à des piqûres d'épingle et très-serrées les unes contre les autres.

Dimensions. — Longueur 3 centimètres, largeur 3,3 centimètres.

Rapports et différences. — Cette espèce est facile à distinguer de la précédente par l'étendue de son area cardinale, par la convexité de sa valve dorsale et le relief de ses processus musculaires et vasculaires. Il n'est pas impossible que les moules que M. Morris a figurée sous le nom de *P. brachythœrus* dans l'ouvrage du comte de Strzelecki, planche XIV, figure 4ᵃ et 4ᵇ appartiennent à cette espèce, quoique le haut relief produit sur les moules, par les empreints musculaires de la valve ventrale m'en fassent douter; cependant en comparant ces figures à celles que je donne planche X, figure 3, il sera facile de voir qu'il existe une très-grande analogie entre elles.

Gisement et localités. — M. J. Dana a trouvé cette espèce à Wollongong-Point et à Illawara. L'unique échantillon que le Rév. W. B. Clarke m'a communiqué, provient de Branxton.

11. PRODUCTUS CLARKEI, *R. Etheridge*.

(Pl. X, fig. 2.)

PRODUCTUS CLARKEI. R. Etheridge sen., 1872, *Quart. Jour. of the geol. Soc. of London*, t. XXVIII, p. 334, pl. 17, fig. 2.

Coquille subcirculaire, à peu près aussi large que longue, à bord cardinal peu développé, à oreillettes petites, faiblement anguleuses. Valve ventrale subhémisphérique, régulièrement bombée, non déprimée dans sa partie médiane, à crochet petit, non proéminent. Surface extérieure ornée d'un grand nombre de petits tubercules allongés, assez minces et assez régulièrement disposés en quinconce, ayant probablement donné naissance à des tubes spiniformes. Selon M. Etheridge, la valve dorsale est presque plane; sa surface porte quelques traces de tubercules et d'épines; elle est en outre garnie de rides concentriques d'accroissement. Je n'ai pas eu l'occasion de l'observer en nature.

Dimensions. — Un échantillon d'assez bonne conservation a une longueur de 31 millimètres et une largeur de 35 millimètres; un autre a 4,5 centimètres de long, sur 5 centimètres de large.

Rapports et différences. — Ce *Productus* est très-voisin du *P. muricatus*, Phillips; il en diffère par une taille plus forte et par la disposition plus régulière de ses tubes et par sa forme un peu moins allongée. On ne doit pas le confondre avec le *P. Clarkianus*, Derby, qui est une tout autre espèce.

Gisement et localités. — M. Daintree a recueilli ce *Productus* sur les bords de la rivière de Bowen (Bowen River) en Queensland ou Terre de la Reine et M. W. B. Clarke, à qui il a été dédié, l'a trouvé dans un calcaire grisâtre à Branxton et dans un conglomérat calcareux brunâtre à Burragood, sur les bords du Paterson (Paterson River) dans la Nouvelle-Galles du Sud.

12. PRODUCTUS ACULEATUS, *Martin*.

(Pl. XI, fig. 6.)

ANOMITES ACULEATUS.		Martin, 1809, *Petrif. derbiens.*, p 1, pl. 39, fig. 9 and 10 (non Schloth).
PRODUCTUS	—	Sowerby, 1814, *Miner. conch.*, t. 1, p. 156, pl. 68, fig. 4.
—	—	L.-G. de Koninck, 1847, *Rech. sur les anim. foss.*, t. 1er, p. 144, pl. 16, fig. 6.
—	—	M. v. Grünewaldt, 1860, *Mém. de l'Acad. I. de Saint-Péters-bourg*, 7e sér., t. II, p. 125.
—	—	T. Davidson, 1861, *Monogr. of the brit. carb. Brachiop.*, p. 166, pl. 33, fig. 16-20.
—	YOUNGIANUS.	Idem, 1861, *ibid.*, p. 167, pl. 33, fig. 21-23.
—	ACULEATUS.	L -G. de Koninck , 1872, *Rech. sur les anim. foss.*, t. II; p. 35, pl. 1, fig. 20.
—	—	F. Toula, 1875, *Sitzungsb. der K. Akad. der Wissensch. zu Wien*, t. LXXI, p. 552, pl. 2, fig. 10.

Coquille de taille moyenne ou médiocre, à contour suboval ou arrondi, à oreillettes petites et facilement caduques; têt mince, nacré et luisant; bord cardinal droit, n'atteignant jamais la dimension du diamètre transverse. Valve ventrale régulière-ment bombée, non sinuée et ordinairement un peu plus longue que large; crochet petit, ne dépassant que très-faiblement le bord cardinal. Surface extérieure irrégulièrement couverte de tubercules allongés, servant de base à des tubes courts et spiniformes. Par leur allongement, ces tubercules se trans-forment souvent en de véritables côtes longitudinales, peu régu-lières et rugueuses. Valve dorsale très-concave, très-rapprochée de la valve opposée dont elle suit le contour et dont elle possède les ornements en creux.

Dimensions. — Les trois échantillons d'Australie que j'ai sous les yeux n'ont en moyenne que 10 millimètres de long sur 8 millimètres de large. L'un appartient à la variété que j'ai désignée sous le nom de *P. gryphoïdes* (*P. Youngianus* de T. Davidson), et les deux autres au type décrit par Martin.

Gisement et localités. — Cette espèce est très-répandue dans le calcaire carbonifère; elle est toutefois plus commune dans les assises supérieures de ce calcaire que dans les autres. M. Toula l'a signalée dernièrement parmi les fossiles de l'île Höfer, l'une des îles de Barent. M. W. B. Clarke l'a recueillie à Colocolo ainsi qu'à Pallal sur les bords de Gwydir (Gwydir River).

GENRE **CHONETES**, *G. Fischer de Waldheim.*

—

1. CHONETES PAPILIONACEA, *J. Phillips.*

(Pl. X, fig. 6.)

PECTINITES FLABELLIFORMIS.	Lister, 1688, *Hist. of Conchyl.*, lib. III, pl. 473, fig. 31.
PRODUCTUS LATISSIMUS.	Dillwyn, 1823, *An index to the Hist. of Conch. of Lister*, p. 24 (non Sowerby).
SPIRIFERA PAPILIONACEA.	J. Phillips, 1836, *Geol. of Yorks.*, t. II, p. 221, pl. 11, fig. 6.
CHONETES —	L.-G. de Koninck, 1843, *Descr. des anim. foss. du terr. carb. de la Belg.*, p. 212, pl. 13, fig. 5, et pl. 13 bis, fig. 1.
DELTHYRIS —	A. Fahrenkohl, 1844, *Bulletin de la Soc. I. des Natur. de Moscou*, t. XVII, p. 788.
ORTHIS —	Mc Coy, 1844, *Syn. of the charact. of thě carbon. foss. of Ireland*, p. 125.
LEPTÆNA MULTIDENTATA.	Idem, 1844, *ibid.*, p. 120, pl. 20, fig. 8.
— PAPYRACEA?	Idem, 1844, *ibid.*, p. 120, pl. 20, fig. 2.
CHONETES —	E. de Verneuil, 1845, In Murchison, de Verneuil and de Keyserling, *Russia and the Ural mount.*, t. II, p. 241.
CHONETES? VARIOLARIS.	De Keyserling, 1846, *Reise in das Petschoraland*, p. 215, pl. 6, fig 2.
CHONETES PAPILIONACEA.	L.-G. de Koninck, 1847, *Rech. sur les anim. foss.*, t. Ier, p. 187, pl. 19, fig. 2.
	P. v. Semenow, 1854, *Ueber die Foss. Brach. des schles. Kohlenkalkes*, p. 30, pl. 1, fig. 2.
— —	Mc Coy, 1855, *Brit. palœoz. foss.*, p. 455.
— PAPILIONACEUS.	E. d'Eichwald, 1860, *Lethœa rossica*, t. 1, p. 876.
— PAPILIONACA.	M. v. Grünewaldt, 1860, *Mém. de l'Acad. I. de Saint-Pétersbourg*, 7e sér., t. II, p. 110.
— —	T. Davidson, 1861, *Monogr. of the brit. carb. Brachiop.*, p. 182, pl. 46, fig. 3-6.

Coquille transverse, déprimée, très-faiblement bombée et quelquefois presque entièrement plane, de forme subsemicirculaire. Bord cardinal droit, occupant la plus grande largeur de la coquille. Valve ventrale légèrement convexe, surtout dans sa partie médiane; crochet peu sensible, nullement proéminent,

Area bien développé, muni d'une fissure deltoïdale en partie recouverte par un pseudodeltidium.

La valve dorsale est faiblement concave et suit à une faible distance les mouvements de la valve opposée; son area est plus étroit que celui de la valve dorsale et son processus cardinal, assez développé, ferme partiellement l'ouverture deltoïdale de cette dernière. La surface extérieure des deux valves est couverte d'une innombrable quantité de fines côtes rayonnantes dont l'épaisseur ne varie guère dans toute leur étendue et qui se multiplient par simple bifurcation. Lorsque le têt, qui est très-mince, est en partie enlevé, ce qui reste des côtes devient granuleux et paraît hérissé d'une foule de petits tubercules assez aigus, à côté desquels se remarquent de petites fossettes semblables à des piqûres d'épingles et dues à la perforation de la coquille. Le bord cardinal de la valve ventrale est muni d'une série de petites épines tuberculeuses distantes l'une de l'autre d'environ un millimètre.

La structure interne des valves ne m'est qu'imparfaitement connue; les stries ponctuées que l'on observe chez la plupart des *Chonetes* sont fortement prononcées.

Dimensions. — Cette espèce peut acquérir de très-grandes dimensions et atteindre une largeur de 12 à 15 centimètres; un échantillon à peu près parfait, recueilli par M. Clarke, a 33 millimètres de large et 17 millimètres de long.

Rapports et différences. — Cette espèce qui, par sa grande taille, se rapproche du *C. comoïdes*, Sowerby, s'en distingue facilement par sa forme presque plane et le faible développement de son area. Dans le jeune âge elle a une certaine ressemblance avec le *C. Dalmaniana*, L.-G. de Koninck; on la reconnaît facilement par sa forme relativement moins allongée, par l'angle de ses orcillettes et par la différence dans le nombre de ses côtes pour un espace déterminé ([1]).

([1]) C'est à tort que M. Mc Coy me fait attribuer ces différences comme existant entre la *C. comoïdes* et la *C. papilianacea.* L'auteur des *British palæozoic fossils* a confondu la page 294 de ma Monographie des Chonetes avec la page 292, comme il sera facile de s'en assurer.

Gisements et localités. — Le *Chonetes papilionacea,* Phillips, est une espèce qui appartient exclusivement aux assises supérieures du terrain carbonifère. Il est assez abondant dans le calcaire de Chokier, mais assez rare à Visé. M. Julien l'a recueilli aux ardoisières dans la vallée de Sichon, près Vichy. J'en possède un bel échantillon de Karowa, Gouvernement de Kalouga, près Moscou; J. Phillips l'a découvert à Bolland et à Settle (Yorkshire); il existe encore aux environs de Dublin et dans quelques autres localités de l'Irlande et de l'Angleterre, ainsi qu'à Sablé, en France. M. W. B. Clarke l'a recueilli à Dungog, sur les bords de la Rivière William, dans un calcaire gris oolitique, composé d'une infinité de petits grains noirs cimentés par une masse d'un gris clair.

2. CHONETES LAGUESSIANA, *L.-G. de Koninck.*

(Pl. X, fig. 7.)

PECTEN.   D. Ure, 1793, *Hist. of Rutherglen,* p. 317, pl. 16, fig. 10, 11.
CHONETES LAGUESSIANA. L.-G. de Koninck, 1843, *Descr. des anim. foss. du terr. carb. de Belgique,* p. 211, pl. 12 bis, fig. 4.
— HARDRENSIS. T. Davidson, 1861, *Monogr. of the brit. carb. Brachiop.,* p. 186, pl 47, fig. 12-18 (non Phillips).
— CRACOWENSIS. R. Etheridge, 1872, *Quart. Journ. of the geol. Soc. of London,* t. XXVIII, p. 336, pl. 18, fig. 2.
— LAGUESSIANA. L.-G. de Koninck, 1873, *Rech. sur les anim. foss.,* t. II, p. 39, pl. 2, fig. 2 ([1]).

Je crois avoir suffisamment fait connaître les caractères de cette espèce, dans la description que j'en ai publiée en 1872, pour me dispenser de les répéter encore et d'indiquer de nouveau les raisons pour lesquelles je la considère comme essentiellement différente de l'espèce dévonienne désignée par J. Phillips sous le nom de *C. Hardrensis.*

Je me bornerai à faire observer que les nouvelles recherches auxquelles je me suis livré m'ont de nouveau confirmé dans

---

([1]) On y trouvera la synonymie complète et une description détaillée de cette espèce.

mon opinion; j'ai en outre acquis la conviction que le *C. Craco-wensis* de M. R. Etheridge ne diffère en rien d'essentiel de mon *C. Laguessiana* et je n'hésite pas un instant à le considérer comme identique à celui-ci.

Dimensions. — Les échantillons recueillis par M. W. B. Clarke ont, en moyenne, les dimensions suivantes : longueur 9 milli-mètres : largeur 16 millimètres. Le nombre de côtes longitudi-nales est de quatre-vingt-dix.

Gisement et localités. — Cette espèce n'est pas rare dans les assises supérieures du calcaire carbonifère, dans lesquelles on la trouve à Visé, aux environs de Glasgow, en Écosse, de Cork en Irlande et de Settle en Yorkshire. M. R. Etheridge l'indique comme assez abondante à Crakow dans la Terre de la Reine et M. W. B. Clarke l'a recueillie dans un calcaire gris-brunâtre à Burragood sur le Paterson, à Pallal sur le Gwydir et entre le Karúa et le Dungog (Nouvelle-Galles du Sud).

GENRE **STROPHOMENES**, *Rafinesque.*

—

STROPHOMENES ANALOGA, *J. Phillips.*

(Pl. IX, fig. 3 et pl. XI, fig. 7.)

PRODUCTA ANALOGA.	J. Phillips, 1836, *Geol. of Yorks*, t. II, p. 215, pl. 7, fig. 10.
LEPTÆNA ANGOSA.	Fischer de Waldheim, *Oryct. de Moscou,* p. 143 (non Dal-man).
— DISTORTA.	J. Sowerby, 1840, *Miner. conch.,* t. VII, pl. 615, fig. 2.
ORTHIS ANALOGA.	Portlock, 1843, *Report on the geol. of the county of Lon-donderry,* p. 457.
LEPTÆNA DEPRESSA.	L. G. de Koninck, 1843, *Descr. des anim. foss. du terr. carb. de la Belgique,* p. 215, pl. 12, fig. 3 (non Sowerby).
LEPTAGONIA ANALOGA.	Mc Coy, 1844, *Syn. of the char. of the carb. foss. of Ire-land,* p. 117.
— DEPRESSA.	Idem, 1844, *ibid.,* p. 117.
— MULTIRUGATA.	Idem, 1844, *ibid.,* p. 117, pl. 18, fig. 12.
LEPTÆNA DEPRESSA (partim).	Bronn, 1848, *Nomenclator palæont*, p. 635 (non Sowerby).
STROPHOMENA DEPRESSA.	A. d'Orbigny, 1850, *Prodr. de paléont.,* t. Ier, p. 145.
LEPTÆNA ANALOGA.	J. Morris, 1854, *Cat. of brit. foss.,* p. 136.
— DEPRESSA.	Idem, 1854, *ibid.,* p. 137 (non Sow.).
— DISTORTA.	Idem, 1854, *ibid.,* p. 137.

LEPTAGONIA ANALOGA. M⁰ Coy, 1855, *Brit. palœoz. foss.,* p. 453.
— DISTORTA. Idem, 1855, *ibid.,* p. 453.
— MULTIRUGATA. Idem, 1855, *ibid.,* p. 453.
STROPHOMENA (RHOMBOIDALIS), *var.* ANALOGA. T. Davidson, 1860, *Monogr. of the carb.*
         Brachiop. of Scotland, p. 31, pl. 1, fig. 26-33 (non
         Wilckens).
—   *var.* ANALOGA. Idem, 1861, *The Geologist,* t. IV, p. 47
         (non Wilckens).
—   *var.* ANALOGA. Idem, 1861, *Monogr. of the brit. carbon.*
         Brachiop., p. 119, pl. 28, fig. 1, 2 (non Wilckens).
— ANALOGA. J. W. Dawson, 1868, *Acad. geology,* p. 296, fig. 95.
— RHOMBOIDALIS, *var.* ANALOGA. R. Etheridge, 1872, *Quart. Journ. of the*
         geol. Soc. of London, t. XXVIII, pp. 331 and 333, pl. 15,
         fig. 3, and pl. 16, fig. 7.
— DEPRESSA.˙ F. Toula, 1874, *Sitzungsb. der K. Akad. der Wissensch.*
         zu Wien, t. LXXI, p. 548, pl. 2, fig. 8 (non Sow.).

Coquille de forme généralement subtrapézoïdale, quelquefois
un peu irrégulière, plus large que longue; valves géniculées,
à bord cardinal droit, occupant la plus grande largeur de la
coquille; oreillettes ordinairement déprimées, arrondies à leurs
extrémités et s'étendant au delà des bords latéraux, auxquels
elles se rattachent par une courbe régulière. La valve ventrale
est légèrement bombée près du crochet, tandis que le restant de
sa partie réticulée est à peu près plane; à partir des derniers plis
concentriques dont sa surface est ornée et dont le nombre et
l'étendue varient avec l'âge, elle se recourbe brusquement sur
elle-même à angle à peu près droit et se prolonge plus ou moins
loin dans cette nouvelle direction. Les plis concentriques de la
partie viscérale ne sont pas toujours très-réguliers; on en remarque souvent quelques-uns qui sont interrompus ou ondulés;
chez les adultes les derniers formés se recourbent en dehors à
l'approche du bord cardinal et forment avec lui un angle aigu,
tandis que ceux de la partie centrale, qui sont évidemment les
premiers formés, aboutissent presque généralement à angle
droit à ce même bord cardinal. La totalité de la surface extérieure est garnie de petites côtes rayonnantes, traversant les plis
concentriques à angle droit. Le crochet est petit, non recourbé
et souvent percé, dans le jeune âge, d'une ouverture circulaire qui
disparait complétement chez l'adulte. La valve dorsale est légèrement concave dans la partie viscérale qui se trouve à une cer-

*l*aine distance de celle de la valve ventrale, tandis que la partie
géniculée s'en rapproche et en suit tous les mouvements. Les
ornements extérieurs sont identiques à ceux de la valve opposée.

Je crois pouvoir me dispenser d'indiquer ici la structure intérieure des valves, par la raison qu'elle a été parfaitement décrite
et figurée par M. Davidson, et que les figures 3^a et 3^b de la
planche IX en représentent des exemplaires reçus d'Australie.

Dimensions. — Les dimensions de cette espèce sont très-variables. Le plus grand échantillon recueilli par M. Clarke a 5 centimètres de large sur 3 centimètres de long.

Rapports et différences. — Ce *Strophomenes* appartient au petit
nombre d'espèces carbonifères dont les coquilles ont une si
grande similitude avec celles de certaines espèces siluriennes,
que la plupart des paléontologistes ont pu croire, avec de très-
grandes apparences de vérité, que les unes et les autres ont été
produites par un seul et même animal qui aurait survécu à tous
les bouleversements auxquels les assises paléozoïques ont été
sujettes. Les partisans de cette opinion que j'ai soutenue moi-
même en 1842, mais qui me paraît erronée en ce moment, ex-
pliquent les différences constantes qui existent entre les caractères de l'espèce silurienne et ceux de l'espèce carbonifère, par
la différence des conditions dans lesquelles l'une et l'autre se sont
développées ou ont vécu. Je dois à la vérité que cette explication
ne me satisfait aucunement, parce que la comparaison que j'ai
pu établir entre un grand nombre d'échantillons siluriens, de
divers pays, recueillis dans des roches de nature très-variée, et
dont par conséquent le développement a dû se faire dans
les conditions les plus diverses, ne m'a fait reconnaître aucune
différence bien marquée dans ces nombreux échantillons, et
qu'il m'a toujours été possible de les rapporter avec la plus
grande facilité à leur type principal. La même observation est applicable à un groupe nombreux de spécimens carbonifères
qu'avec un peu d'attention, on ne confondra jamais avec leurs
analogues siluriens. Les principales différences qui m'ont toujours frappé, consistent : 1° dans le plus grand développement
de la partie viscérale ou réticulée shez les *S. analoga* et son

épaisseur relativement plus considérable; 2° dans la formes des
processus vasculaire et musculaire des deux valves. C'est ainsi
que le processus musculaire de la valve ventrale du *S. analoga*
n'a jamais cette apparence cordiforme que possède celui de la
valve correspondante du *S. rhomboïdalis,* tandis que celle-ci
n'offre aucune trace des nombreux rameaux vasculaires dont on
observe fréquemment les empreintes sur les moules intérieurs
de la première et qui ont été parfaitement représentés par
M. T. Davidson ([1]). Le processus musculaire de la valve dorsale
n'est pas moins différent chez les deux espèces; chez le *S. ana-*
loga il est relativement plus étroit et les empreintes principales
des muscles adducteurs y sont moins développées et surtout beaucoup moins arrondies que celles des mêmes muscles chez le
S. *rhomboïdalis.*

Je n'ignore pas que ces caractères ne sont pas toujours faciles
à observer et qu'il faut pouvoir disposer d'échantillons d'une conservation exceptionnelle pour les saisir; mais là n'est pas la question : il suffit de savoir qu'ils sont constants pour l'une et pour
l'autre des deux formes, pour être convaincu que ces formes
n'appartiennent pas à la même espèce.

Peut-être aurai-je l'occasion, dans un avenir prochain, de
traiter de nouveau ce sujet en m'aidant des nombreux et magnifiques matériaux qui, dans ce cas, seront mis à ma disposition et
seront décrits et figurés avec soin.

Gisements et localités. — Cette espèce qui se trouve dans les
assises du terrain carbonifère proprement dit est cependant plus
abondante dans les assises supérieures que dans les autres; c'est
ainsi qu'elle est très-commune dans le calcaire de Visé et dans
celui des environ de Glasgow ainsi que dans plusieurs localités
anglaises et irlandaises. En Australie, M. R. Etheridge cite Leig
Mary Reef et Placer de Gympie, dans la Terre de la Reine et
M. W. B. Clarke l'a recueillie dans un calcaire grisâtre entre les
rivières Page, Hunter et Ronchel (Pages, Hunter and Ronchel
Rivers), à Burragood sur le Paterson et à Colocolo (N. G. S.).

([1]) *Monogr. of the carb. Brachiopoda,* pl. 28, fig. 9, 10, 11.

GENRE **ORTHOTETES**, *Fischer de Waldheim.*

ORTHOTETES CRENISTRIA, *Phillips.*

(Pl. X, fig. 8.)

PECTEN.	Ure, 1793, *Hist. of Rutherglen*, p. 318, pl. 14, fig. 89.
ORTHOTETES.	Fischer de Waldheim, 1829, *Bull. de la Soc. I.. des Natur. de Moscou*, p. 375.
SPIRIFERA CRENISTRIA.	J. Phillips, 1836, *Geol. of Yorks.*, t. II, p. 216, pl. 9, fig. 6.
— SENILIS.	Idem, 1836, *ibid.*, p. 216, pl. 9, fig. 5.
ORTHIS SPINIFERA.	Mᶜ Coy, 1847, *Ann. and mag. of nat. hist.*, t. XX, p. 235.
STREPTORYNCHUS CRENISTRIA.	T. Davidson, 1860, *Monogr. of the carb. Brachiop. of Scotland*, p. 32, pl. 1, fig. 16-25.
— —	Idem, 1861, *Monogr. of the brit. carb. Brachiop.*, p. 124, pl. 26, fig. 1, pl. 27, fig. 1-5 and fig. 10? and pl. 30, fig. 14-16.
ORTHIS CRENISTRIA.	F. Roemer, 1863, *Zeitschr. der deutsch. geol. Gesellsch.*, p. 592; pl. 16, fig. 5.
STREPTORYNCHUS CRENISTRIA.	T. Davidson, 1866, *Quart. Journal of the geol. Soc.*, t. XXII, p. 42, pl 2, fig. 10.
—	J. W. Dawson, 1868, *Acad. geology*, p. 296, fig. 96.
—	F. Roemer, 1870, *Geol. von Ober-Schlesien*, p. 90, pl. 7, fig. 3 und pl. 8, fig. 4.
ORTHOTETES CRENISTRIA.	L.-G. de Koninck, 1873, *Rech. sur les anim. foss.*, t. II, p. 44, pl. 2, fig. 4 (y consulter la synonymie).
STREPTORYNCHUS CRENISTRIA.	F. Toula, 1873, *Sitzungsb. der K. Akad. der Wissensch. zu Wien*, t. LXVIII, p. 274, pl. 3, fig. 16.
— HALLIANUS.	O. A. Derby, 1874, *Bull. of the Cornell Univ.*, t. I, nº 2, p. 35, pl. 5, fig. 1, 2, 5, 8, 12, 14, 16, 18 et pl. 8, fig. 3.
STREPTORYNCHUS TAPAJOTENSIS.	Idem, 1874, *ibid.*, p. 37, pl. 5, fig. 3, 6, 7, 9, 10 and pl. 8, fig. 9.
— —	F. Toula, 1875, *Neues Jahrb. für Mineral.*, p. 252.
— —	*var.* MACROCARDINALIS? Idem, 1875, *ibid.*, p. 253, pl. 8, fig. 5.
ORTHIS (STREPTORYNCHUS) EXIMIÆFORMIS?	Idem, 1875, *Sitzungsb. der K. Akad. der Wissensch. zu Wien*, t. LXXI, p. 548, pl. 2, fig. 7.

Coquille d'assez grande taille lorsqu'elle grandit normalement, mais très-sujette à se déformer et à se développer d'une
façon tout à fait irrégulière. Lorsqu'elle n'a pas été contrariée
dans sa croissance, elle est ordinairement assez déprimée, subsemicirculaire et plus large que longue. C'est cette dernière
forme que possède le seul échantillon d'Australie que j'ai eu

l'occasion d'étudier. Sa valve ventrale, la seule connue, est faiblement mais assez régulièrement bombée, sauf une légère dépression du côté des oreillettes. La longueur de son bord cardinal est un peu inférieure au diamètre transverse. Toute sa surface est couverte d'un grand nombre de petites côtes filiformes rayonnantes dont les principales ont leur origine au crochet et s'étendent en s'épaississant légèrement jusqu'aux bords; entre ces côtes principales et à une certaine distance du crochet, il en surgit d'autres plus minces, dont une ou deux s'épaississent à leur tour et fonctionnent de la même façon que les premières. Tous les interstices laissés entre ces diverses côtes sont traversés par des stries concentriques d'accroissement, souvent légèrement ondulées, qui ont pour effet de les rendre rugueux; cette rugosité s'étend quelquefois même aux côtes.

Dimensions. — L'échantillon que je viens de décrire, n'a que 27 millimètres de long sur 36 millimètres de large.

Gisement et localités. — Je ne suis pas persuadé que les échantillons dévoniens que divers auteurs ont cru devoir rapporter à cette espèce, y appartiennent réellement, parce que la plupart de ces échantillons ainsi déterminés, étant en assez mauvais état de conservation, pourraient bien n'être que des *O. umbriculum*, Schlothein, dont une partie des caractères aurait été altérée ou serait disparue. Je n'ai aucun doute que l'*Orthis spinigera* de M. Mc Coy ne soit qu'une variété de l'*Orthotetes crenistria*.

L'*Orthotetes crenistria* est assez rare dans les assises carbonifères inférieures, tandis qu'il est très-abondant dans les assises supérieures du calcaire carbonifère. L'échantillon recueilli par M. W. B. Clarke provient d'un calcaire brunâtre veiné de vert, qui se trouve entre le Karúa et Dungog. Au Brésil, il a été trouvé dans le calcaire de Bonjardin et d'Itaitúba. Les caractères des *Streptorynchus Hallianus* et *Tapajotenus* de M. Derby ne me paraissent pas différer suffisamment de ceux de certaines variétés européennes de l'*O. crenistria* pour ne pas les considérer comme appartenant à la même espèce.

GENRE **ORTHIS**, *Dalman.*

—

1. ORTHIS RESUPINATA, *Martin.*

(Pl. X, fig. 9.)

ANOMIÆ STRIATÆ.	Ure, 1793, *Hist. of Rutherglen*, p. 314, pl. 14, fig. 13, 14.
ANOMITES RESUPINATUS.	Martin, 1809, *Petrif. derbiens.*, p. 12, pl. 49, fig. 13, 14.
ORTHIS RESUPINATA.	L.-G. de Koninck, 1843, *Descr. des anim. foss. du terr. carb. de Belgique*, p. 224, pl. 13, fig. 9 et 10.
— STRIATULA.	Mc Coy, 1847, *Ann. and mag. of nat. hist.*, t. XX, p. 234.
— AUSTRALIS.	Idem, 1847, *ibid.*, t. XX, p. 234, pl. 13, fig. 4 and 4a.
— RESUPINATA.	T. Davidson, 1861, *Monogr. of the brit. carb. Brachiop.*, p. 130, pl. 29, fig. 1-6 and pl. 30, fig. 1-5.
	F. Roemer, 1863, *Zeitschr. der deutsch. geol. Gesellsch.*, p. 531, pl. 16, fig. 4.
	L.-G. de Koninck, 1872, *Rech. sur les anim. foss.*, t. II, p. 47, pl. 2, fig. 5 (y consulter la synonymie) (non idem Toula, 1875, *Neues Jahrb. für Min.*, p. 137, pl. 7, fig. 9).
— RESUPINOÏDES.	Cox, *Palæont. report prepared for the geolog. report of Kentucky*, t. III, p. 570, pl. 9, fig. 1.

Cette coquille est susceptible d'atteindre une assez grande taille; quoique des spécimens longs de 5 à 6 centimètres ne soient pas très-rares en Europe, cependant je n'en ai pas rencontré un seul qui atteigne cette dimension parmi les échantillons soumis à mon examen. Les plus grands ne dépassent pas 4 centimètres. Elle est généralement transverse, ovale ou elliptique; ses valves sont convexes; sa valve dorsale est quelquefois gibbeuse; son bord cardinal est petit et ne dépasse guère la moitié du diamètre transverse. La valve ventrale est ordinairement moins profonde que la valve dorsale; sa partie médiane est souvent déprimée vers le front; crochet petit et faiblement recourbé; area triangulaire, petit et garni d'une ouverture deltoïde non recouverte. La valve dorsale, beaucoup plus convexe que la valve opposée, est aussi plus régulièrement bombée. La surface extérieure de l'une et de l'autre est couverte d'un grand nombre de fines côtes rayonnantes, dont quelques-unes ont leur origine aux crochets et s'étendent jusqu'aux bords, en s'épaississant un peu, de distance en distance pour donner naissance à de courtes épines tubulaires, entre lesquelles les nouvelles côtes surgissent par interposition. Le têt des coquilles est perforé par d'innombrables petits canaux, dont les orifices extérieurs sont perceptibles sous la forme d'une fine ponctuation, qui couvre toute la surface.

A l'intérieur de la valve ventrale, on observe des plaques dentales assez fortes, s'étendant presque parallèlement à une certaine distance, bordant de chaque côté les empreintes musculaires, lesquelles sont partagées en deux par un septum médian assez épais, donnant ainsi lieu à la formation de deux dépressions allongées; en dessous de ces dépressions on remarque des traces d'empreintes vasculaires composées de plusieurs troncs minces et peu apparents.

La valve dorsale possède un processus cardinal trilobé, situé entre deux processus brachiaux très-obliques et bien développés, sous lesquels se produit une protubérance médiane assez large, remplaçant le septum médian et servant à séparer en deux les quatre empreintes des muscles adducteurs. Il est à remarquer que, parmi les nombreux échantillons de cette espèce, je n'en ai pas trouvé un seul qui appartienne à la variété à laquelle le professeur Phillips a donné le nom de *O. connivens* et que tous se rapportent à la variété typique décrite en premier lieu par M. Martin.

Dimensions. — Le plus grand échantillon d'Australie a 4 centimètres de long sur 5 centimètres de large.

Rapports et différences. — Il serait presque superflu d'insister sur les différences existant entre cette espèce et l'*O. striatula*, Schlotheim, si elle n'avait pas été confondue avec celle-ci par M. Mc Coy, qui, en outre, en a décrit et figuré un jeune individu sous le nom d'*O. australis.* Pour confirmer cette assertion, il suffira de comparer la figure publiée par M. Mc Coy avec celles que j'en donne moi-même. Quant à la différence entre elle et l'*O. striatula*, elle réside non-seulement dans celle de la structure interne, mais encore de la forme générale des deux espèces et de la nature des stries ou des côtes dont leur surface est ornée.

Gisement et localités. — Cette espèce est très-abondante dans les diverses assises du terrain carbonifère et semble avoir existé pendant toute la durée de cette grande formation. On la trouve très-communément en Irlande, en Écosse et en Angleterre, ainsi qu'à Visé et à Tournai. En Australie elle a été recueillie à Lewi's Brook, à Burragood, à Colocolo et à Pallal sur le Gwydir.

2. ORTHIS MICHELINI, *Leveillé.*

(Pl. X, fig. 10.)

ANOMIÆ STRIATÆ.	D. Ure, 1793, *Hist. of Rutherglen*, p. 316, pl. 14, fig. 13, 14.
TEREBRATULA MICHELINI.	Leveillé, 1835, *Mém. de la Soc. géol. de France*, t. II, p 39, pl. 2, fig. 14-17.
SPIRIFERA FILIARIA.	J. Phillips, 1836, *Geol. of Yorkshire*, t. II, pl. 11, fig. 3.
ORTHIS MICHELINI.	L.-G. de Koninck, 1843, *Descr. des anim. foss. du terr. carb. de la Belgique*, p. 228, pl. 13, fig. 8 et fig. 10c et 10d.
- FILIARIA.	Portlock, 1843, *Rep. on the geol. of the county of Londond.*, p. 458.
— DIVARICATA.	Mc Coy, 1844, *Syn. of the carb. foss. of Ireland*, p. 123, pl. 20, fig. 17.
— CIRCULARIS.	Idem, 1844, *ibid*, p. 122, pl. 20, fig. 19.
— FILIARIA.	Idem, 1844, *ibid.*, p. 123.
— MICHELINI.	E. de Verneuil, 1845, In Murchison, de Verneuil and de Keyserling, *Russia and the Ural mount.*, t. II, p. 185, pl. 12, fig. 7.
— —	P. v. Semenow, 1854, *Die Fossile Brach. des schles. Kohlenk*, p 26, pl. 3, fig. 11 (*Zeitschr. der deutsch. geol. Gesellsch.*, t. VI, p. 342).
— —	Mc Coy, 1854, *Brit. palæoz. fossils*, p. 448.
— MICHELINI, *var.* BURLINGTONENSIS.	J. Hall, 1858, *Report on the geol. Survey of the State of Iowa*, t. 1, p. 596, pl. 12, fig. 4.
	M. v. Grünewaldt, 1860, *Mém. de l'Acad. I. de Saint-Pétersbourg*, 7e série, t. II, p. 108.
— —	T. Davidson, 1860, *Monogr. of the carb. Brachiop. of Scotland*, p. 30, pl. 1, fig. 7-10.
	Idem, 1861, *Monogr. of the brit. carb. Brachiop.*, p. 133, pl. 30, fig. 6-12.
— —	J. Gray, 1865, *Biogr. notice of D. Ure*, p. 51.
— PENNIANA.	O. A. Derby, 1874, *Bull. of the Cornell Univ. (science)*, vol. I, nº 2, p 26, pl. 5, fig. 13, 15, 17, 19-22 and pl. 8, fig. 2.

Coquille ordinairement d'une forme à peu près circulaire, quelquefois légèrement allongée et subtriangulaire; son plus grand diamètre transverse se trouve à un petite distance du bord frontal, qu'une dépression médiane des valves rend souvent légèrement sinueux. La valve ventrale est généralement plus aplatie et moins profonde que la valve dorsale. Son crochet est petit, pointu, peu recourbé et ne dépasse guère celui de la valve opposée. Son area est petite, triangulaire et munie d'une fissure deltoïde qu'obstrue le processus cardinal de la valve dorsale ; son étendue ne dépasse pas le tiers du grand diamètre transverse. La valve dorsale est un peu plus convexe que la valve ventrale et souvent faiblement déprimée vers le front.

La surface extérieure de ces deux valves est couverte d'un grand nombre de fines côtes rayonnantes, dont le nombre s'accroît par bifurcation ou interposition. Toutes ces petites côtes peuvent donner naissance à d'innombrables petites épines dont on observe particulièrement les traces vers les bords de la coquille.

La structure interne de chacune de ces valves est assez remarquable et peut facilement s'étudier sur des échantillons de certaines localités. A l'intérieur de la valve ventrale, les plaques dentales s'étendent à une certaine distance et servent de limite aux empreintes musculaires ; au niveau de la fente deltoïde et entre les plaques dentales, on observe une empreinte striée transversalement, qui a probablement servi d'attache au muscle du pédoncule ; immédiatement au-dessous de celle-ci se trouve une petite empreinte médiane et ovale, sur les côtés de laquelle se dessinent des empreintes beaucoup plus grandes, composées de deux parties distinctes, dont l'antérieure appartient probablement au muscle cardinal et l'autre au muscle adducteur ; des empreintes ovariales et vasculaires sont souvent visibles.

A l'intérieur de la valve dorsale, le processus cardinal est situé entre deux dents saillantes; les empreintes cardinale et pédonculaire réunies et ramifiées sont séparées dans leur partie médiane par un petit sillon qui sert d'attache à l'adducteur.

Dimensions. — Le plus grand échantillon d'Australie que j'ai eu entre les mains a exactement 25 millimètres de long et autant de large ; son épaisseur est de 6 millimètres.

Rapports et différences. — L'*Orthis Michelini* se rapproche

des *O. resupinata*, Martin, et *Keyserlingiana*, de Koninck, par
ses ornements extérieurs, mais il s'en distingue facilement par
sa structure interne et par le faible développement de son area;
il est aussi moins susceptible de varier que l'*O. resupinata* et
n'atteint jamais les fortes dimensions que ce dernier peut acquérir. Malgré tous les soins que j'ai mis à comparer la description
que M. A. Derby a faite de son *O. Penniana* et les figures qu'il
en a données, avec les nombreux échantillons d'*O. Michelini*,
Leveillé, provenant de l'argile carbonifère de Tournai, dont je
dispose, je ne suis pas parvenu à saisir une différence suffisante
pour admettre que la première soit distincte de la seconde et n'en
forme autre chose qu'une variété locale.

Gisement et localités. — Cette espèce occupe une position
horizontale extrèmement étendue et certaines localités la fournis-
sent en abondance. Elle est beaucoup plus commune dans les
assises inférieures que dans les supérieures du terrain carbonifère. C'est ainsi qu'elle est très-fréquente à Tournai et, au contraire, fort rare dans le calcaire de Visé. Elle abonde dans certains schistes d'Irlande et d'Écosse. On la rencontre aussi dans
le calcaire de Settle et de Bolland en Yorkshire; dans celui de
Cosatchi-Datchi en Russie et, selon M. James Hall, dans celui
de Burlington (Iowa), de Quincy (Illinois) et de Hannibal (Missouri), dans l'Amérique septentrionale. M. O. A. Derby assure
qu'elle est beaucoup plus abondante qu'aucune autre espèce
de Brachiopodes à Bonjardin et à Itaitúba, au Brésil.

Dans la Nouvelle-Galles du Sud, elle a été recueillie dans un
calcaire grisâtre à Buchan sur les bords de la rivière Gloucester
associée au *P. semireticulatus*, Martin, ainsi qu'à Burragood,
sur les bords du Paterson, et à Colocolo, dans un calcaire argileux gris-verdâtre ou brunâtre. Dans ces dernières localités,
presque tous les échantillons sont à l'état de moule interne,
faciles à reconnaître par les empreintes de la valve dorsale.

Genre RHYNCHONELLA, *Fischer de Waldheim.*

---

1. RHYNCHONELLA PLEURODON, *J. Phillips.*

(Pl. IX, fig. 4.)

Anomiæ striatæ.	D. Ure, 1793, *Hist. of Rutherglen,* p. 313, pl. 14, fig. 6.
Terebratula tritoma.	G. Fischer de Waldheim, 1809, *Notice des fossiles du Gouv. de Moscou,* p. 34, pl. 2, fig. 7, 8 et 9.
— pleurodon.	J. Phillips, 1836, *Geology of Yorkshire,* t. II, p. 326, pl. 12, fig. 25-30 (fig. 16 *exclusá*).
Rhynchonella pleurodon.	T. Davidson, 1861, *Monogr. of the brit. carb. Brachiop.,* p. 100, pl. 23, fig. 9-15 (fig. 10 *a exclusá*).
—	L.-G. de Koninck, 1872, *Recherches sur les anim. foss.,* t. II, p. 50 (y voir la synonymie).

Coquille de taille médiocre, généralement de forme transversement ovale, à valves plus ou moins gibbeuses, garnies d'un nombre assez variable de plis rayonnants et tranchants, ayant leur origine aux crochets ; ces plis sont séparés les uns des autres par des sillons qui, dans la plus grande partie de leur étendue, sont profonds et à fond anguleux ; les plis médians ont une direction à peu près droite, tandis que les plis latéraux sont plus ou moins courbés, selon la position qu'ils occupent.

Le crochet de la valve ventrale est petit, faiblement recourbé et peu saillant ; immédiatement au-dessous de son extrémité pointue, on observe un deltidium percé d'une petite ouverture circulaire ; le sinus est ordinairement assez large et généralement composé de quatre plis médians séparés des plis latéraux par un des côtés beaucoup plus développé des plis adjacents. Chez les adultes, le sinus se relève brusquement vers le front après avoir atteint la moitié de sa longueur. La valve dorsale est assez régulièrement bombée et son lobe médian n'est pas souvent très-fortement prononcé ; le nombre des plis qui composent ce lobe est toujours supérieur d'une unité à celui qui entre dans la composition du sinus.

Dimensions. — Le plus grand échantillon australien a 18 millimètres de large sur 12 millimètres de long ; son épaisseur est de 7 millimètres.

Rapports et différences. — Cette espèce se distingue facilement de toutes ses congénères carbonifères par sa forme générale et par celle de ses plis. J'ai fait observer déjà que la *Rhynchonella,* désignée par moi sous le nom de *R. Davreuxiana,* n'en forme pas une variété, comme l'a supposé M. Davidson, mais bien une espèce parfaitement distincte.

Gisement et localités. — Cette espèce semble avoir existé pendant toute la période carbonifère proprement dite à partir de l'assise de Tournai, où elle se trouve en assez grande quantité. Elle est cependant beaucoup plus abondante encore dans les assises supérieures d'Anseremme et de Visé. Elle est également très-abondante aux environs de Glasgow et se trouve en France dans la vallée de Sichon et à Bleiberg, en Carinthie. Elle n'est pas rare en Angleterre et en Irlande ; sa présence a été signalée en Russie et au Thibet. Elle a été recueillie en Australie à Coyco, sur les bords de la rivière Page, entre le Karúa et Dungog, ainsi qu'à Burragood, dans un grès jaunâtre et dans un calcaire argileux brunâtre.

2. RHYNCHONELLA INVERSA, *L.-G. de Koninck.*

(Pl. XI, fig. 8.)

Coquille d'un tiers plus longue que large, de forme subpentagonale, ayant son plus grand diamètre transverse vers le milieu de sa longueur. Valve ventrale régulièrement courbée, garnie d'un pli médian, prenant son origine au crochet et s'étendant jusqu'au front en s'épaississant ; deux autres plis obliques et plus épais se font remarquer de chaque côté du pli médian ; les sillons qui séparent ces plis sont arrondis au fond. Le crochet est assez épais, peu recourbé, tronqué obliquement pour donner naissance à une ouverture ovale relativement assez forte. La valve dorsale, presque aussi profonde que la valve opposée, possède un sinus médian assez profond, mais pas très-large, limité de chaque côté par un pli dont la partie non adjacente est très-développée et atteint le fond d'un second pli latéral un peu recourbé et beaucoup moins angulaire que le premier. Le crochet de cette valve est beaucoup plus aigu que celui de la valve ventrale sous lequel il s'engage. Les parties latérales des crochets sont déprimées. La surface extérieure est garnie d'un certain nombre de rides concentriques à peu près équidistantes, provenant de l'accroissement successif de la coquille.

Dimensions. — Longueur 30 millimètres; largeur 20 millimètres; épaisseur 14 millimètres.

Rapports et différences. — Cette espèce a de très-grandes analogies avec la variété de la *Rhynchonella angulata*, Linné, que M. T. Davidson a représentée planche 19, figure 13 de sa Monographie des Brachiopodes carbonifères des îles Britanniques. En effet, le bourrelet médian, au lieu de se trouver sur la valve dorsale comme chez la plupart des *Rhynchonella*, existe sur la valve ventrale dont il occupe toute la longueur, et il est remplacé sur la valve opposée par un sinus correspondant. Cependant, on ne saurait confondre les deux espèces par la raison que chez la *R. inversa* les côtés et le front sont tranchants, tandis qu'ils sont obtus chez la *R. angulata*, quelle que soit la variété à laquelle on ait affaire, ainsi que cela ressort des nombreuses figures que M. T. Davidson en a données. D'un autre côté, je n'ai jamais remarqué que la surface de la *R. angulata*, dont j'ai pu étudier un grand nombre d'échantillons, portât la moindre trace des rides d'accroissement dont celle de la *R. inversa* est ornée. D'ailleurs, le crochet de celle-ci est beaucoup plus épais et son ouverture beaucoup plus grande et beaucoup plus oblique.

Gisement et localité. — Un seul échantillon de cette belle espèce a été découvert par le Rév. W. B. Clarke dans les carrières de Muree à Raymond Terrace, près la jonction des rivières Williams et Hunter.

GENRE **ATHYRIS**, *Mc Coy.*

ATHYRIS PLANOSULCATA, *J. Phillips:*

(Pl. XI, fig. 6.)

SPIRIFERA PLANOSULCATA.	J. Phillips, 1836, *Geol. of Yorkshire*, t. II, p. 220, pl. 10, fig. 15.
TEREBRATULA DE ROYSSII.	E. de Verneuil, 1840, *Bull. de la Soc. géol. de France*, t. XI, p. 259, pl. 3, fig 1*a* et 1*c* (fig. 1*b*, 1*d*, 1*e exclusis*, non Leveillé).
ATRYPA PLANOSULCATA.	J. de C. Sowerby, 1840, *Miner. conch.*, t. VII, p. 15, pl. 617, fig. 3.
— OBLONGA.	Idem, 1840, *ibid.*, p. 16, pl. 617, fig. 3.
TEREBRATULA PLANOSULCATA.	L.-G. de Koninck, 1843, *Descript. des anim. foss. du terr. carb. de la Belgique*, p. 301, pl. 21, fig. 2.
ACTINOCONCHUS PARADOXUS.	Mc Coy, 1844, *Syn. of the char. of the carbon. foss. of Ireland*, p. 156, pl. 21, fig. 6.
ATHYRIS PLANOSULCATA.	Idem, 1844, *ibid.*, p. 148.
ATRYPA? OBTUSA.	Idem, 1844, *ibid.*, p. 155, pl. 22, fig. 20.
SPIRIGERA PLANOSULCATA.	A. d'Orbigny, 1850, *Prodr. de paléont.*, t. Ier, p. 150.
ATHYRIS —	J. Morris, 1854, *Cat. of brit. fossils*, p. 131.
SPIRIGERA —	V. Semenow, 1854, *Ueber die Foss. des schles. Kohlenk.*, p. 21.
TEREBRATULA —	De Keyserling, 1854, *In Schrenk's Reise nach dem Nordosten des europ. Russlands*, t. Ier, p. 91.
ATHYRIS PARADOXA.	Mc Coy, 1855, *Brit. palœoz. foss.*, p. 436.
— —	M. v. Grünewaldt, 1860, *Mém. de l'Acad. I. des sc. de Saint-Pétersbourg*, 7e sér., t. II, p. 105.
— PLANOSULCATA.	T. Davidson, 1859, *Monogr. of the brit. carb. Brachiop.*, p. 80, pl. 16, fig. 2-13, 15.
—	Idem, 1860, *Carbonifer. Brach. of Scotland*, p. 16, pl. 1, fig. 10, 11.
— PARVIROSTRIS.	Meek and Worthen, 1860, *Proc. of the Acad. of nat. sc. in Philadelphia*, p. 451.
— PLANOSULCATA.	L.-G. de Koninck, 1872, *Recherches sur les anim. foss.*, t. II, p. 54.

Coquille sublenticulaire, à valves faiblement convexes et à peu près également profondes, quelquefois légèrement infléchis ou déprimées sur le front. Le crochet de la valve ventrale est petit, assez pointu, recourbé et percé d'une petite ouverture placée au bord de la valve opposée et qui n'est pas toujours bien distincte. La surface de chacune des deux valves est ornée d'un grand nombre d'expansions lamelliformes, concentriques et parallèles entre elles ; chacune de ces lames est plane et striée longitudinalement. Les appendices spiraux composés de douze à quinze tours de spire, remplissent la majeure partie de l'intérieur de la coquille; les empreintes musculaires sont très-petites et faiblement représentées.

Dimensions. — L'échantillon le mieux conservé qui m'ait été confié, n'a que 11 millimètres de long, sur 10 millimètres de large; son épaisseur est de 4 millimètres.

Rapports et différences. — Ainsi que le démontre la synonymie que je viens d'en donner, M. F. Mᶜ Coy a non-seulement décrit cette espèce sous trois noms différents, mais il l'a placée dans trois genres distincts, suivant que les échantillons dont il a fait usage avaient plus ou moins bien conservé les traces des expansions lamelliformes dont les coquilles sont garnies. M. F. Mᶜ Coy prétend que son *A. paradoxa* n'est pas identique à l'*A. planosulcata*, J. Phillips; mais M. T. Davidson qui a eu l'occasion de comparer les échantillons originaux est d'un avis contraire, avis que je partage complètement avec lui.

Gisement et localités. — L'*A. planosulcata* est une espèce qui s'est principalement développée dans les assises supérieures du terrain carbonifère; elle est très-abondante en Irlande, à Blacklion, à Millecent, etc.; en Angleterre, à Lowick, à Longnor, à Settle et à Bolland; en Silésie, à Hausdorf et en Belgique, à Visé. MM. de Keyserling et von Grünewaldt l'ont observée en Russie. M. W. B. Clarke en a recueilli plusieurs échantillons, presque tous à l'état de moule intérieur et en tous cas dépourvus de leurs expansions lamelliformes, circonstance qui laisse quelques doutes sur la détermination exacte de certains d'entre eux. Ces échantillons proviennent tous de Burragood, où ils se trouvent dans un calcaire brunâtre, sauf un seul qui s'est rencontré dans un calcaire blanc. Un seul échantillon dont le têt est bien conservé a été recueilli dans un calcaire oolitique des environs de Dungog sur la Rivière Williams.

GENRE **SPIRIFER**, *Sowerby.*

—

1. SPIRIFER LINEATUS, *W. Martin.*

(Pl. XI, fig. 9.)

CONCHYLIOLITHUS ANOMITES LINEATUS. W. Martin, 1809, *Petrif. derb.*, p. 12, pl. 36, fig. 3.

TEREBRATULA? LINEATA. Sowerby, 1822, *Miner. conch.*, t. IV, p. 39, pl. 334, fig. 1 (non *Sp. lineatus*, t. V, pl. 493, fig. 1).

SPIRIFERA — J. Phillips, 1836, *Geol. of Yorkshire*, t. II, p. 219, pl. 10, fig. 17.

SPIRIFER LINEATUS. L.-G. de Koninck, 1842, *Descr. des anim. foss du terr. carb. de la Belgique*, p. 270, pl. 6, fig. 5 et pl. 17, fig. 8.

Shumard, 1855, *Geol. survey of Missouri*, p. 216.

— — J. Hall, 1856, *Report on the Pac. Railroad*, vol. III, p. 101, pl. 2, fig. 6-8.

SPIRIFERA LINEATA. T. Davidson, 1859, *Monogr. of the brit. carb. Brachiop.*, p. 62, pl. 13, fig. 1-13.

SPIRIFER LINEATUS. Newberry, 1861, In *Ives's Report upon the Colorado River*, p. 127.

— LINEATUS? F. B. Meek, 1872, *Final report of the geol. survey of Nebraska*, pl. 2, fig. 3.

Idem, 1872, *Report on the paleont. of East. Nebraska*, pl. 2, fig. 3.

— L.-G. de Koninck, 1873, *Recherches sur les anim. foss.*, t. II, p. 56, pl. 2, fig. 11 (y consulter la synonymie).

SPIRIFERA (MARTINIA) PERPLEXA. O. A. Derby, 1874, *Bull. of the Cornell Univ. (science)*, t. I, n° 2, p. 16, pl. 3, fig. 27, 39, 40, 45, 50, and pl. 8, fig. 13.

SPIRIFER LINEATUS. F. Toula, 1874, *Sitzungsber. der K. Akad. der Wissensch. zu Wien*, t. LXX, p. 5, pl. 1, fig. 2.

— — Idem, 1875, *ibid*, t. LXXI, p. 545, pl. 2, fig. 3.

Coquille généralement transverse, à contour ovalaire, rarement plus longue que large; son area est peu développée et peu apparente à cause de la forte courbure des crochets qui la surplombent et dont les extrémités sont très-rapprochées l'une de l'autre; l'ouverture deltoïdale de cette area est partiellement recouverte d'un pseudodeltidium. Chez les individus normalement développés, les deux valves sont à peu près également profondes et régulièrement courbées; il est rare que la valve soit sinuée et dans ce cas le sinus est large, peu marqué et ne devient apparent que par la sinuosité du bord frontal. Lorsque la valve dorsale est munie d'un lobe médian, celui-ci est peu apparent et ne dépasse jamais le front. La surface externe de chacune des deux valves est ornée de stries concentriques d'accroissement, produites par de minces lamelles imbriquées dont le développement semble s'être interrompu à des distances assez faibles, mais assez régulières pour donner naissance à de petites expansions spiniformes; il est rare que l'on puisse observer la présence de ces expansions, auxquelles cependant il faut attribuer les lignes concentriques de fossettes et les stries longitudinales qui ont fait considérer certaines variétés comme des espèces distinctes. Quoique les coquilles de cette espèce aient rarement conservé leurs appendices spiraux, elles ne présentent cependant dans leur structure aucun caractère bien saillant qui puisse servir à les distinguer génériquement des autres *Spirifer* et à les maintenir dans le genre *Martinia* que M. F. Mc Coy a cru devoir créer pour elles.

Dimensions. — Le plus grand échantillon australien de cette espèce a une longueur de 36 millimètres et une-largeur de 43 millimètres.

Gisement et localités. — Cette espèce est très-répandue dans le terrain carbonifère et se rencontre en plus grande abondance dans les assises supérieures de ce terrain que dans les assises inférieures; elle est très-abondante à Visé et dans diverses localités du Yorkshire et de l'Irlande. En Australie elle a été trouvée dans un calcaire gris à Buchan sur le Gloucester River et entre le Karúa et Dongog, ainsi que dans un grès brunâtre des carrières de Muree à la Terrasse Raymond.

SPIRIFER CREBRISTRIA, *J. Morris.*

(Ou *Spirifer lineatus, W. Martin, varietas?*)

(Pl. IX, fig. 5.)

SPIRIFER (TEREBRATULA?) CREBRISTRIA. J. Morris, 1845, In *Strzelecki's Phys. descr. of N. S. Wales and Van Diemen's Land,* p. 279, pl. 15, fig. 2.
SPIRIFERA (RETICULARIA) CREBRISTRIA. F. Mc Coy, 1847, *Ann. and mag. of nat. hist.,* t. XX, p. 232.

Coquille transverse, elliptique, faiblement bombée ; valve ventrale munie d'un large sinus peu profond , auquel correspond un bourrelet assez peu marqué et ne devenant apparent que par la sinuosité du bord frontal. Toute la surface du moule interne de chacune des deux valves est ornée d'une quantité innombrable de fines stries rayonnantes et assez profondes, se bifurquant de distance en distance et conservant à peu près leur même diamètre d'une extrémité à l'autre; ces stries sont croisées par de nombreuses ondulations concentriques provenant de l'accroissement successif de la coquille et produisant un dessin réticulé assez régulier.

Dimensions. — Longueur 50 millimètres ; largeur 38 millimètres.

Rapports et différences. — Ce *Spirifer* a la plus grande analogie avec le *S. ellipticus*, J. Phillips, qui n'est, comme l'on sait, qu'une variété du *S. lineatus*, W. Martin, dont le têt étant en partie enlevé, laisse apparaître les stries rayonnantes dont sa surface est couverte. Or, comme tous les échantillons qu'il m'a été donné d'étudier, ne constituent que des moules internes sur lesquels on observe même en partie les empreintes musculaires, je suis très-porté à croire que le *S. crebristria*, Morris, n'est également qu'une variété du *S. lineatus*, Martin, dont par suite de circonstances spéciales, les stries longitudinales sont mieux et plus régulièrement développées. Je suis d'autant plus fondé à émettre cette opinion que l'un des échantillons du *S. lineatus* que je viens de décrire, montre sur une petite partie de sa surface où le têt est enlevé, les stries longitudinales et rayonnantes qui forment le caractère saillant du *S. crebristria* de M. J. Morris. Néanmoins, comme je n'ai observé sur aucun échantillon d'Europe les caractères que je viens de décrire, aussi développés que sur ceux d'Astralie, il m'a paru convenable de conserver à la variété décrite par M. J. Morris le nom sous lequel ce savant paléontologiste l'a désignée.

Gisement et localités. — L'échantillon décrit par M. J. Morris a été trouvé à Booral. M. Mᶜ Coy dit que l'espèce est assez rare dans les schistes de Dunvegan et dans le grès qui forme le sommet d'une colline située à un mille au Sud de Trevallyan. Tous les échantillons de M. W. B. Clarke ont été recueillis à Burragood sur le Patterson.

2. SPIRIFER GLABER, W. Martin.

(Pl. XI, fig. 8 et pl. XII, fig. 1.)

CONCHYLIOLITHUS ANOMITES GLABER.	W. Martin, 1809, *Petrif. derb.*, p. 11, pl. 48, fig. 9, 10.
SPIRIFER GLABER.	J. Sowerby, 1821. *Miner. conch..* t. III, p. 123, pl. 269, fig. 1, 2.
— —	L.-G. de Koninck, 1843, *Descr. des anim. foss. du terr. carb. de la Belgique*, p. 267. pl. 18, fig. 1.
SPIRIFERA SUBRADIATA.	G. B. Sowerby. 1844, In *Darwin's Geol. observ. on the volcanic Islands*, p. 158.
SPIRIFER SUBRADIATUS.	J. Morris, 1845, In *Strzelecki's Phys. descr. of N. S. Wales*, p. 281, pl. 16, fig. 1-4 (pl. 15, fig. 5 *exclusá*).
SPIRIFERA SUBRADIATA	(? *var.* ressembling SPIRIFERA GLABRA). F. Mc Coy, 1847, *Ann. and mag. of nat. hist.*, t. XX, p. 233.
SPIRIFER GLABER.	J. D. Dana, 1849, *Geology of Wilkes U. S. explor. expedition*, p. 683, pl. 1, fig. 6.
SPIRIFERA GLABRA.	T. Davidson, 1859, *Monogr. of the brit. carb. Brachiop.*, p. 59, pl. 11, fig 1-9 and pl. 12, fig. 1-5, 11 and 12.
— —	J. W. Dawson, 1868, *Acad. geology*, p. 291, fig. 89.
SPIRIFER GLABER.	L.-G. de Koninck, 1872, *Rech. sur les anim. foss.*, t. II, p. 57, pl. 2, fig. 12 (y consulter la synonymie).

Coquille très-variable dans sa taille et dans ses proportions et pouvant acquérir des dimensions très-fortes; elle est ordinairement transverse et de forme ovale, assez épaisse et rarement plus longue que large; ses valves sont régulièrement bombées et à peu près d'égale profondeur. Le crochet de sa valve ventrale est épais, fortement recourbé sur lui-même, mais ne dépassant guère le plan de l'area; celle-ci est petite, triangulaire, presque plane, munie d'une ouverture triangulaire, partiellement recouverte par un pseudo-deltidium. Sinus médian plus ou moins bien marqué et de profondeur variable suivant l'âge et les dimensions des individus et au fond duquel on remarque quelquefois un faible sillon longitudinal.

Le bourrelet de la valve dorsale, quoique possédant ordinairement une courbure régulière, est quelquefois partagé en deux par un sillon médian, correspondant à celui du sinus de la valve opposée; les côtés de ce bourrelet ne sont pas toujours parfaitement limités et souvent ils se confondent insensiblement avec les parties adjacentes de la valve. Le front est toujours fortement sinué chez les adultes, même lorsqu'ils sont de taille médiocre. La surface des deux valves est généralement lisse ou simplement garnie de fines stries concentriques d'accroissement; certains échantillons portent sur leurs parties latérales les traces de quelques côtes rayonnantes. Le têt est assez mince et perforé, comme il est facile de s'en assurer par l'inspection de certains échantillons de Belgique et d'Australie, que j'ai sous les yeux. Dans ce cas, on observe à sa surface des ponctuations bien marquées et disposées en quinconce sur presque toute son étendue.

Quoique le *S. glaber* soit une des espèces les plus abondantes de notre calcaire carbonifère supérieur, je ne suis jamais parvenu à m'en procurer soit un moule intérieur, soit des valves isolées qui aient pu me permettre d'en étudier la structure ou la charpente. En Australie, au contraire, des moules semblables n'étant pas rares, je n'ai eu aucune peine à m'assurer d'abord que le processus cardinal de l'espèce était très-développé et fort solide; qu'il était soutenu dans la valve ventrale par deux fortes plaques dentales divergeantes placées de chaque côté de l'ouverture deltoïdale et se prolongeant sous forme d'arêtes peu prononcées de chaque côté des empreintes musculaires, pour venir se rejoindre en pointe aiguë vers le milieu de la longueur de la valve ou un peu au delà. L'empreinte des muscles cardinaux forme un oval très-allongé, strié longitudinalement et partagé dans son milieu par un double septum peu marqué, limitant l'empreinte très-étroite du muscle cardinal. Sur les côtés se trouvent les espaces ovariens très-développés (pl. XII, fig. 1*b*). Les empreintes musculaires de la valve dorsale sont plus ou moins longues selon les échantillons; elles se composent principalement de deux empreintes des muscles adducteurs qui par leur réunion produisent un oval allongé, divisé dans sa longueur par un petit septum médian à l'extrémité supérieure duquel se trouve une petite empreinte triangulaire fortement striée en long, qui a probablement servi d'attache au pédoncule (pl. XII, fig. 1*c*). Les appendices spiraux sont bien développés et remplissent la majeure partie de l'intérieur de la coquille.

Dimensions. — Elles sont très-variables. Voici celles que j'ai prises sur trois échantillons d'assez grande taille :

LONGUEUR.	LARGEUR.	ÉPAISSEUR.
I. — 70 millimètres.	76 millimètres.	40 millimètres.
II. — 55 —	95 —	56 —
III. — 67 —	80	57 —

Rapports et différences. — Je partage complétement l'avis de M. J. Dana pour identifier les échantillons décrits et figurés par M. J. Morris sous le nom de *S. subradiatus*, planche 16, dans l'ouvrage de M. de Strzelecki, avec le *S. glaber* de W. Martin. En effet ces échantillons qui sont parfaitement semblables à ceux que j'ai sous les yeux et que l'on trouvera figurés dans mon Atlas, n'ont rien qui les distingue de certains échantillons anglais ou belges figurés par moi-même ou par mon savant ami M. J. Davidson. Je ne crois pas néanmoins devoir assimiler à cette même espèce l'échantillon que M. J. Morris a fait représenter, sous le même nom, planche 15, figure 5a du même ouvrage ; je considère cet échantillon comme le jeune âge de la remarquable espèce que l'auteur a dédiée à M. Darwin et dont on trouvera la description plus loin.

Gisement et localités. — Ce *Spirifer* est très-abondant dans les assises supérieures du calcaire carbonifère. Il est beaucoup plus rare dans les assises moyennes et inférieures de ce calcaire. Peut-être l'espèce qui se trouve dans ce dernier et que l'on a assimilée au *S. glaber* est-elle différente de celui-ci. C'est une question qui reste encore à examiner. En tout cas c'est par le motif que je viens d'indiquer qu'on trouve le *S. glaber* beaucoup plus fréquemment à Settle et à Bolland dans l'Yorkshire, aux environs de Glasgow, en Écosse, à Cork et à Little Island, en Irlande, que dans les autres parties des iles Britanniques, où les assises supérieures sont moins bien représentées. De magnifiques échantillons ont été recueillis par M. W. B. Clarke à Ællalong, dans la tranchée du chemin de fer située entre Maitland et la Station de Stoney Creek, dans les Carrières de Murree à la Terrace Raymond, à Branxton, au Mont Wingen et à Morpeth. M. J. Dana indique Black Head, Illawara et Harper's Hill comme étant les localités dans lesquelles il l'a rencontré; M. M° Coy le cite de Darlington et M. J. Morris assure qu'il est très-abondant au Mont Wellington dans la Terre de Van Diemen.

3. SPIRIFER DARWINII, *J. Morris.*

(Pl. X, fig. 11, pl. XI, fig. 10 et pl. XVI, fig. 1.)

SPIRIFER DARWINII.   J. Morris, 1845, In *Strzelecki's Physic. descr of N. S. Wales,* p. 279.
— SUBRADIATUS.   Idem, 1845, *ibid.*, p. 281, pl. 15, fig. 5a (fig. *cœteris exclusis*) (non Sowerby).
— DARWINII.   F. M° Coy, 1847, *Ann. and mag. of nat. hist.*, t. XX, p. 233.
— DARWINII?   J. D. Dana, 1849, *Geology of Wilkes U. S. expl. exped.*, p. 684, pl. 1, fig. 7.

Coquille transverse ovale, à valves médiocrement profondes. Valve ventrale régulièrement courbée, munie d'un assez large sinus peu profond, divisé dans son milieu par un faible sillon longitudinal ; de chaque côté du sinus on compte trois ou quatre larges plis rayonnants, dont les derniers sont peu marqués et s'effacent presque complètement du côté du crochet. Celui-ci est petit, non proéminent et peu recourbé. L'area est très-petit, très-surbaissée et n'occupe pas la moitié du diamètre transverse de la valve. Les oreillettes sont arrondies. La valve dorsale, un peu moins profonde que la valve opposée, possède un lobe médian bien défini, un peu déprimé dans son milieu. Les plis latéraux, au nombre de trois ou quatre pour chaque côté, sont ordinairement mieux prononcés que ceux de la valve ventrale. Le têt est très-mince. Sa surface extérieure est ornée d'une innombrable quantité de petites granulations assez régulièrement disposées en quinconce et parfaitement perceptibles à l'œil nu; ces granulations sont arrondies du côté du crochet et faiblement allongées sur le reste. Des rides concentriques d'accroissement se font remarquer en outre; elles sont un peu plus nombreuses vers les bords que sur le reste de la coquille.

La structure interne est parfaitement connue, grâce aux nombreux moules intérieurs qui m'en ont été confiés par le Rév. W. B. Clarke.

Les moules dont j'ai fait représenter le plus complet planche XI, figure 10, démontrent que le processus cardinal est très-fort et que les empreintes musculaires sont très-développées et aussi profondément creusées dans la coquille que celles de l'espèce précédente. Un autre échantillon a conservé une partie des appendices spiraux et montre que les lames de ces appendices étaient fortes et creuses.

Dimensions. — Les échantillons de bonne conservation sont en général assez petits. L'un de ces échantillons a 28 millimètres de long et 44 millimètres de large; son épaisseur est de 18 millimètres. Le moule figuré, que je considère comme appartenant à la même espèce, a une longueur de 93 millimètres, une largeur de 108 millimètres et une épaisseur de 45 millimètres; l'empreinte musculaire de la valve ventrale a 46 millimètres de long; celle de la valve opposée est moins longue et très-peu apparente.

Rapports et différences. — A mon avis, M. le professeur J. Morris a décrit et figuré sous le nom de *S. subradiatus* deux espèces parfaitement distinctes; une de ces espèces, dont il a représenté plusieurs échantillons sur la planche 16 de l'ouvrage de M. le comte de Strzelecki, me paraît identique avec le *Spirifer* décrit par W. Martin, sous le nom de *Spirifer glaber,* et ne possède aucun caractère saillant pour l'en distinguer. M. J. D. Dana qui partage cette manière de voir l'étend même à tous les échantillons figurés par M. J. Morris. En ce point je ne suis plus d'accord avec le savant naturaliste américain ; je crois, au contraire, que la figure 5*a* de la planche 15 de l'ouvrage que je viens de citer, représente une espèce très-différente des premières et c'est la seule que je considère comme constituant le jeune âge du *Spirifer Darwinii,* J. Morris, ainsi que j'ai

déjà eu occasion de le faire observer (¹). Elle se distingue du
S. glaber par une moindre profondeur de ses valves, par ses
bords beaucoup plus tranchants, par la moindre courbure de ses
crochets et surtout par l'existence de ses larges plis latéraux. Je
n'ignore pas que certains échantillons du *S. glaber* portent
aussi des plis latéraux, mais, lorsque ceux-ci existent, ils sont
toujours très-superficiels, plus minces et beaucoup plus nombreux que chez le *S. Darwinii.*

C'est à tort que M. J. D. Dana a confondu cette espèce avec
le *S. Hawkinsii* de J. Morris et D. Sharpe qui est dévonien et
qui au reste s'en distingue facilement par la longueur de son
area qui occupe le plus grand diamètre de la coquille et par la
forme anguleuse de ses oreillettes.

Gisement et localités. — Cette espèce parait être très-abondante dans la Nouvelle-Galles du Sud. M. J. Morris assure
qu'elle existe sous forme de moules internes de grande taille
dans un grès carbonifère de Glendon. M. F. Mᶜ Coy dit qu'elle
est commune dans le schiste arenacé de Loder's Creek et de
Barraba, mais assez rare dans le calcaire arénacé de Black-Head.
Le Rév. W. B. Clarke a recueilli un assez grand nombre
d'échantillons à l'état de moule, dans les carrières de Muree, à
la Terrace Raymond; dans divers déblais du chemin de fer
entre les stations de Maitland et de Stony-Creek, au Mont
Wingen et à Harpur's Hill. C'est de cette dernière localité que
provient le petit échantillon semblable à celui qui a été figuré par
M. J. Morris et que j'ai représenté planche X, figure 11. Parmi
tous les autres échantillons un seul a conservé une grande
partie de son têt. Ce têt, très-fibreux dans la plus grande partie
de son étendue, montre cependant dans quelques endroits des
restes des granulations qui ornent la surface des jeunes individus et par conséquent ne laissent aucun doute sur l'identité de
l'espèce (voir pl. X, fig. 11).

_____

(¹) M. J. Morris convient lui-même que cet échantillon a les plus grandes
ressemblances avec son *S. Darwinii.*

4. SPIRIFER OVIFORMIS, *F. Mᶜ Coy.*

(Pl. XII, fig. 3.)

SPIRIFERA OVIFORMIS. Mᶜ Coy. 1847, *Ann. and mag. of nat. hist.*, t. XX, p. 234, pl. 13, fig. 5, 6.

Coquille presque aussi longue que large, subtrigone lors-qu'elle est bien conservée, à valves également profondes, ayant leur plus grand diamètre vers le tiers inférieur de leur longueur. Valve ventrale munie d'un sinus large et profond sur chaque côté duquel on observe deux ou trois plis rayonnants, arrondis et séparés par des sillons de même largeur. L'area a dû être étroite et n'occuper que le tiers environ de la plus grande largeur de la coquille. Le lobe médian de la valve dorsale est très-large; il est partagé dans son milieu par un sillon longitu-dinal ayant son origine au crochet de la valve et s'étendant régu-lièrement jusqu'au front. Les divers moules intérieurs que j'ai pu étudier démontrent que les empreintes musculaires de la valve ventrale étaient assez fortes et assez profondément creu-sées dans le têt (pl. XI, fig. 10), tandis que ceux de la valve opposée étaient fort superficiels (pl. XI, fig. 10*a*). La surface externe des deux valves a dû être ornée d'un grand nombre de rides concentriques d'accroissement assez fortes, puisque les moules intérieurs en ont conservé les traces.

Dimensions. — Le seul échantillon non déformé qui m'ait été communiqué a une longueur de 34 millimètres, une largeur de 36 et une épaisseur de 23 millimètres. Ces dimensions ne correspondent aucunement à celles de l'échantillon déformé décrit et figuré par M. F. Mᶜ Coy : celui-ci, en effet, ne parait plus long que large, que parce qu'il a subi une pression latérale pendant sa fossilisation.

Rapports et différences. — Cette espèce se distingue facile-ment de toutes ses congénères par sa forme subtrigone que je n'ai rencontrée chez aucune autre. M. F. Mᶜ Coy, en se basant sur la forme d'un échantillon défectueux, a cru qu'elle était plus longue que large et s'est servi de ce caractère pour la distinguer des *S. Darwinii* et *subradiatus* avec lesquels elle a quelques rapports à cause des plis latéraux dont elle est ornée. J'ai déjà fait observer que cette opinion est erronée et que loin d'être plus longue que large, elle est au contraire, de deux millimètres plus large que longue, lorsque l'on a affaire à des échantillons de bonne conservation.

Gisement et localités. — M. F. Mc Coy assure que cétte espèce n'est pas rare dans le grès de Barraba. M. W. B. Clarke l'a recueillie à Ællalong et dans un grès grisâtre à 34 milles de Newcastel, N. G. du Sud et à Wollongong.

5. SPIRIFER DUODECIMCOSTATUS, *Mc Coy.*

(Pl. X, fig. 12 et pl. XII, fig. 4.)

Spirifera duodecimcostata.   F. Mc Coy, 1847, *Ann. and mag. of nat. hist.*, t. XX, p. 234, pl. 17, fig. 2, 3.
Spirifer duodecicostatus.   J. D. Dana, 1849, *Geology of Wilkes U. S. expl. exped.*, p. 684, pl. 2, fig. 1.
—   Darwinii.   Idem, 1849, *ibid.*, pl. 1, fig. 7, 8 (fig. 7a *exclusá*).

Coquille faiblement transverse, ovale ou subrhomboïdale, gibbeuse, plus large vers le milieu de sa longueur que vers le bord cardinal; valve ventrale assez régulièrement courbée, à crochet épais et peu proéminent, oreillettes arrondies; area triangulaire, assez élevée et courbée; ouverture triangulaire, large à sa base; sinus médian assez profond, divisé dans son milieu par un pli bien prononcé, quoique généralement un peu plus faible que les cinq ou six plis latéraux. Valve dorsale ordinairement un peu plus bombée que la valve opposée; son lobe médian est divisé dans son milieu par un sillon correspondant au pli du sinus de la valve ventrale. Les plis latéraux au nombre de cinq au de six, légèrement courbées, diminuent d'épaisseur en s'éloignant du milieu de la valve. Le processus cardinal est semblable à ceux de la plupart des *Spirifer*, mais les empreintes musculaires sont petites, faibles et très-superficielles.

Dimensions. — L'un des échantillons que j'ai sous les yeux a environ 4 centimètres de long sur 5 centimètres de large.

Rapports et différences. — Cette espèce diffère des *S. ovifor-mis* et *Darwinii* par le pli médian qui divise le sinus de sa valve ventrale et dont le sinus de l'un ni de l'autre des espèces que je viens dè citer, n'offre la moindre trace.

Gisement et localités. — M. F. Mᶜ Coy assure que ce *Spirifer* n'est pas rare dans le calcaire de Wollongong et le grès de Muree. **M. J. D.** Dana l'a recueilli dans le district d'Illawara et **M. W. B.** Clarke à Wollongong, à Bombaderra Creek, à Strand et à Ællalong.

6. SPIRIFER STRZELECKII, *L.-G. de Koninck.*

(Pl. XIII, fig. 1 et pl. XIV, fig. 1.)

SPIRIFERA UNDIFERA, *var.* UNDULATA. R. Etheridge sen., 1872, *Quart. Journ. of the geol. Soc. of London,* t. XXVIII, p. 330, pl. 16, fig. 3-5 (non F. Roemer).

Coquille transverse, subrhomboïdale, à valves à peu près également profondes, ayant son plus grand diamètre transverse vers le milieu de sa longueur. Valve ventrale régulièrement courbée, à sinus large profond et arrondi au fond; sur les côtés de ce sinus s'élèvent quatre plis assez épais, y compris ceux qui lui servent de limite. Ces plis sont arrondis et séparés les uns des autres par des sillons de même largeur que les plis; le crochet est épais, non proéminent; l'area est très-élevée et occupe presque toute la largeur de la coquille; elle est faiblement courbée sur elle-même; l'ouverture deltoïdale est grande, les extrémités des oreillettes sont arrondies. Le lobe médian de la valve dorsale est large et proéminent; il est partagé dans son milieu par un sillon longitudinal, peu profond quoique très-apparent et dont néanmoins l'existence n'influe en rien sur la forme régulière du sinus de la valve opposée. De chaque côté du lobe se trouvent quatre plis correspondants et analogues à ceux de la valve ventrale. La surface est garnie d'un certain nombre de rides concentriques d'accroissement, qui n'ont rien de régulier et qui sont surtout apparentes vers les bords de la coquille.

Les moules intérieurs de cette espèce prouvent que le têt en est très-épais du côté du processus cardinal, ainsi qu'il sera

facile de s'en assurer par l'inspection des figures que j'en ai
données planche XIII, figure 1 et 1*a*. Leur structure ressemble à
celle des autres espèces de *Spirifer* appartenant à la même section.

Dimensions. — Un échantillon à peu près parfait a une
longueur de 55, une largeur de 74 et une épaisseur de 32 millimètres.

Rapports et différences. — Ce *Spirifer* se distingue facilement
de l'espèce précédente par l'absence du pli médian qui se trouve
dans le sinus de la valve ventrale de cette espèce. Sa forme
beaucoup plus traverse, ainsi que la largeur et la hauteur beaucoup plus grandes du *S. Darwinii* ne permettent pas de le
confondre avec lui. Le *S. neglectus*, J. Hall ([1]), est certainement
l'espèce avec laquelle il a le plus de ressemblance; mais la
différence qui existe dans ses proportions, l'absence de sillon
médian dans le lobe ventral de celui-ci, ainsi que l'existence
d'un plus grand nombre de plis latéraux, suffisent pour l'en
séparer. M. R. Etheridge me semble avoir confondu cette espèce
avec le *S. undiferus* de F. Roemer, avec lequel elle n'a cependant qu'une ressemblance fort éloignée.

Gisement et localités. — Deux échantillons munis de leur têt
ont été découverts l'un dans un déblai du chemin de fer qui
conduit de Maitland à la station de Stony Creek, et l'autre à
34 milles de Newcastle; divers moules proviennent des carrières
de Muree à la Terrasse Raymond et des localités précédentes.

M. R. Etheridge est d'avis que cette espèce est dévonienne, ce
qui me parait fort problématique, et cite Gympie dans les Terres
de la Reine, comme localité où elle a été recueillie.

7. SPIRIFER CLARKEI, *L.-G. de Koninck.*

(Pl. XIII, fig. 2.)

Coquille transverse de forme subelliptique, ayant son plus
grand diamètre à son bord cardinal. Valve ventrale munie d'un

---

([1]) *Report on the geological survey of the State of Iowa*, t. I, part 2, p. 643,
pl. 20, fig. 5.

large sinus peu profond au fond duquel on observe quelquefois deux ou trois plis rudimentaires ; de chaque côté de ce sinus se trouvent treize ou quatorze plis rayonnants, simples, arrondis et séparés les uns des autres par des sillons étroits et peu marqués. Le crochet est relativement assez petit et assez fortement recourbé sur lui-même pour ne laisser qu'un faible espace entre lui et celui de la valve dorsale. L'area occupe toute la largeur de la coquille, mais elle n'est pas très-élevée. La valve dorsale est un peu plus profonde que la valve opposée ; elle est faiblement déprimée du côté de ses oreillettes dont les bords latéraux forment un angle droit avec le bord cardinal ; son lobe médian est large et proéminent ; il est simple et ne laisse apercevoir aucun indice de plis rudimentaires ; les plis latéraux sont semblables à ceux de la valve ventrale auxquels ils correspondent. La surface est traversée de stries d'accroissement concentriques et ondulées.

Dimensions. — Longueur 35 millimètres; largeur 60 millimètres; épaisseur 25 millimètres.

Rapports et différences. — Par ses ornements extérieurs, ce *Spirifer* se rapproche fortement du *S. plenus*, J. Hall ([1]); cependant il sera impossible de le confondre avec lui, parce qu'il est presque aussi long que large, qu'il est relativement beaucoup plus épais et qu'en outre il est beaucoup plus convexe, ce qui le rend même gibbeux.

Gisement et localités. — Cette belle espèce que je me suis fait un plaisir de dédier à l'infatigable pionnier de la Nouvelle-Galles du Sud, a été découverte par lui dans un grès grisâtre de Wollongong et dans un calcaire noir de Jervis's Bay, où il paraît rare puisqu'il n'en a été recueilli qu'un seul échantillon dans chacune de ces localités.

([1]) *Report on the geological survey of the State of Iowa*, p. 603, pl. 13, fig. 4.

8. SPIRIFER PINGUIS, *J. Sowerby*.

(Pl. XIV, fig. 2.)

SPIRIFER PINGUIS.   J. Sowerby, 1820, *Miner. conch.*, t. III, p. 125, pl. 271.
SPIRIFERA ROTUNDATA.   J. de Carle Sowerby, 1824, *Miner. conch.*, t. V, p. 89, pl. 461,
                          fig. 1 (non W. Martin).
SPIRIFER ROTUNDATUS.   Defrance, 1827, *Dict. des sc. nat.*, t. L, p. 295.
— —   Davreux, 1831, *Const. geogr. de la province de Liége*, p. 272,
                          pl. 7, fig. 8.
SPIRIFERA ROTUNDATA.   J. Phillips, 1836, *Geol. of Yorkshire*, t. II, p. 218, pl. 9, fig. 17.
— PINGUIS.   Idem, 1836, *ibid.*, p. 218, pl. 9, fig. 18, 19.
TEREBRATULA PINGUIS.   Deshayes, 1836, In Lamarck, *Anim. sans vert.*, t. VII, p. 374.
SPIRIFER PINGUIS.   L. v. Buch, 1837, *Ueber Delthyris*, p. 38.
— —   Idem, 1840, *Mém. de la Soc. géol. de France*, t. IV, p. 184,
                          pl. 8, fig. 7.
— ROTUNDATUS.   L.-G. de Koninck, 1843, *Descr. des anim. foss. du terr. carb.
                          de la Belgique*, p. 263, pl. 14, fig. 2 et pl. 17, fig. 4.
— PINGUIS.   Idem, 1851, *ibid.* (supplément), p. 661, pl. 56, fig. 5.
SPIRIFERA ROTUNDATA.   Portlock, 1843, *Report on the geology of the county of Lon-
                          donderry*, p. 459.
SPIRIFER PINGUIS.   A. d'Orbigny, 1850, *Prodr. de paléont. stratigr.*, t. Ier, p. 148.
— ROTUNDATUS.   Idem, 1850, *ibid.*, t. Ier, p. 148.
— PINGUIS.   J. Morris, 1854, *Cat. of brit. foss.*, p. 153.
— ROTUNDATUS.   P. v. Semenow, 1854, *Fossilien des schles. Kohlenk.*, p. 18
                          (syn. *exclusâ*).
SPIRIFERA ROTUNDATA.   F. Mc Coy, 1855, *Brit. palœoz. foss.*, p. 420.
— SUBROTUNDATA.   Idem, 1855, *ibid.*, p. 423.
— PINGUIS.   T. Davidson, 1859, *Monogr. of the brit. carb. Brachiop.*, p. 50,
                          pl. 10, fig. 1-12.
SPIRIFER ROTUNDATUS.   E. d'Eichwald, 1860, *Lethœa rossica*, t, I, p. 718.
— PINGUIS.   Idem, 1860, *ibid.*, t. I, p. 719.
SPIRIFERA —   T. Davidson, 1860, *Monogr. of the carb. Brachiop. of Scot-
                          land*, p. 20, pl. 1, fig. 28.

Coquille susceptible d'acquérir une assez grande taille, mais très-variable dans sa forme, ses proportions et le degré de convexité qu'elle peut atteindre. Elle est presque toujours transverse, quelquefois à peu près aussi longue que large, mais très-rarement plus longue que large. Son bord cardinal est inférieur à son diamètre transverse; ses angles cardinaux sont généralement arrondis; sa valve ventrale est un peu plus profonde que la valve opposée; son crochet est assez épais, fortement recourbé et proéminent. L'area est assez étroite et courbée, l'ouverture deltoïdale est en partie recouverte par un pseudo-deltidium; son sinus large et peu profond montre généralement l'existence de quelques plis longitudinaux rudimentaires. Le lobe médian de la valve dorsale est très-large, mais peu élevé; il est ordinairement partagé en deux parties par une gouttière ou sillon longitudinal qui procède rarement du sommet même du crochet. Les côtés latéraux de chacune des deux valves sont ornés de plis peu élevés dont le nombre est très-variable et peut aller de seize à vingt. Quelquefois même ces plis se divisent en deux à une certaine distance du bord et en modifient encore le nombre.

Deux moules de bonne conservation (pl. XIV, fig. 2 et 2*b*) m'ont démontré que les plaques dentales sont très-peu développées dans cette espèce; en outre les empreintes musculaires de la valve ventrale ne sont pas fort grandes, mais elles sont marquées de fines stries longitudinales; autour de ces empreintes il existe des traces nombreuses du processus vasculaire; les empreintes musculaires de la valve dorsale sont peu apparentes; un léger septum médian les divise.

Dimensions. — L'un des échantillons qui m'ont servi à établir les caractères spécifiques qui précèdent, a une longueur d'environ 6 centimètres et une largeur de 9 centimètres. Un autre n'a qu'une longueur de 4 ¹/₂ centimètres et une largeur de 5 ¹/₂ centimètres; son épaisseur est de 23 millimètres.

Rapports et différences. — M. T. Davidson a eu parfaitement raison de suivre l'exemple qui lui avait été donné par M. J. Morris en réunissant le *Spirifer rotundatus* de Sowerby au *S. pinguis* du même auteur et en les considérant comme étant des variétés l'un de l'autre. Les nombreuses figures qu'il en a données démontrent à l'évidence que l'une des variétés se transforme insensiblement dans l'autre et ne possède aucun caractère distinctif suffisant pour établir leur séparation.

Je crois devoir faire observer que le *Spirifer Clarkei* a beaucoup de rapports avec le *S. pinguis,* surtout en ce qui concerne ses ornements. Néanmoins il s'en distingue facilement par sa forme elliptique et par l'absence complète du sillon longitudinal qui divise le lobe médian de la valve dorsale du *S. pinguis.*

Gisement et localités. — Le *S. pinguis* est une des espèces les plus abondantes du calcaire carbonifère moyen. Il a été trouvé en Belgique à Waulsort, par M. Dupont, et il est très-fréquent à Millecent, à Little Island et à Malahide en Irlande. M.W.B. Clarke l'a recueilli à Glen William et à Burragood.

9. SPIRIFER CONVOLUTUS, *J. Phillips.*

(Pl. XII, fig. 2 et pl. XIII, fig. 3.)

SPIRIFERA CONVOLUTA.	J. Phillips, 1836, *Geol. of Yorkshire,* t. II, p. 217, pl. 9, fig. 7.
— RHOMBOIDEA?	Idem, 1836, *ibid.,* p. 217, pl. 9, fig. 9, 10.
SPIRIFER CONVOLUTUS.	L.-G. de Koninck, 1843,.*Descr. des anim. foss. du terr. carb. de la Belgique,* p. 247, pl. 17, fig. 2.
SPIRIFERA CONVOLUTA.	F. Mc Coy, 1844, *Syn. of the char. of carb. limest. foss. of Ireland,* p. 130.
— AVICULA.	G. Sowerby, 1844, In *Darwin's Geol. observ. on the volcanic Islands,* p. 160.
SPIRIFER —	J. Morris, 1845, In *Strzelecki's Phys. descr. of N. S. Wales,* p. 282, pl. 17, fig. 6.
SPIRIFERA AVICULA.	F. Mc Coy, 1847, *Ann. and mag. of nat. hist.,* t. XX, p. 233.
SPIRIFER VESPERTILIO.	J. D. Dana, 1849, *Geol. of the U. S. explor. exped,* p. 685, pl. 2, fig. 3.
— CONVOLUTUS.	L.-G. de Koninck, 1859, *Mém. de la Soc. royale des sciences,* t. XVI, p. 30, pl. 2, fig. 7 et 8.
SPIRIFERA CONVOLUTA.	T. Davidson, 1859, *Monogr. of the brit. carb. Brachiop.,* p. 35, pl. 5, fig. 9-15 (fig. 12 *exclusis*) and pl. 50, fig. 1, 2.
— CONVOLUTA?	R. Etheridge senior, 1872, *Quart. Journ. of the geol. Soc. of London,* t. XXVIII, p. 335, pl. 17, fig. 3.

Coquille fusiforme, trois ou quatre fois plus large que longue; area très-étendue, à bords subparallèles, occupant toute la largeur de la coquille; fissure deltoïde assez large et en partie recouverte par un pseudo-deltidium. La valve ventrale est un peu plus profonde et plus bombée que la valve opposée; son crochet épais et très-recourbé cache une partie de la fente; son sinus dont l'étendue et la profondeur sont très-variables, correspond à un lobe médian quelquefois très-élevé de la valve dorsale; l'un et l'autre sont couverts de cinq ou six plis longitudinaux un peu moins apparents que ceux qui ornent le restant de la surface; ceux-ci au nombre de seize à vingt pour chaque côté, sont obliques; souvent bifurqués et peu visibles vers les extrémités latérales.

Les moules intérieurs sont très-remarquables et il eût été bien difficile d'en reconnaître l'espèce, si, en même temps que ces moules, je n'avais reçu l'empreinte extérieure qui m'a permis de la déterminer avec la plus grande exactitude. Cette empreinte, dont je reproduis (pl. XII, fig. 2) le moulage qu'elle m'a fourni, ne laisse pas exister le moindre doute sur son origine. Elle a évidemment été produite par un spécimen de grande taille dont la coquille, en disparaissant, a laissé subsister dans la roche tous les détails de son ornementation.

Les moules intérieurs comparés à l'empreinte extérieure, démontrent que le têt est assez épais, que les empreintes musculaires de la valve sont fortes et profondément creusées dans le têt. De chaque côté de ces empreintes, la surface interne a été creusée d'un grand nombre de petites fossettes irrégulièrement disposées et qui sont reproduites en relief sur le moule. Ces fossettes sont généralement beaucoup moins prononcées sur la valve dorsale et un certain nombre d'échantillons en est même complétement dépourvu.

Dimensions. — Les dimensions de cette espèce sont en général assez variables. L'un des plus grands échantillons a environ 15 centimètres de large sur environ 4 centimètres de long.

Gisement et localités. — Le professeur J. Phillips qui, le premier, a décrit cette espèce, l'a découverte dans le calcaire supérieur de Bolland. Je l'ai rencontrée moi-même dans le calcaire de même âge à Visé. M. Éd. Dupont l'a recueillie dans le calcaire moyen de Pauquys où il est assez abondant. Depuis longtemps ses moules provenant du terrain carbonifère de la Terre de Van Diemen et d'Australie, sont connus sous le nom de *Spirifer avicula*, sous lequel ils ont été décrits en premier lieu par MM. G. Sowerby et J. Morris. Le révérend W. B. Clarke m'en a communiqué un grand nombre provenant les uns des carrières de Muree à la Terrasse Raymond, de Russell's Shaft, d'Anvil Creek, de St-Hélier's et du Mont Wingen, les autres d'Ællalong, de Wollongong, du Mont Gimbělá et de diverses localités entre les stations du chemin de fer de Maitland et de Stony Creek. M. F. Mᶜ Coy l'indique dans le calcaire de Black-Head; et M. J. Morris dans celui de Eagle Hawk Neck (Van Diemen).

10. SPIRIFER VESPERTILIO, *G. Sowerby.*

(Pl. XIII, fig. 4 et pl. XIV, fig. 3.)

SPIRIFERA VESPERTILIO. G. B. Sowerby, 1844, In *Darwin's Geol. observ. on the volcanic Islands,* p. 160.
— — J. Morris, 1845, In *Strzelecki's Phys. descr. of N. S. Wales,* p. 282, pl. 17, fig. 3 (fig. 1 et 2 *exclusis*).
— — Mᶜ Coÿ, 1847, *Ann. and mag. of nat. hist.,* t. XX, p. 232.
— — R. Etheridge senior, 1872, *Quart. Journ. of the geol. Soc. of London,* t. XXVIII, p. 329, pl. 16, fig. 2.
SPIRIFER PHALÆNA. J. D. Dana, 1849, *Geol. of the U. S. explor. expedition,* p. 685, pl. 2, fig. 4.

Coquille transverse, subtriangulaire, ayant sa plus grande largeur à l'area ou quelquefois un peu en dessous pour les échantillons dont les oreillettes sont légèrement arrondies. La valve ventrale est assez régulièrement courbée; son crochet, quoique assez épais, est modérément recourbé sur lui-même et ne recouvre pas l'area. Celle-ci est creuse et faiblement triangulaire. Le sinus, qui n'est pas fort large, est divisé en deux par une côte médiane un peu moins épaisse que celles qui servent de limite au sinus même; de chaque côté de celui-ci on compte huit à dix plis rayonnants, très-anguleux, nettement séparés les uns des autres par des sillons de même largeur; ces plis sont d'autant plus minces qu'ils sont plus éloignés de la partie médiane de la coquille. La valve dorsale est un peu moins profonde que la valve opposée; son bourrelet est divisé dans sa partie médiane par un sillon correspondant à la côte médiane du sinus; ses plis latéraux sont semblables à ceux de la valve ventrale.

La surface entière de la coquille est ornée d'un grand nombre de stries concentriques assez profondes sur les échantillons de bonne conservation, pour donner lieu à la formation de minces lamelles imbriquées; par ces lamelles l'espèce se rapproche du *S. laminosus*, F. Mc Coy; elles ont été fort bien observées par M. J. Morris et représentées par lui dans la figure qu'il a publiée dans l'ouvrage de Strzelecki et que j'ai indiquée à la synonymie. La structure interne des valves est très-analogue à celle de l'espèce précédente; néanmoins les empreintes musculaires sont moins développées et le processus cardinal moins robuste que chez cette dernière.

Dimensions. — La plupart des échantillons ont une largeur moyenne de 5 centimètres; leur longueur et leur épaisseur sont de 3 centimètres.

Rapports et différences. — M. J. D. Dana a eu raison de séparer cette espèce de la précédente avec laquelle on l'a quelquefois confondue à cause de la ressemblance de ses moules internes; elle en diffère par la simplicité de ses plis, par la forme de son bourrelet et de son sinus, ainsi que par les petites lamelles concentriques qui couvrent sa surface. Elle diffère du *Spirifer laminosus*, Mc Coy, par la côte médiane qui divise son sinus et le sillon qui partage son bourrelet, ainsi que par un processus cardinal plus robuste et un plus grand développement de ses empreintes musculaires. Je n'ai pas cru pouvoir lui conserver le nom qui lui a été donné par M. Dana, afin d'éviter la complication qui en résulterait. Il ne serait pas impossible que l'échantillon figuré (pl. 3, fig. 3) par M. Dana et qu'il n'a pas nommé, ne représentât que le jeune âge de la même espèce.

Gisement et localités. — Cette espèce est presque toujours associée à la précédente et se trouve dans les mêmes couches et les mêmes localités, à l'exception de Wollongong et du Mont Gimbělá. Elle y est assez abondante.

11. SPIRIFER LATUS, *F. Mc Coy.*

SPIRIFERA LATA. F. Mc Coy, 1807, *Ann. and mag. of nat. hist.*, t. XX, p. 233, pl. 13, fig. 7.

Coquille transverse, de forme subrhomboïdale, à peu près quatre fois plus large que longue, peu épaisse; ses extrémités cardinales sont très-aiguës; son arca est large et plane; le sinus de sa valve ventrale est très-étendu et le fond en est légèrement anguleux; de chaque côté du sinus on compte seize à dix-huit plis assez étroits, arrondis, séparés par des sillons peu profonds; vers l'extrémité des oreillettes ces plis s'effacent insensiblement et laissent un espace triangulaire presque lisse. Sauf quelques stries irrégulières d'accroissement, aucun autre ornement n'est perceptible à la surface de la valve ventrale qui est la seule qui me soit connue.

Dimensions. — L'échantillon représenté par M. Mc Coy a environ 2 ¹/₂ centimètres de long et 9 centimètres de large. Celui qui m'a servi, a 15 millimètres de long sur 50 de large.

Rapports et différences. — Cette espèce se distingue immédiatement du *S. convolutus,* J. Phillips, par la simplicité de son sinus et de ses plis latéraux, ainsi que par la forme de son moule interne, qui par le faible développement de ses empreintes musculaires se rapproche beaucoup plus de celui du *S. mosquensis,* Fischer, que de celui du *S. convolutus,* J. Phillips. Elle ne peut pas être confondue avec mon *S. Roemerianus,* à cause de sa grande taille, de l'étendue de son arca et de l'absence des lamelles imbriquées qui couvrent la surface de ce dernier.

Gisement et localités. — Ce *Spirifer* a été trouvé dans les schistes durs de Lewin's Brook, d'après M. F. Mc Coy, et dans ceux de Colocolo par M. W. B. Clarke.

12. SPIRIFER TRIANGULARIS, *W. Martin.*

(Pl XIV, fig. 4.)

CONCHYLIOLITHUS ANOMITES TRIANGULARIS. W. Martin, 1809, *Petrif. derbiens.*, p. 10,
    pl. 36, fig. 2.
SPIRIFER TRIANGULARIS.   J. Sowerby, 1827, *Miner. conch.*, t. VI, p. 120, pl. 62, fig. 5, 6.
—   —   Fleming, 1828, *Brit. anim.*, p. 374.
—   TRIANGULARIS?   J. Phillips, 1836, *Geol. of Yorkshire*, t. II, p. 217, pl. 9, fig. 12.
—   L. v. Buch, 1837, *Ueber Delthyris*, p. 37.
—   Idem, 1840, *Mém. de la Soc. géol. de France*, t. IV, p. 182,
    pl. 8, fig. 5.
     L.-G. de Koninck, 1843, *Descr. des anim. foss. du terr. carb.*
    de la Belgique, p. 236, pl. 15, fig. 1.
SPIRIFERA ORNITHORYNCHA. F. Mc Coy, 1844, *Syn. of the char. of the carb. limest. foss.*
    of Ireland, p. 133, pl. 21, fig. 2.
SPIRIFER TRIANGULARIS.   P. v. Semenow, 1854, *Ueber die Foss. des schles. Kohlenk.*,
    p. 30.
SPIRIFERA ORNITHORYNCHA. Mc Coy, 1855, *Brit. palœoz. fossils*, p. 418, pl. 3 D, fig. 27.
—   TRIANGULARIS.   T. Davidson, 1859, *Monogr. of the brit. carbon. Brachiop.*,
    pp. 27 and 223, pl. 5, fig. 16-24 and pl. 50, fig. 10-17.

Cette coquille est très-variée dans sa forme; généralement elle est beaucoup plus large que longue, tandis qu'il est bien rare que sa longueur soit égale à sa largeur. C'est cependant ce qui arrive pour l'unique échantillon de cette espèce qui se trouve parmi les fossiles d'Australie qui m'ont été confiés. Cet échantillon dont je ne connais que la valve ventrale, est de forme subtétragone, à angles légèrement arrondis. Sa taille est petite; le sinus, proportionnellement large et assez profond, est muni vers son extrémité frontale du pli médian qui caractérise l'espèce et qui souvent s'étend au delà du bord frontal; ce sinus est limité par deux plis arrondis, assez épais, sur les côtés desquels se dessinent trois plis plus petits. Il est à remarquer qu'ordinairement le nombre de ces plis est plus considérable et peut varier de six à dix. Malgré cette différence, je n'ai aucun doute sur l'identité de l'espèce dont il est ici question, avec celle que M. W. Martin a été le premier à faire connaitre, parce que j'ai pu observer dans le calcaire de Visé les variations nombreuses auxquelles elle était sujette. La surface est ornée de quelques stries d'accroissement.

Dimensions. — L'échantillon que je viens de décrire n'a que 15 millimètres de long et autant de large ; il est en tout semblable à celui que j'ai représenté planche XV, figure 1*d* et figure 1*e* de ma *Description des animaux fossiles.*

Gisement et localités. — Cette espèce est généralement assez rare ; elle appartient aux assises supérieures du calcaire carbonifère. On l'a rencontrée à Buxton, à Settle, à Bolland, à Kirkby Lonsdale, en Angleterre, et à Millecent en Irlande. Je l'ai recueillie à Visé et M. W. Clarke l'a trouvée dans un calcaire compacte et ferrugineux de Strand, où elle est associée à un grand nombre de fragments de la *Terebratula sacculus,* W. Martin, dont quelques-uns ont encore conservé leur structure perforée.

13. SPIRIFER BISULCATUS, *J. Sowerby.*

(Pl. XIV, fig. 5.)

ANOMIÆ STRIATÆ.	Ure, 1793, *Hist. of Rutherglen,* p. 314, pl. 15, fig. 1.
TEREBRATULA.	1797, *Encyclop. méth.,* pl. 244, fig. 5.
SPIRIFER TRIGONALIS.	J. Sowerby, 1820, *Miner. conch.,* t. III, p. 17, pl. 23, fig. 2, 3 (non W. Martin).
— BISULCATUS.	J. de C. Sowerby, 1825, *ibid.,* t. V, p. 152, pl. 413, fig. 23.
SPIRIFERA BISULCATA.	T. Davidson, 1857, *Monogr. of the brit. carb. Brachiop.,* p. 31, pl. 4, fig. 1 ? pl. 5, fig. 1, pl. 6, fig. 1-19 and pl. 7, fig. 4.
SPIRIFER BISULCATUS.	L.-G. de Koninck, 1872, *Rech. sur les anim. foss.,* t. II, p. 61, pl. 2, fig. 6, 7 (y consulter la synonymie).
SPIRIFERA allied to S. BISULCATA.	R. Etheridge senior, 1873, *Quart. Journ. of the geol. Soc. of London,* t. XXVIII, p. 335, pl. 17, fig. 2.

Cette coquille, qui est susceptible d'atteindre une assez grande taille, est ordinairement plus large que longue ; elle est de forme ovale ou subrhomboïdale, suivant que son area est plus ou moins étendue. Les valves sont régulièrement courbées l'une et l'autre et ont approximativement la même profondeur ; leurs extrémités cardinales sont arrondies ou anguleuses et un peu déprimées dans ce dernier cas ; leurs crochets sont assez fortement recourbés pour ne se trouver qu'à une petite distance l'un de l'autre ; l'area est modérément élevée ; sa surface est courbe ;

elle est munie d'une ouverture deltoïdale large et partiellement recouverte d'un pseudo-deltidium.

Le sinus de la valve ventrale est peu profond et se rattache aux côtés par une courbure régulière de la coquille ; il est garni de quatre à huit côtes longitudinales, assez minces et rarement bifurquées. Le lobe médian de la valve dorsale est un peu mieux limité que le sinus de la valve opposée ; sa surface est régulièrement arrondie, abstraction faite des côtes dont elle est ornée. Chacune des deux valves est couverte d'un nombre assez variable de plis rayonnants, ordinairement arrondis, rarement anguleux. Dans le jeune âge la plupart de ces plis sont simples, tandis que les deux ou trois plis adjacents au sinus et au bourrelet sont bifurqués chez les adultes. Lorsque les échantillons sont de bonne conservation, la surface est ornée de fines stries concentriques d'accroissement, traversées perpendiculairement par d'autres stries rayonnantes, qui ont pour effet de produire un dessin réticulé invisible à l'œil nu. Les appendices spiraux sont contournés de façon à produire un cône assez surbaissé ; les empreintes musculaires sont petites et n'offrent pas grand intérêt.

Dimensions. — Les dimensions de cette espèce étant très-variables, je me bornerai à citer celles du meilleur échantillon que j'ai sous les yeux. Longueur 36 millimètres ; largeur 14 millimètres ; épaisseur environ 20 millimètres.

Rapports et différences. — Cette espèce étant sujette à d'assez nombreuses variations, il n'est pas toujours aisé de la distinguer de ses voisines congénères ; il faut une certaine habitude pour ne pas la confondre avec les S. *mosquensis*, Fischer, et S. *striatus*, Martin, dont les plis sont plus réguliers et plus nombreux chez le premier et ordinairement beaucoup plus divisés chez le second.

Gisement et localités. — Cette espèce est très-abondante dans les assises supérieures du calcaire carbonifère de Visé, du Yorkshire, de l'Écosse et de l'Irlande. On l'a trouvée encore à Bleiberg en Carinthie. M. Clarke l'a recueillie dans les carrières de Murree, à Branxton, à St-Hélier's, à Mulberring Creek, à Ællalong, à Burragood, à Colocolo, à Cedar Brush, aux environs de Tillegary et à Jervis's Bay. Il est à remarquer que peu

d'espèces carbonifères occupent une surface horizontale aussi
étendue en Australie. M. R. Etheridge le cite avec doute de
Bowen River dans le pays de la Reine.

14. SPIRIFER TASMANIENSIS, *J. Morris.*

(Pl. IX, fig. 7.)

SPIRIFERA ROTUNDATA.	G. R. Sowerby, 1844, In *Darwin's Geol. observ. on the volc. Islands,* p. 159 (non J. Sowerby).
SPIRIFER TASMANIENSIS.	J. Morris, 1845, In *Strzelecki's Phys. descr. of N. S. Wales,* p. 280, pl. 15, fig. 3, 4.
SPIRIFERA —	F. Mc Coy, 1847, *Ann. and mag. of nat. hist.,* t. XX, p. 233.
SPIRIFER TASMANNI.	L. v. Buch, 1847, *Ueber Spirifer Keilhavii,* p. 11, fig. 3.

Coquille de taille moyenne, transverse, ovale; valve ventrale
assez convexe, plus profonde que la valve opposée; crochet
fortement recourbé, recouvrant en partie l'ouverture deltoïdale;
area plane, à bords subparallèles et s'étendant sur toute la
largeur de la valve; sinus large, régulièrement creusé en forme
de canal et garni de huit à dix petites côtes longitudinales,
simples et se multipliant par insertion de chaque côté du sinus.
La valve dorsale dont les côtés latéraux sont légèrement
déprimés possède un bourrelet assez saillant et orné de plis
identiques à ceux du sinus. Des plis plus larges, légèrement
courbés au nombre de dix à douze, rayonnent de chaque côté
des deux valves; ces plis d'abord simples se multiplient par bifurcation ou trifurcation à une certaine distance de leur origine;
à des distances variables elles sont interrompues par des sillons
concentriques d'accroissement qui les font paraître plus ou moins
imbriquées. Le bord marginal est tranchant. Le têt de la coquille
est assez mince; sa structure est fibreuse et nacrée. Les appendices spiraux, dont j'ai pu observer les traces sur un moule
interne, ont la forme d'un cône allongé produit par dix-huit à
vingt tours de la lamelle qui les compose.

Dimensions. — Elles ont été prises sur un échantillon à peu
près parfait. Longueur 35 millimètres; largeur 48 millimètres;
épaisseur 22 millimètres.

Rapports et différences. — Par la forme de ses plis latéraux, cette espèce ressemble beaucoup au *S. duplicicosta*, J. Phillips, et de certaines variétés du *S. striatus*, Martin, mais il diffère du premier par la forme et l'étendue de son area et du second, par la limite bien nette de son sinus et de son bourrelet, ainsi que par la forme et la régularité des plis qui couvrent ces parties de la coquille.

Gisement et localités. — Les échantillons types dont M. J. Morris s'est servi pour l'établissement de l'espèce, provenaient les uns des Marches orientales et du Mont Wellington dans la Terre de Van Diemen et les autres d'Illawara et de la Terrasse Raymond dans la Nouvelle-Galles du Sud. Elle a été recueillie par M. W. Clarke au Mont Wingen, à Coyco sur les bords de la Rivière Page, à Korinda, à Ællalong et au Mont Nowra (Nowra Hill).

15. SPIRIFER EXSUPERANS, *L.-G. de Koninck.*

(Pl. XV, fig. 1.)

Coquille subpyramidale, transverse, d'un tiers environ plus large que longue, terminée en pointe à chaque extrémité. Valve dorsale semi-elliptique, peu profonde; lobe médian simple, très-convexe et large vers son extrémité frontale; crochet très-élevé, légèrement recourbé et pointu; area très-grande, très-haute et s'étendant sur toute la largeur de la valve; ouverture deltoïdale grande et dont la hauteur dépasse de la moitié la largeur de la base; cette ouverture est fermée dans sa partie supérieure avoisinant le crochet, par un petit pseudo-deltidium. Chaque côté de la surface est ornée de quinze à dix-huit plis rayonnants, simples, arrondis et séparés entre eux par des sillons peu profonds.

La structure interne de la coquille de cette espèce est assez remarquable et ne ressemble en rien à celle du *Syringothyris cuspidatus*, W. Martin, avec lequel je l'avais d'abord confondue. Deux fortes plaques dentales divergentes occupent le fond de la valve ventrale dont la charpente est ainsi parfaitement consolidée; entre ces plaques divergentes qui ne s'étendent pas au delà de la moitié de la longueur de la valve et immédiatement au-dessous de leur jonction, on observe l'empreinte centrale du muscle adducteur; cette empreinte, en forme de losange, est plissée longitudinalement et flanquée de deux empreintes cardinales assez profondes et striées en long; le reste de la coquille montre des sillons obliques irréguliers dépendant probablement du processus vasculaire; la partie interne de l'area porte de petites fossettes arrondies qui n'ont rien de bien régulier ni dans leur forme, ni dans leur arrangement. L'intérieur de la valve dorsale m'est inconnu.

Dimensions. — Longueur environ 2 centimètres; largeur 8 centimètres; angle terminal du crochet 130°; hauteur de l'area 21 millimètres; largeur de la fente deltoïdale à la base 14 millimètres.

Rapports et différences. — Cette espèce a de grands rapports avec le *S. subcuspidatus*, J. Hall. Néanmoins elle s'en distingue par plusieurs caractères importants : d'abord sa longueur est moins forte et ensuite, le crochet de sa valve ventrale est beaucoup plus recourbé; en outre, l'angle de son sommet est de 130°, tandis que celui du *S. subcuspidatus* n'est que de 110°.

Gisement et localités. — Cette espèce a été découverte dans la dolomie de Glen William et à Colocolo.

Genre SPIRIFERINA.

—

1. SPIRIFERINA CRISTATA, *v. Schlotheim.*

TEREBRATULITES CRISTATUS.	Von Schlotheim, 1816, *Schriften der K. baier. Akad. der Wissensch. zu München,* t. VI, pl. 13, fig. 3.
SPIRIFER OCTOPLICATUS.	J. Sowerby, 1827, *Miner. conch.,* t. VI, p. 119, pl. 562, fig. 2, 3, 4
— CRISTATUS.	L. v. Buch, 1837, *Ueber Delthyris,* p. 39.
— —	Idem, 1840, *Mém. de la Soc. géol. de France,* t. IV, p. 185, pl. 8, fig. 9.
	L.-G. de Koninck, 1843, *Descr. des anim. foss. du terr. carb. de la Belgique,* p. 240, pl. 15, fig. 5.
SPIRIFERA OCTOPLICATA.	F. McCoy, 1844, *Syn. of the char. of the carb. foss. of Ireland,* p. 133.

SPIRIFER OCTOPLICATUS. A. d'Orbigny, 1850, *Prodr. de paléont.*, t. Ier, p. 125.
 — — L.-G. de Koninck, 1851, *Descr. des anim. foss.* (suppl.),
   p. 658.
SPIRIFERA OCTOPLICATA. F. Mc Coy, 1855, *Brit. palæoz. foss.*, p. 418.
SPIRIFERINA CRISTATA, *var.* OCTOPLICATA. T. Davidson, 1857, *Monogr. of the brit. carb.*
  Brachiop., p. 38 and 267, pl. 7, fig. 37-47 and pl. 54,
  fig. 10, 12.
  Idem, 1860, *Monogr. of the carb. Brachiop. of Scotland,*
  p. 23, pl. 1, fig. 36-38.
  J. W. Dawson, 1868, *Acad. geology*, p. 292, fig. 90.

Coquille de petite taille, transverse, de forme subrhomboïdale, quelquefois un peu gibbeuse, ayant sa plus grande largeur à son bord cardinal. Ses angles cardinaux sont souvent légèrement arrondis à leur extrémité. La valve ventrale n'est guère plus profonde que la valve dorsale; son crochet est petit et peu recourbé, l'area est concave, triangulaire et assez variable dans son étendue; son ouverture est partiellement recouverte par un pseudo-deltidium; son sinus est profond, aigu au fond et assez généralement simple. Le lobe médian de la valve dorsale est ordinairement formé d'un seul pli anguleux, un peu plus fort que les plis adjacents : néanmoins il arrive que deux plis rudimentaires se font observer vers son extrémité frontale et occasionnent dans ce cas un pli également rudimentaire au bord frontal du sinus. Les valves portent chacune huit à douze plis anguleux, dont toute la surface ainsi que celle du sinus et du bourrelet est couverte de minces lamelles concentriques et imbriquées. Le têt est perforé et couvert d'une innombrable quantité de petites aspérités qui en sont la conséquence.

Au centre de la valve ventrale s'élève un septum générale-ment plus développé en proportion que chez beaucoup d'autres espèces de *Spirifer,* chez lesquels il est souvent à l'état rudimen-taire.

Dimensions. — Elles n'ont rien de bien régulier. Il est rare que sa longueur atteigne plus de 15 millimètres et la largeur plus de 25.

Rapports et différences. — On est généralement d'accord aujourd'hui pour considérer l'espèce carbonifère désignée par Sowerby sous le nom de *S. octoplicatus,* comme identique avec

l'espèce permienne que von Schlotheim a le premier fait connaître sous le nom de *Terebratulites cristata*. C'était l'opinion
que j'avais émise en 1843 et que j'ai eu tort d'abandonner plus
tard. Ce *Spirifer* se distingue facilement de l'espèce suivante par
sa forme plus transverse et par le plus grand nombre de ses plis.

Gisement et localités. — Cette espèce étant récùrrente et ayant
survécu après le dépôt du terrain carbonifère, il sera facile de
comprendre qu'elle appartient essentiellement aux assises supérieures de ce dernier terrain. Je l'ai rencontrée assez communément dans le calcaire de Visé. Elle a été trouvée en Derbyshire,
en Yorkshire, en Écosse et en Irlande. M. W. Clarke n'en a
recueilli qu'un seul échantillon dans un grès quartzeux de
Colocolo.

2. SPIRIFERINA INSCULPTA, *J. Phillips.*

SPIRIFERA INSCULPTA.	J. Phillips, 1836, *Geol. of Yorkshire,* t. II, p. 216, pl. 9, fig. 2, 3.
SPIRIFER CRISPUS.	L.-G. de Koninck, 1843, *Descr. des anim. foss. du terr. carb. de la Belgique,* p. 257, pl. 15, fig. 7, 8 (non Linnæus).
SPIRIFERA QUINQUELOBA.	F. Mc Coy, 1844, *Syn. of the char. of the carb. foss. of Ireland,* p. 134, pl. 22, fig. 7.
— —	Von Semenow, 1854, *Ueber die Foss. des schles. Kohlenk.,* p. 14.
SPIRIFERINA? INSCULPTA.	T. Davidson, 1857, *Monogr. of the brit. carb. Brachiop.,* p. 42, pl. 7, fig. 48-35.
SPIRIFER INSCULPTUS.	E. d'Eichwald, 1860, *Lethœa rossica,* t. I, p. 709.
SPIRIFERINA INSCULPTA.	T. Davidson, 1860, *Monogr. of the carb. Brachiop. of Scotland,* p. 24, pl. 1, fig. 35.

Coquille petite, légèrement transverse, subrhomboïdale dans
son ensemble; bord cardinal droit et occupant la plus grande
largeur de la coquille. Son area est grande, triangulaire, presque
plane; l'ouverture deltoïdale est assez grande; le crochet est
petit, assez pointu et faiblement recourbé. Les deux valves sont
à peu près également convexes. La valve dorsale est généralement ornée de cinq, rarement de sept plis anguleux dont le pli
central représentant le bourrelet, est un peu plus développé que
les autres et correspond au sinus de la valve opposée. La valve
ventrale porte six plis semblables à ceux de la valve dorsale.
Toute la surface est garnie de fines lamelles concentriques et
imbriquées et le têt est perforé.

Dimensions. — Longueur 4 millimètres ; largeur 5 millimètres et épaisseur 3 millimètres.

Rapports et différences. — Cette espèce diffère de la précédente par la forme moins courbée et le développement de son
area, ainsi que par le petit nombre et la disposition de ses
plis. Elle a certains rapports avec le *Spirifer* du calcaire de
Tournai que j'avais d'abord confondu avec le *Spirifer hetero-*
clytus, Defrance, et que A. d'Orbigny a désigné sous le nom
de *S. Koninckianus* dans son Prodrôme de paléontologie. Ce *Spi-*
rifer, que M. T. Davidson a confondu avec l'espèce dont il
est ici question, s'en distingue néanmoins par la faible profondeur de sa valve dorsale et surtout par l'absence complète des
lamelles concentriques qui couvrent la surface du *S. insculptus,*
lamelles qui sont remplacées par quelques ondulations produites
par l'accroissement successif de la coquille.

Gisement et localités. — Cette espèce accompagne ordinairement la précédente et comme celle-ci, elle appartient principalement aux assises supérieures du calcaire carbonifère. Un seul
échantillon en a été découvert par M. W. B. Clarke dans un
calcaire brun, compacte et ferrugineux de Colocolo. C'est celui
dont j'ai indiqué les dimensions.

Genre **CYRTINA**, *T. Davidson.*

—

CYRTINA SEPTOSA, *J. Phillips.*

(Pl. XV, fig. 2.)

SPIRIFERA SEPTOSA.   J. Phillips, 1836, *Geol. of Yorkshire,* t. II, p. 216, pl. 9, fig. 7.
SPIRIFER SUBCONICUS. L.-G de Koninck, 1845, *Descr. des anim. foss. du terr. carb. de*
                    la Belgique, p. 255, pl. 12ᵇⁱˢ, fig. 5 (non Martin).
CYRTINA SEPTOSA.   T. Davidson, 1857, *Monogr. of the brit. carb. Brachiop.,* p. 68,
                    pl. 14, fig. 1-10 and pl. 15, fig 2.

Coquille transverse, de forme plus ou moins rhomboïdale,
selon l'âge de l'individu ; le bord cardinal occupe le plus grand
diamètre des valves. Valve ventrale assez peu courbée, à sinus

peu profond quoique assez bien limité de chaque côté par un pli un peu plus saillant et un peu plus épais que ceux qui ornent le sinus même et qui sont au nombre de six ou sept ; area très-grande, triangulaire, un peu concave, ayant une fente deltoïdale en rapport avec son étendue ; crochet presque droit, nullement proéminent. Valve dorsale subsémicirculaire, convexe, à bourrelet peu saillant et dont les ornements correspondent à ceux du sinus. Le reste de la surface est garnie de plis semblables à ceux de la partie médiane des valves et dont le nombre varie avec les individus observés ; ces plis se multiplient soit par interposition, soit par simple bifurcation et sont traversés par des stries d'accroissement peu régulières, mais souvent assez profondes pour produire des lamelles imbriquées.

L'intérieur de la valve ventrale est garni de deux grandes plaques contiguës et verticales qui s'étendent en s'éloignant progressivement depuis le crochet jusque vers le bord de la coquille et se rejoignent à une certaine hauteur pour se diriger l'une à gauche, l'autre à droite et former ainsi les plaques dentales. L'intérieur de la valve dorsale m'est inconnu.

Dimensions. — Le seul échantillon mis à ma disposition a environ 5 centimètres de long et 8 centimètres de large ; la hauteur de son axe est d'environ 2,5 centimètres.

Rapports et différences. — En 1843, j'ai confondu cette espèce avec le *S. subconicus*, Martin, auquel il ne ressemble que par l'élévation de son area. J'ai parfaitement reconnu cette erreur plus tard et j'ai contribué à la réparer en fournissant à mon savant ami M. Davidson les matériaux que j'avais eu l'occasion de recueillir. Il n'est pas impossible que la *Cyrtina dorsata*, Mc Coy, ne soit qu'une variété de l'espèce que je viens de décrire.

Gisement et localités. — En Belgique, cette espèce n'a été rencontrée que dans les assises supérieures du calcaire carbonifère de Visé, où elle est très-rare et d'où l'on ne connaît qu'un petit nombre d'exemplaires dont quelques-uns se trouvent au Musée royal d'histoire naturelle de Bruxelles. Elle est également très-rare en Angleterre, où J. Phillips la découvrit le premier à Ribblehead et à Bartonhall, dans le Cumberland; depuis elle a été trouvée à Park Hill, à Longnor, dans le Derbyshire et à Settle dans le Yorkshire. M. W. B. Clarke en a recueilli un échantillon dans un calcaire d'un gris clair sur le bord du Murrumbidgee, dans le voisinage de Yass, où il aura été probablement amené de plus loin par les eaux de la rivière.

GENRE **TEREBRATULA**, *Lhwyd.*

—

TEREBRATULA SACCULUS, *W. Martin.*

(Pl. XV, fig. 3, 4 et 5.)

CONCHYLIOLITES ANOMITES SACCULUS. W. Martin, 1809, *Petrif. derbiens.*, p. 14, pl. 46, fig. 1, 2.
TEREBRATULA SACCULUS. J. de C. Sowerby, 1824, *Miner. conch.*, t. V, p. 65, pl. 446, fig. 1.
—   HASTATA. Idem, 1824, *ibid.*, p. 66, pl. 446, fig. 2, 3.
—   J. Morris, 1845, In *Strzelecki's Phys. descr. of N. S. Wales*, p. 278.
—   CYMBÆFORMIS. Idem, 1845, *ibid.*, p. 278, pl. 17, fig. 4, 5.
ATRYPA CYMBÆFORMIS. F. Mᶜ Coy, 1847, *Ann. and mag. of nat. hist.*, t. XX, p. 231.
—   BIUNDATA. Idem, 1847, *ibid.*, p. 231, pl. 13, fig. 9.
TEREBRATULA AMYGDALA. J. D. Dana, 1849, *Geol. of the U. S. explor. exped.*, p. 682, pl. 1, fig. 2.
—   ELONGATA. Idem, 1849, *ibid.*, p. 682, pl. 1, fig. 3.
—   ? Idem, 1849, *ibid.*, p. 683, pl. 1, fig. 5.
—   SACCULUS. T. Davidson, 1867, *Monogr. of the brit. carb. Brach.*, p. 14, pl. 1, fig. 23, 24, 27, 29 and 30.
—   HASTATA. Idem, 1857, *ibid.*, p. 12, pl. 1, fig. 1-12.
—   Idem, 1862, *ibid.* (appendix), p. 212, pl 49, fig. 11-30.
—   SACCULUS. J. W. Dawson, 1868, *Acad. geology*, p. 289, fig. 87.
—   L.-G. de Koninck, 1872, *Rech. sur les anim. foss.*, t. II, p. 65, pl. 2, fig. 16 (y consulter la synonymie de l'espèce).
—   BOVIDENS. F. B. Meek and A. H. Worthen, 1873, *Geol. and palæont. of Illinois*, t. V, p. 572, pl. 25, fig. 5.
—   HASTATA. F. Roemer, 1876, *Lethœa palœozoica*, pl. 13, fig. 5.

Comme dans ces derniers temps il n'a été apporté aucune modification aux caractères distinctifs de cette espèce, je me borne à répéter ce que j'en disais en 1872 dans ma *Monographie des fossiles carbonifères de Carinthie.*

Cette espèce est de forme et de taille très-variables; ses principales variétés ont été considérées pendant longtemps comme des espèces distinctes et successivement décrites depuis W. Martin sous le nom de *T. hastata*, par J. Sowerby, *T. bovidens*, par Morton, *T. vesicularis* et *hastformis*, par moi-même, *T. cymbœformis*, par M. J. Morris, *T. amygdala*, par M. J. D. Dana, *T. fusiformis*, par E. de Verneuil, *T. Gillingensis*, par M. T. Davidson, etc.

Léopold de Buch a été le premier à admettre que toutes les formes désignées sous ces divers noms, dérivent d'un seul et même type spécifique et se rattachent les unes aux autres par des gradations insensibles qui ne permettent pas d'en définir convenablement les limites. La même opinion a été soutenue par moi-même en 1843 et par Ed. de Verneuil en 1845. Ce n'est qu'après de longues hésitations et après avoir comparé un nombre considérable d'échantillons de divers pays et de diverses localités, que mon savant ami, M. T. Davidson, s'est décidé à s'y rallier. Je dois néanmoins faire observer que dans certaines localités l'une ou l'autre de ces variétés affecte une forme dominante et tellement constante que l'on ne doit pas s'étonner qu'elle ait été considérée pendant longtemps comme espèce distincte. C'est ainsi, par exemple, que les assises carbonifères supérieures de Visé et des environs de Namur, en Belgique, de Settle et de Bolland, en Angleterre, des environs de Glasgow, en Écosse, et des environs de Cork, en Irlande, renferment principalement la forme typique figurée par W. Martin et souvent en très-grande abondance, tandis qu'elle est beaucoup moins fréquente dans les assises moyennes, comme à Waulsort, près Dinant, et qu'elle est presque complètement remplacée par la variété *hastata* ou des formes qui s'en rapprochent dans les assises inférieures de Tournai, en Belgique, de Hook Point, en Irlande, et de Burlington en Amérique.

Quoique les deux variétés principales aient leurs représentants en Australie, c'est néanmoins la variété *hastata* qui domine et que l'on y rencontre le plus fréquemment. C'est à cette variété que doivent être rapportées les *T. cymbœformis* de M. J. Morris et *biundata*, de M. F. Mc Coy. Afin de rendre la définition de l'espèce plus correcte et d'en faciliter la détermination exacte, j'ai fait dessiner les principales variétés recueillies par M. W. B. Clarke et, à l'exemple de M. T. Davidson, je les ai décrites séparément.

Variété I, ayant pour type : TEREBRATULA SACCULUS, *Martin.*

(Pl. XV, fig. 5.)

Celle-ci est ordinairement d'assez petite taille, de forme ovale ou subpentagonale, un peu plus longue que large, à front plissé; ses valves sont à peu près également convexes; sa valve ventrale est munie d'un sinus bien accusé vers son extrémité frontale, tandis que la valve dorsale n'est que faiblement déprimée dans la partie correspondante. La surface est lisse ou simplement ornée de quelques rides concentriques d'accroissement sur les bords. Lorsque la sinuosité frontale est assez fortement accusée, le front se plisse de façon à produire un dessin assez ressemblant à un W dont les angles seraient légèrement arrondis. C'est à cette forme que j'ai donné en 1851 le nom de *T. vesicularis;* c'est également à la même que se rapporte la variété que Morton a désignée sous le nom de *T. bovidens.*

Gisement et localité. — Parmi les fossiles que j'ai reçus d'Australie, je n'ai trouvé que deux échantillons de cette variété. L'un provient de Burragood et l'autre de Strand où il est associé au *S. trigonalis*, Martin.

Variété II, ayant pour type : TEREBRATULA HASTATA, *Sowerby.*

(Pl. XV, fig. 3.)

Cette variété est ordinairement allongée, de forme ovale, à front arrondi ou faiblement sinueux. Les valves sont plus ou moins convexes et également profondes et leurs bords sont rarement tranchants. La valve ventrale est généralement un peu déprimée ou sinuée vers le front; dans certains échantillons cette dépression s'étend plus haut et atteint à peu près la moitié de la longueur totale. Le crochet est assez épais et quoique faiblement recourbé, il domine visiblement celui de la valve opposée; l'extrémité de ce crochet est tronquée un peu obliquement, percée d'une ouverture assez grande, rarement circulaire, à bord inférieur se prolongeant sous forme d'un petit canal au delà du crochet de la valve dorsale; son deltidium est très-petit et à peine visible sur la plupart des spécimens; à l'intérieur il existe deux dents cardinales divergentes. L'intérieur de la valve dorsale est garni d'un appareil apophysaire semblable à celui des *Terebratula* vivantes et ne s'étendant guère au delà du tiers de la longueur de la coquille. Toute la surface externe est lisse ou simplement ornée de quelques ondulations, comme dans la variété *cymbœformis*, ou de stries concentriques d'accroissement comme dans la *T. hastata* proprement dite; le test est perforé, mais les perforations sont extrèmement petites et assez régulièrement disposées en quinconce. Je n'ai pas remarqué sur les échantillons d'Australie les traces de coloration qu'offrent certains spécimens recueillis en Europe.

Gisement et localités. — Selon M. F. Mc Coy, cette espèce est commune dans le grès de Muree à la Terrasse Raymond, où elle a été également recueillie par MM. Strzelecki et W. B. Clarke. Ce dernier l'a trouvée en outre aux environs de Strand, sur les bords du Karua, dans l'Ichthyodorulite Range, entre les rivières Hunter et Ronchel. MM. J. D. Dana et F. Mc Coy l'indiquent encore à Illawara.

Division : MOLLUSCA.

Classe : LAMELLIBRANCHIATA.

Genre **SCALDIA**, *de Ryckholt.*

1. SCALDIA? DEPRESSA, *L.-G. de Koninck.*

(Pl. XV, fig. 6.)

Coquille faiblement. transverse, un peu plus longue que large, subovale et très-déprimée antérieurement. Les crochets sont très-petits, situés un peu en avant de la partie centrale du bord cardinal. Les bords sont tranchants; l'antérieur est semi-elliptique, tandis que le postérieur est faiblement tronqué. La partie postérieure de la valve est assez nettement séparée des parties antérieure et médiane, par une dépression dont l'origine est aux crochets et se dirige vers le bord ventral en traversant obliquement la coquille. Le têt est très-mince; sa surface n'est ornée que de quelques fines stries concentriques d'accroissement.

Dimensions. — Longueur 54 millimètres; largeur 16; épaisseur 8 millimètres.

Rapports et différences. — Cette espèce, dont l'unique échantillon qui me soit parvenu, montre l'empreinte de sa charnière et m'a permis d'en constater rigoureusement le genre, se distingue de toutes ses congénères qui me sont connues par sa faible épaisseur.

Gisement et localité. — Elle a été recueillie dans un grès grisâtre à Buchan, sur les bords du Glocester.

(Pl. XV, fig. 7.)

Petite coquille de forme à peu près orbiculaire, déprimée, à crochets petits, droits et situés vers le milieu du bord cardinal. Une dépression oblique ayant son origine aux crochets se remarque sur la partie postérieure des valves. Toute la surface extérieure est couverte de fines lamelles concentriques imbriquées, s'écaillant facilement. Le têt est mince et fragile. Il m'a été impossible de voir la charnière de cette coquille, mais comme sa forme générale ressemble parfaitement à celle des *Scaldia* carbonifères de Belgique, je doute peu qu'elle n'appartienne au genre dans lequel je l'ai placée.

Dimensions. — Longueur 13 millimètres; largeur 12 millimètres; épaisseur environ 6 millimètres.

Rapports et différences. — Le *S. Omaliusiana*, de Ryckholt, est de toutes les espèces qui me sont connues, celle qui se rapproche le plus de la *S. lamellifera.* Elle s'en distingue par une forme moins déprimée et surtout par les plis de sa surface qui ne sont nullement lamelleux.

Gisement et localité. — Un seul échantillon de cette espèce, ayant ses deux valves étendues sur un même plan, telles que je les ai représentées, a été recueilli dans un grès gris-verdâtre de Harpur's Hill.

GENRE **SANGUINOLITES,** *Mc Coy.*

—

1. SANGUINOLITES UNDATUS, *J. D. Dana.*

(Pl. XVII, fig. 1.)

PHOLADOMYA (PLATYMYA) UNDATA. J. D. Dana, 1849, *Geology of the U. S. expl. exped.,* p. 687, pl. 2, fig. 11.

Coquille de taille moyenne, allongée, elliptique, presque aussi épaisse que large, à bord cardinal droit et à bord ventral régulièrement arqué; le bord antérieur est arrondi tandis que le postérieur est légèrement et obliquement tronqué et médiocrement bàillant. Les crochets sont assez épais, fortement recourbés sur eux-mêmes et très-peu distants l'un de l'autre; ils sont situés vers le tiers antérieur de la longueur totale des valves. Celles-ci sont assez régulièrement voûtées et très-profondes. Leur surface est ornée d'un grand nombre d'ondulations concentriques, produites par l'accroissement successif de la coquille; ces ondulations, assez peu marquées sur les moules internes, deviennent beaucoup plus apparentes et plus nombreuses sur le têt qui est très-mince et très-rarement conservé.

Dimensions. — L'un des meilleurs échantillons mis à ma disposition a une longueur de 8,5 centimètres, une largeur de 4,5 centimètres et une épaisseur de 4 centimètres. La distance entre les crochets et le bord antérieur est d'environ 3 centimètres.

Rapports et différences. — Cette espèce est assez voisine du *S. clava*, F. Mc Coy, dont elle diffère par ses proportions relatives et par sa position beaucoup moins antérieure de ses crochets.

Gisement et localités. — M. J. D. Dana l'a recueillie à Wollongong Point et à Illawarra, et M. W. B. Clarke au Mont Vincent et à Burragood, sur les bords du Patterson, dans un grès grisàtre.

2. SANGUINOLITES MITCHELLII, *L.-G. de Koninck.*

(Pl. XVI, fig. 3.)

Coquille de taille médiocre, renflée et gibbeuse et n'étant que d'un tiers plus longue que large. Sa forme est presque ovale; son bord cardinal est à peu près droit, tandis que son bord ventral est arqué et un peu sinueux vers le tiers antérieur. Le bord antérieur est régulièrement arrondi, tandis que le postérieur, qui est beaucoup plus large, possède un contour dont la courbe n'offre pas la même régularité dans tout son développement. Le côté postérieur est assez fortement bàillant. Les crochets sont épais, assez recourbés pour ne se trouver qu'à une très-petite distance l'un de l'autre et situés approximativement aux $^2/_8$ antérieurs de la coquille. Toute la surface externe est couverte de rides concentriques irrégulières d'accroissement. Les empreintes musculaires n'ont laissé que des traces à peine visibles de leur existence sur les moules internes dont j'ai pu disposer.

Dimensions. — Longueur 6 centimètres ; largeur 3 $^1/_2$ centimètres ; épaisseur 4 $^1/_2$ centimètres ; distance des crochets du bord antérieur, 11 millimètres.

Rapports et différences. — Cette espèce, que je dédie à M. le colonel Mitchell, l'un des intrépides explorateurs de l'Australie, diffère de la précédente par sa taille beaucoup plus petite, par sa gibbosité et par la situation moins concentrique de ses crochets.

Gisement et localités. — Deux échantillons de cette espèce ont été trouvés par M. W. B. Clarke, l'un dans un calcaire brunâtre à Ællalong et l'autre dans un calcaire blanc à Wollongong.

3. SANGUINOLITES ETHERIDGEI, *L.-G. de Koninck.*

(Pl. XVI, fig. 2 et pl. XVII, fig. 2.)

Coquille d'assez forte taille, très-gibbeuse, allongée, en forme de massue ou de coin, renflée vers sa partie antérieure et plus ou moins aplatie du côté opposé. Les valves sont très-profondes antérieurement ; les crochets épais et fortement recourbés sur eux-mêmes se touchent et sont situés très-près du bord antérieur. Le bord ventral est assez régulièrement courbé, ainsi que le bord antérieur, tandis que le bord postérieur est légèrement et obliquement tronqué. Ce dernier est très-peu bâillant et ne laisse apercevoir qu'une ouverture ovale et assez étroite vers la partie du bord qui joint au bord cardinal. Toute la surface est ornée de grosses rides concentriques d'accroissement, assez semblables les unes aux autres et portant elles-mêmes des stries parallèles à leur direction. Je n'ai pu découvrir aucune trace d'empreinte musculaire sur les moules de cette espèce.

Dimensions. — Longueur 8 centimètres ; largeur 4 centi-

mètres; épaisseur 4 $^1/_2$ centimètres; distance entre les crochets
et le bord antérieur 1 centimètre.

Rapports et différences.— En dédiant cette espèce à M. R. Etheridge, senior, j'ai voulu rendre hommage au talent avec lequel il
a traité un sujet analogue à celui qui m'occupe en ce moment et à
la sagacité avec laquelle il dirige la partie paléontologique du Musée
de l'École des Mines de Londres. Elle se distingue de la précédente
par sa taille et surtout par la position antérieure de ses crochets.

Je considère comme appartenant à une variété de la même
espèce un spécimen moins long et plus large que ceux que je
viens de décrire, mais dont tous les autres caractères sont identiques. Il est probable qu'il aura été déformé pendant la fossilisation; il est figuré planche XVI, figure 2.

Gisement et localités. — Tous les échantillons, à l'exception
du dernier, recueilli au Mont Vincent, proviennent du grès de
Muree.

4. SANGUINOLITES Mᶜ COYI, *L.-G. de Koninck.*

(Pl. XVII, fig. 3.)

Coquille d'assez petite taille, de forme assez régulièrement
ovale, ventrue, à peu près deux fois aussi longue que large et
exactement aussi épaisse que large et à crochets antérieurs très-
rapprochés l'un de l'autre. Toute la surface est chargée de rides
concentriques et peu régulières d'accroissement. Le bord postérieur paraît être assez bâillant.

Dimensions. — Longueur 43 millimètres; largeur 26 millimètres; épaisseur 26 millimètres.

Rapports et différences. — Cette espèce se distingue des précédentes par sa petite taille et par sa forme ventrue; elle est très-
voisine de la petite variété du *S. variabilis*, Mᶜ Coy (*Palœoz.
fossils*, pl. F 3, fig. 7 et 8), qui n'est autre que le *Sanguinolites*
de Tournai que j'ai désigné sous le nom de *S. Omalianus;* elle
en diffère par la forme de ses rides concentriques, par son épaisseur relativement plus grande et surtout par l'absence de la
dépression qui s'observe vers son côté postérieur.

Je la dédie au savant directeur du Musée de Melbourne à qui l'on doit la description d'un grand nombre de fossiles carbonifères et siluriens d'Australie.

Gisement et localité. — Un seul échantillon a été trouvé dans le grès de Wollongong.

5. SANGUINOLITES CURVATUS, *J. Morris.*

(Pl. XVII, fig. 4.)

ALLORISMA CURVATUM J. Morris, 1845, In *Strzelecki's descr. of N. S. Wales,* p. 170, pl. 10, fig. 1.
— — F. Mc Coy, 1847, *Ann. and mag. of nat. hist.*, t. XX, p. 300.
PHOLADOMYA (HOMOMYA) CURVATA. J. D. Dana, *Geology of the U. S. expl. exped.*, p. 688, pl. 3, fig. 2.

Grande coquille oblongue, très-inéquilatérale, gibbeuse, à contour suboval, à bord antérieur arrondi, à bord ventral légèrement sinueux vers sa partie antérieure et à bord anal obliquement tronqué, bâillant et également un peu sinueux. Les crochets, situés très-antérieurement, sont renflés, recourbés et très-rapprochés l'un de l'autre. Ligament extérieur très-grand : toute la surface externe est couverte de rides concentriques irrégulières d'accroissement, croisées par quelques lignes rayonnantes peu apparentes. D'après M. J. Morris l'empreinte des muscles adducteurs postérieurs est très-marquée, tandis que celle des adducteurs antérieurs est peu visible.

Dimensions. — Longueur 10 centimètres; largeur 8 centimètres; épaisseur environ 6 centimètres.

Rapport et différences. — Cette espèce se distingue de toutes les précédentes par sa taille, par sa forme plus arrondie et par les rapports de ses diverses dimensions.

Gisement et localités. — Elle a été découverte par M. Strzelecki à Illawara et recueilli par M. W. B. Clarke au Mont Gimbĕlá dans un grès brunâtre. Selon M. F. Mc Coy, elle est abondante dans le grès de Darlington, de Wollongong et de Glendon.

6. SANGUINOLITES TENISONI, *L.-G. de Koninck.*

(Pl. XVII , fig. 5.)

Coquille de petite taille, oblongue, de forme elliptique, à bords cardinal et ventral subparallèles et à peu près deux fois aussi longue que large. Ses valves sont peu profondes et légèrement déprimées du côté anal. Le bord cardinal est droit et occupe à peu près les deux tiers de la longueur totale de la coquille; le bord ventral est faiblement arqué; les valves sont un peu plus larges vers leur extrémité postérieure que vers l'antérieure. Les crochets sont petits et situés antérieurement à une distance de 6 millimètres du bord extérieur. La surface est ornée de dix à douze rides concentriques subéquidistantes, de même forme et un peu lamelleuses. Les valves ne paraissent pas avoir été béantes.

Dimensions. — Longueur 38 millimètres; largeur 18 millimètres; épaisseur 6 millimètres.

Rapports et différences. — Par sa forme générale cette espèce se rapproche du *S. plicatus*, Portlock, dont elle diffère par la largeur, la disposition et le petit nombre de ses plis concentriques. Il n'est pas impossible qu'elle soit identique avec la *Modiola squamifera*, J. Phillips, qui, évidemment, n'appartient pas au genre dans lequel elle a été placée; malheureusement je n'ai pas eu l'occasion de la comparer à cette espèce qui parait être assez rare et que je n'ai pas rencontrée dans les collections que j'ai visitées.

Gisement et localités. — Un seul échantillon a été découvert dans un calcaire argileux de couleur olivâtre à Burragood. Il y est associé au *Productus semireticulatus*, Martin, et à un grand nombre de fragments de tiges de Crinoïdes.

C'est à la demande de M. W. B. Clarke que j'ai dédié cette espèce à M. J. E. Tenison Woods, qui s'est livré avec succès à l'étude de la géologie de l'Australie.

GENRE **CLARKIA**, *L.-G. de Koninck* (¹).

—

Coquille allongée, équivalve, bâillante à son extrémité anale; tégument externe; charnière présentant une callosité épaisse, composée d'une seule dent peu saillante sur chaque valve et située immédiatement sous le crochet; surface interne parfaitement lisse; empreinte des muscles adducteurs et du pied séparées; les premières sont grandes, ovales et peu marquées, tandis que la dernière est petite et assez fortement accusée. L'impression palléale est presque simple, peu apparente et n'est sinuée que fort en arrière. Le têt a une certaine épaisseur et sa surface extérieure est ornée de stries concentriques d'accroissement.

Observation. — Je me suis trouvé dans l'obligation de créer ce nouveau genre en faveur d'une coquille que je considère comme identique avec la *Mæonia myiformis* de M. J. D. Dana, mais qui n'appartient nullement au groupe dans lequel le paléontologiste américain l'a placée. En effet, les véritables *Mæonia* sont carénées, et possèdent une empreinte palléale simple et deux dents cardinales. Le genre que je propose tient le milieu entre les genres *Panopœa* et *Glycimeris*. Il ressemble au premier par son unique dent et au second par la forte callosité de sa charnière; il diffère de l'un et de l'autre en ce que sa coquille n'est bâillante que d'un seul côté. Jusqu'ici ce genre n'est représenté que par la seule espèce dont voici la description.

(¹) Je dédie ce genre à M. W. B. Clarke, à qui je dois la communication des fossiles qui font le sujet de mon travail.

CLARKIA MYIFORMIS, *J. D. Dana.*

(Pl. XVIII, fig. 1.)

PYRAMUS MYIFORMIS. J. D. Dana, 1847, *American Journal of sc.*, t. IV, p. 157.
MÆONIA — Idem, 1849, *Geology of the U. S. expl. exped.*, p. 697, pl. 6, fig. 4.

Coquille allongée, de forme elliptique ; les crochets sont très-petits, peu recourbés, très-voisins l'un de l'autre et situés au tiers antérieur de la coquille ; la surface interne est parfaitement lisse ; une légère callosité, ayant son origine au crochet, s'étend jusque vers le milieu de la largeur de chaque valve ; celles-ci sont médiocrement profondes et un peu déprimées vers la partie antérieure, qui est aussi un peu plus large que la partie opposée. La surface externe des valves, dont je n'ai pu observer qu'une faible partie, est ornée d'un grand nombre de fines stries concentriques d'accroissement. Le têt est assez solide et a 1 à 2 millimètres d'épaisseur.

Dimensions. — Longueur 7 $\frac{1}{2}$ centimètres ; largeur 4 $\frac{1}{2}$ centimètres ; épaisseur environ 3 centimètres ; distance des crochets au bord antérieur 3 centimètres.

Rapports et différences. — La structure interne a quelques rapports avec celle de certaines espèces de *Sanguinolites* dont les empreintes musculaires ont une certaine ressemblance avec celle des *Clarkia* ; mais la coquille des *Sanguinolites* étant toujours très-mince, leurs moules internes reproduisent exactement leurs ornements extérieurs, ce qui n'est pas le cas pour les *Clarkia.* C'est un moyen facile de les distinguer les uns des autres.

Gisement et localités. — Les deux échantillons qui m'ont servi à faire ces descriptions, et qui heureusement représentent les deux valves opposées, proviennent d'un grès grisâtre de Wollongong, dans lequel M. J. D. Dana a également recueilli l'exemplaire qu'il a figuré.

Genre **CARDIOMORPHA**, *L.-G. de Koninck.*

—

1. CARDIOMORPHA GRYPHOIDES, *L.-G. de Koninck.*

(Pl. XVIII, fig. 4.)

Coquille globuleuse, renflée, remarquable par l'étendue et la forme de ses crochets qui sont assez fortement recourbés pour se rejoindre. Je ne connais malheureusement qu'environ la moitié antérieure de cette coquille et encore à l'état de moule interne; ce fragment m'a néanmoins suffi pour reconnaitre les caractères du genre et pour m'assurer de la différence de l'espèce avec celles de ses congénères actuellement connues. Ce moule a conservé les empreintes des muscles adducteurs antérieurs; ces empreintes sont parfaitement circulaires et très-peu profondes.

Dimensions. — Largeur 7,5 centimètres; épaisseur 6 centimètres; longueur inconnue.

Gisement et localité. — Le seul fragment qui me soit connu de cette espèce a été recueilli dans un grès brunâtre des environs de Stony Creek.

2. CARDIOMORPHA? STRIATELLA, *L.-G. de Koninck.*

(Pl. XX, fig. 3.)

Petite coquille ovale, d'un tiers environ plus longue que large, régulièrement bombée; ses crochets sont très-petits, peu recourbés et situés vers le milieu du bord cardinal. Toute sa surface est ornée de petites stries concentriques d'accroissement, peu visibles à l'œil nu.

Dimensions. — Longueur 17 millimètres; largeur 13 millimètres; épaisseur environ 5 millimètres.

Rapports et différences. — La forme de cette espèce se rapproche de celle de mon *C. Puzosiana,* dont elle se distingue par la ténuité et le peu d'apparence de ses stries.

Gisement et localité. — Se trouve dans un calcaire gris foncé de la chaine à Ichthyodorulites sur les bords du Karúa, associée au *Pleurotomaria filosa,* Sow., etc.

GENRE **EDMONDIA**, *L.-G. de Koninck.*

—

1. EDMONDIA? STRIATO-COSTATA, *F. M⁰ Coy.*

(Pl. XVIII, fig. 3.)

PULLASTRA? STRIATO-COSTATA. F. M⁰ Coy, 1847, *Ann. and mag. of nat. hist.*, t. XX, p. 305, pl. 14, fig. 3.

Cette petite coquille, dont il a été impossible d'obtenir la charnière et que par conséquent je ne range dans le genre *Edmondia* qu'à cause de sa ressemblance extérieure avec certaines espèces de ce genre, est allongée, de forme ovale, presque deux fois aussi longue que large et peu convexe. Ses crochets sont très-petits et situés très-antérieurement. Sa surface extérieure est ornée d'un certain nombre de rides concentriques d'accroissement, qui elles-mêmes sont chargées de fines stries parallèles que l'on n'aperçoit bien qu'à l'aide d'un verre grossissant.

Dimensions. — Longueur 10 millimètres; largeur 6 millimètres.

Rapports et différences. — Cette espèce se distingue facilement du jeune âge de l'*E. unioniformis*, J. Phillips, par les stries qui ornent ses rides d'accroissement; elle diffère de ses autres congénères par sa petite taille et sa forme plus ovale.

Gisement et localités. — Selon M. F. M⁰ Coy, elle est commune dans le schiste de Dunvegan. Je n'en connais qu'un seul exemplaire qui a été recueilli dans un calcaire argileux gris-olivàtre à Burragood.

2. EDMONDIA NOBILISSIMA, *L.-G. de Koninck.*

(Pl. XX, fig. 2.)

Grande et belle coquille, un peu plus longue que large, subtrigone, à crochets assez épais, recourbés en avant et se touchant l'un l'autre. Bord antérieur légèrement échancré et se prolongeant un peu en avant, de manière à former un angle assez prononcé à sa jonction avec le bord ventral, lequel est régulièrement courbé. La surface extérieure est entièrement couverte, de plis concentriques d'accroissement, s'amincissant uniformément en s'approchant du côté antérieur des valves. Le têt a dû être extrèmement mince, comme l'indiquent, au reste, quelques traces qui en ont été conservées et, en outre, le peu de différence qui existe entre les ornements des moules internes et ceux des empreintes externes. Aucun des moules que j'ai eu l'occasion d'étudier n'a conservé des traces ni des empreintes musculaires, ni du sinus palléal, mais la plupart possèdent au-dessous des crochets un espace vide qui a dû être occupé par les plaques obliques du cartilage qui caractérisent le genre. On trouve même encore quelquefois de faibles parties de ce cartilage, en sorte qu'il y a peu de doutes à avoir sur la détermination générique de l'espèce.

Dimensions.— Certains échantillons de cette espèce atteignent une longueur de 10 $^1/_2$ centimètres et une largeur de 8 $^1/_2$ centimètres ; leur épaisseur est de 7 $^1/_2$ centimètres.

Rapports et différences. — Si l'on s'en rapportait à un examen superficiel, on pourrait facilement confondre cette espèce avec certaines variétés de *Pachydomus globosus*, J. de Sowerby, dont on trouvera la description un peu plus loin. Cependant, en la comparant à celle-ci, on s'assurera bien vite qu'elle en diffère non-seulement par la forme et la régularité de ses plis, mais encore par la faible épaisseur de son têt, par la conformation de sa charnière et par l'absence complète de toute trace d'empreinte musculaire sur le moule interne des valves.

Gisement et localité. — Tous les échantillons ont été recueillis dans un grès grisâtre, assez tendre, situé entre Muree et Morpeth.

3. EDMONDIA INTERMEDIA, *L.-G. de Koninck.*

(Pl. XVIII, fig. 4.)

Coquille d'assez grande taille, un peu plus longue que large, modérément épaisse, subtrigone, à bord antérieur convexe, à crochets épais, recourbés et situés vers le tiers antérieur du bord cardinal. Sa surface extérieure est garnie de sillons concentriques assez régulièrement espacés, entre lesquels se font remarquer des strics parallèles peu apparentes, mais très-nombreuses. Comme chez l'espèce précédente, le têt, qui est très-mince, a presque complètement disparu.

Dimensions. — Longueur 9 $^1/_2$ centimètres; largeur 7 $^1/_2$ centimètres ; épaisseur 5 $^1/_2$ centimètres.

Rapports et différences. — Cette espèce est très-voisine de la précédente ; elle n'en diffère que par la forme de ses ornements extérieurs et les proportions de ses dimensions. On pourrait peut-être la considérer comme une variété de cette espèce.

Gisement et localité. — Elle se trouve dans le grès qui a fourni l'*Edmondia nobilissima*.

GENRE **CARDINIA**, *L. Agassiz.*

—

CARDINIA EXILIS, *F. Mc Coy.*

(Pl. XVIII, fig. 2.)

CARDINIA? EXILIS. F. Mc Coy, 1847, *Ann. and mag. of nat. hist.*, t. XX, p. 303, pl. 15, fig. 1.

Coquille allongée, ovale, beaucoup plus large antérieurement que du côté opposé, déprimée, à bord ventral tranchant ; le bord cardinal est aussi arqué que le bord ventral, auquel il se rattache par une courbe elliptique limitant le bord anal ou postérieur. Le bord antérieur se rattache aux crochets par une courbe que la lunette rend un peu sinueuse. Les crochets, antérieurement situés, très-petits et presque droits, se touchent ; le ligament extérieur est assez long et occupe à peu près le tiers de la longueur du bord cardinal. Le têt est très-solide et a plus de 2 millimètres d'épaisseur en moyenne ; sa surface est ornée d'un grand nombre de petits plis concentriques et peu réguliers d'accroissement ; il est coloré en noir, tandis que la roche dans laquelle l'espèce a été recueillie est d'un blanc grisâtre.

Dimensions. — Longueur environ 8 centimètres ; largeur 4 centimètres ; épaisseur 2 centimètres.

Rapports et différences. — Quoiqu'il m'ait été impossible de découvrir la charnière de cette espèce, elle possède si parfaitement tous les caractères extérieurs des véritables *Cardinia*, et, selon M. F. Mc Coy, la forme de leurs empreintes musculaires et palléales, que je ne crois pas me tromper en la plaçant dans ce genre. Je ne connais aucune espèce carbonifère qui puisse lui être assimilée et avec laquelle elle puisse être confondue.

Gisement et localité. — Un seul échantillon de cette espèce a été recueilli à Wollongong.

Genre **PACHYDOMUS**, *J. Morris.*

—

1. PACHYDOMUS GLOBOSUS, *J. D. Sowerby.*

(Pl. XVIII, fig. 5.)

MEGADESMUS GLOBOSUS. J. D. Sowerby, 1838, In *Mitchell's Three exped. into the inter. of East. Australia*, t. I, p. 15, pl. 1, fig. 1, 2.

PACHYDOMUS — J. Morris, In *Strzelecki's Phys. descr. of N. S. Wales*, p. 272, pl. 10, fig. 2, 3.

— — F. Mc Coy, 1847, *Ann. and mag. of nat. hist.*, t. XX, p. 301.

Coquille ovale, un peu plus longue que large, ventrue, à valves profondes et assez régulièrement bombées ; crochets extérieurs épais, très-recourbés et se touchant mutuellement ; ligament externe très-développé. Sa surface est ornée d'un grand nombre de sillons concentriques d'accroissement, mais n'ayant rien de bien régulier dans leur forme, ni dans leur distribution ; tantôt ils sont très-profonds et larges, tantôt étroits et très-superficiels. Le têt est assez épais pour ne laisser exister aucune trace de ses ornements extérieurs sur le moule interne de la coquille.

Dimensions. — Cette espèce est susceptible d'acquérir d'assez grandes dimensions. Le seul échantillon à peu près parfait que j'aie eu à ma disposition et qui est celui que j'ai fait figurer, a une longueur de 8 centimètres; une largeur de 6 $^1/_2$ centimètres et une épaisseur de 5 $^1/_2$ centimètres; le têt a une épaisseur moyenne de 2 millimètres.

Rapports et différences. — Cette espèce ressemble beaucoup par sa forme générale à mon *E. nobilissima* qui en diffère par une situation beaucoup moins antérieure de ses crochets, par une régularité beaucoup plus grande des plis concentriques de sa surface et surtout par la faible épaisseur de son têt, qui est telle qu'elle permet au moule interne de conserver et de reproduire les ornements de la surface.

Gisement et localités. — Cette espèce a été trouvée à Wollongong (F. Mc Coy), à Illawara (N. G. du Sud), et à Spring Hill, dans la terre de Van Diemen (J. Morris), ainsi qu'à Lochinoar (W. B. Clarke).

2. PACHYDOMUS LÆVIS, *J. D. Sowerby.*

(Pl. XX, fig. 1.)

MEGADESMUS LÆVIS. J. D. Sowerby, 1838, In *Mitchell's Three exped. into the inter. of East. Australia,* t. I, p. 15, pl. 3, fig. 1.
PACHYDOMUS — J. Morris, 1855, In *Strzelecki's Phys. descr. of N. S. Wales,* p. 272.
— — J. D. Dana, 1849, *Geology of the U. S. expl. exped.,* p. 694.

Coquille de grande taille, allongée, ovale, à valves relativement assez peu profondes, à crochets modérément épais, peu recourbés et submédians. Le bord antérieur est assez régulièrement arrondi tandis que le postérieur est un peu anguleux et légèrement déprimé. La surface extérieure est ornée de quelques ondulations concentriques irrégulières surtout vers le bord ventral; toute la surface est en outre couverte de fines stries d'accroissement. Quoique le têt de cette espèce soit extrèmement mince, il ne subsiste aucune trace de ces derniers ornements à l'intérieur des valves qui est parfaitement lisse.

Dimensions. — Longueur environ 10 centimètres; largeur 7 centimètres; épaisseur 6 centimètres.

Rapports et différences. — Cette espèce se distingue facilement de la précédente, par sa forme beaucoup moins globuleuse, son épaisseur relativement moindre et surtout par la minceur de son têt.

Gisement et localités. — Se trouve à Illawara (J. Morris), à Harpur's Hill (J. D. Dana) et dans un calcaire grisâtre, assez compacte à Lachinoar, associé au *P. globosus.*

3. PACHYDOMUS GIGAS, *F. Mᶜ Coy.*

Pachydomus gigas. F. Mᶜ Coy, 1847, *Ann. and mag. of nat. hist.,* t XX, p. 301, pl. 16, fig. 3.

Coquille assez grande, allongée, ovale, à peu près d'un tiers plus longue que large, à valves modérément profondes. Crochets épais, recourbés et situés vers le tiers antérieur de la coquille. Bord postérieur légèrement tronqué, à angles arrondis; bord antérieur arrondi, assez court et se rejoignant au bord ventral par une légère sinuosité concave. Toute la surface est ornée de légères ondulations et de stries concentriques d'accroissement. Le têt paraît avoir été très-mince; néanmoins il a dû être lisse à l'intérieur, car il n'a laissé subsister aucune trace des ornements extérieurs sur les moules internes des valves.

Dimensions. — Longueur 14 centimètres; largeur 9 centimètres.

Observation. — Le seul échantillon de cette espèce qui m'ait été confié se trouvant en trop mauvais état pour me permettre d'en prendre exactement les dimensions et d'en donner tous les caractères, j'ai dû me borner à les indiquer d'après la description et la figure qui en ont été publiées par M. F. Mᶜ Coy.

Rapports et différences. — Cette espèce se distingue facilement de la précédente, qui est la seule avec laquelle elle me paraît avoir quelque ressemblance, par sa forme plus allongée et plus déprimée, ainsi que par la troncature plus prononcée de son bord postérieur et la sinuosité de son bord ventral.

Gisement et localités. — M. le professeur F. Mᶜ Coy la dit commune dans le grès à grains fins de Wollongong. Le seul échantillon que j'en aie reçu et qui même est en assez mauvais état, a été recueilli dans un grès grisâtre du Mont Vincent.

4. PACHYDOMUS OVALIS, *F. M*c *Coy.*

(Pl. XIX, fig. 3.)

PACHYDOMUS OVALIS. F. Mc Coy, 1847, *Ann. and mag. of nat hist.*, t. XX, p. 302, pl. 14, fig. 4.

Coquille un peu oblongue, ovale, à valves modérément profondes, à crochets assez épais, antérieurs; bord postérieur légèrement anguleux; l'antérieur arrondi, formant une courbe à petit rayon pour se rattacher au bord cardinal; bord ventral assez régulièrement arqué. Surface ornée de fortes rides concentriques et inégales d'accroissement; lunette ovale, profonde, ligament externe assez développé. L'intérieur des valves est à peu près complétement lisse; les empreintes antérieures et postérieures des muscles adducteurs sont grandes et ovales; celle du rétracteur du pied est étroite et de forme semi-lunaire; elle entoure la moitié postérieure de l'empreinte du muscle adducteur antérieur. Selon M. F. Mc Coy, l'impression palléale est légèrement sinuée vers la partie qui touche à l'empreinte musculaire postérieure, mais il m'a été impossible de le constater.

Dimensions. — Longueur 55 millimètres; largeur 45 millimètres et épaisseur environ 20 millimètres.

Rapports et différences. — Se distingue facilement du *P. globosus*, par les ornements de sa surface et par sa moindre épaisseur; elle diffère des *P. cyprina* et *intrepidus*, J. D. Dana, par une plus forte largeur relative et par la forme des plis qui couvrent sa surface.

Gisement et localités. — Selon M. F. Mc Coy, elle est très-abondante dans le grès de Wollongong.

5. PACHYDOMUS CYPRINA, *J. D. Dana.*

(Pl. XVIII, fig. 6.)

ASTARTILA CYPRINA. J. D. Dana, 1847, In *Silliman's American Journal*, 2nd ser., t. IV, p. 155.
—   —   Idem, 1849, *Geology of the U. S. expl. exped.*, p. 689, pl. 3, fig. 6 and 7 ?

Coquille de taille moyenne, ovale, épaisse, à peu près d'un tiers plus longue que large; crochets épais, recourbés, situés antérieurement et assez écartés l'un de l'autre; surface extérieure garnie de stries concentriques assez serrées; surface intérieure à peu près lisse, sauf quelques légères rugosités transverses, irrégulières et quelques plis peu apparents au delà de l'impression palléale qui est simple et assez peu distante du bord ventral. Les empreintes musculaires sont assez profondes; celle de l'adducteur antérieur est subquadrangulaire, tandis que la postérieure est ovale; l'une et l'autre sont striées très-superficiellement, l'empreinte du rétracteur du pied est sigmoïdale et lisse.

Dimensions. — Longueur 43 millimètres; largeur 33 millimètres; épaisseur 31 millimètres.

Rapports et différences. — Par sa taille et par sa forme générale cette espèce se rapproche de la précédente; elle s'en écarte par la différence de ses dimensions et par celle de ses empreintes musculaires.

Gisement et localités. — Se trouve avec la précédente.

6. PACHYDOMUS PUSILLUS, *F. Mc Coy.*

(Pl. XIX, fig. 2.)

PACHYDOMUS? PUSILLUS. Mc Coy, 1847, *Ann. and mag. of nat. hist.*, t. XX, p. 302, pl. 16, fig. 1, 2.

Coquille de petite taille, suborbiculaire, globuleuse, à peu près aussi longue que large; bord cardinal arqué; crochets petits, antérieurement situés et écartés l'un de l'autre; côté antérieur court, arrondi; ligament externe assez développé; l'empreinte musculaire antérieure est ovale et profonde; la postérieure est plus allongée et très-peu marquée; l'impression palléale est entière. Selon M. Mc Coy, le têt est épais et sa surface est chargée de rides concentriques rugueuses et imbriquées.

Dimensions. — Longueur 17 millimètres; largeur 16 millimètres; épaisseur 14 millimètres ([1]).

Rapports et différences. — Par sa petite taille et par son épaisseur considérable, cette espèce se distingue facilement de ses autres congénères.

Gisement et localités. — Selon M. F. Mc Coy, elle est commune dans les grès de Wollongong.

7. PACHYDOMUS POLITUS, *J. D. Dana.*

(Pl. XIX, fig. 4.)

ASTARTILA POLITA. J. D. Dana, 1849, In *Silliman's Amer. Journal*, 2nd ser., t. IV, p. 155.
— — Idem, 1849, *Geology of the U. S. expl. exped.*, p. 690, pl. 4, fig. 2.

Coquille de taille médiocre, ovale, un peu plus longue que large; crochets peu recourbés, situés au quart antérieur de la coquille, son bord antérieur et ventral ne formant qu'une courbe régulière, tandis que le bord postérieur est légèrement tronqué. Surface extérieure lisse et luisante avec quelques rides concentriques d'accroissement. Le têt est très-mince; les empreintes musculaires sont très-peu prononcées; l'antérieure est ovale et assez grande; elle est striée transversalement; la postérieure est si peu marquée que l'on a de la peine à constater sa présence.

Dimensions. — Longueur 39 millimètres; largeur 31 millimètres; épaisseur 22 millimètres.

Rapports et différences. — La forme de cette espèce rappelle

([1]) Je crois devoir faire observer que ces mesures ont été prises sur un moule intérieur assez parfait.

un peu celle du *P. ovalis*, F. Mc Coy dont il sera facile de la dintinguer, non-seulement par la différence dans les rapports de ses dimensions, mais encore par la faible épaisseur de son têt et le luisant de sa surface extérieure.

Gisement et localités. — M. J. D. Dana a recueilli ce *Pachydomus*, à Black Head, dans le district d'Illawara et M. W. B. Clarke à Wollongong.

8. PACHYDOMUS DANAI, *L.-G. de Koninck.*

(Pl. XIX, fig. 5.)

Coquille de taille médiocre, ovale ou légèrement cunéiforme, gibbeuse, aussi longue que large, à crochets petits, rapprochés l'un de l'autre et situés antérieurement. Le bord cardinal est arqué; le ligament externe a dû être assez long; pas de lunule. La surface extérieure est couverte d'une série de plis concentriques plats, non imbriqués, séparés les uns des autres par des sillons étroits bien marqués; la surface de ces plis est à son tour ornée de fines stries parallèles. Contrairement à ce qui arrive généralement, les larges plis sont ceux qui sont le plus rapprochés des crochets. Le têt est relativement assez épais et ordinairement transformé en spath calcaire. Je n'en connais pas la structure intérieure.

Dimensions. — Longueur et largeur, 24 millimètres; épaisseur 15 millimètres.

Rapports et différences. — De toutes les espèces de *Pachidomus* qui me sont connues, il n'y a que le *P. intrepidus* (*Astartila intrepida*) de M. J. D. Dana dont les plis de la surface aient quelque ressemblance avec ceux de la coquille dont il est ici question.

Mais cette espèce, outre qu'elle est beaucoup plus grande de taille, est aussi beaucoup plus allongée et relativement plus mince; en outre, son têt me parait moins épais. Je dédie ce joli *Pachydomus* au savant naturaliste qui a été l'un des premiers à faire connaître une grande série de fossiles paléozoïques d'Australie.

Gisement et localités. — Cette espèce n'a encore été trouvée que dans un grès grisâtre de Wollongong.

GENRE **MÆONIA**, *J. D. Dana.*

—

1. MÆONIA KONINCKI, *W. B. Clarke.*

(Pl. XIX, fig. 6.)

Grande et forte coquille allongée, très-inéquilatérale, très-renflée et de forme subovale, un peu tronquée postérieurement. Valves gibbeuses; bord cardinal très-étendu, arqué; bord antérieur court et se joignant au bord inférieur par une courbe à rayon très-petit. Bord ventral peu courbé, plus grand que le bord cardinal et légèrement sinueux chez les individus adultes; bord postérieur assez régulièrement courbé et se joignant aux bords adjacents sans qu'il y ait une limite bien prononcée entre eux. Crochets épais, très-obtus et situés très en avant; au-dessous des crochets les bords sont fortement déprimés et donnent lieu à la formation d'une fossette assez profonde qui ne peut pas être confondue avec une lunule parce qu'elle ne possède aucune limite appréciable. Le têt a une épaisseur moyenne de 3 millimètres, sauf sur les bords qui sont tranchants et vers les crochets où il est un peu plus épais. La surface est presque entièrement lisse; elle n'est ornée que de fines stries concentriques d'accroissement assez peu régulièrement distribuées, mais dont la présence m'a permis de reconnaître et de reconstituer la forme exacte de l'unique spécimen qui m'ait été confié et dont une assez forte partie a été brisée.

Dimensions. — Longueur 10 centimètres; largeur environ 11,5 centimètres; épaisseur 8 centimètres.

Rapports et différences. — Par sa taille, cette espèce se rapproche beaucoup de la *Mæonia grandis*, J. D. Dana; elle en diffère essentiellement par la sinuosité de son bord ventral, par la position beaucoup plus antérieure de ses crochets et le renflement plus considérable de ceux-ci.

Gisement et localités. — Quoique je ne possède aucune donnée positive sur le gisement de cette belle coquille, je ne crois pas me tromper en la considérant comme carbonifère. Elle a été recueillie par M. Clarke, qui a bien voulu me la dédier, dans un calcaire gris à Coololamine.

2. MÆONIA ELONGATA, *J. D. Dana.*

(Pl. XX, fig. 6.)

Mycnia elongata. J. D. Dana, 1847, In *Silliman's Amer. Journal,* 2nd ser., t. IV, p. 158.
Mæonia — Idem, 1849, *Geology of the U. S. expl. exped.,* p. 695, pl. 5, fig. 3.

Coquille de grande taille, épaisse, allongée, à peu près deux fois plus longue que large, un peu comprimée et anguleuse postérieurement. D'après M. J. D. Dana, la valve droite est un peu plus épaisse que la valve opposée. Crochets renflés, recourbés et situés au quart antérieur des valves. Une dépression oblique, ayant son origine vers les crochets, s'étend jusque vers le tiers postérieur du bord ventral et y occasionne une sinuosité bien marquée en même temps qu'elle produit un renflement assez prononcé qui, en suivant la même direction oblique, va aboutir à la jonction du bord anal avec le bord ventral; le côté postérieur est obliquement tronqué. La surface extérieure est chargée de nombreuses rides concentriques, inégales et assez fortes. Les empreintes musculaires sont grandes et striées transversalement.

Dimensions. — Longueur 14 centimètres; largeur 7 centimètres; épaisseur 6 1/2 centimètres.

Rapports et différences. — Cette grande et belle espèce de *Mœonia* ne peut-être confondue avec aucune autre; je n'en connais pas qui puisse lui être comparée. Elle fait en quelque sorte la transition entre les *Pleurophorus* et le genre auquel elle appartient.

Gisement et localité. — M. J. D. Dana l'a découverte à Black Head, dans le district d'Illawara et M. W. B. Clarke l'a recueillie à Wollongong dans un grès rouge.

3. MÆONIA GRACILIS, *J. D. Dana.*

· (Pl. XIX, fig. 1.)

CLEOBIS GRACILIS. J. D. Dana, 1847, In *Silliman's Amer. Journal,* 2nd ser., t. IV, p. 154.
MÆONIA   —   Idem, 1849, *Geology of the U. S. expl. exped.,* p. 698, pl. 7, fig. 1.

Coquille de taille moyenne, allongée, ovale, un peu anguleuse postérieurement; crochets épais, antérieurs; bord ventral régulièrement courbé, l'antérieur arrondi et le postérieur un peu arqué et obliquement tronqué. Surface extérieure non carénée, couverte de rides concentriques assez faibles, mais peu régulières. La structure interne des valves m'est inconnue.

Dimensions. Longueur 8 centimètres; largeur 5 $\frac{1}{2}$ centimètres; épaisseur environ 4 centimètres.

Rapports et différences. — Cette espèce diffère de la *M. grandis* par la forme anguleuse de son bord postérieur et la moindre régularité des plis concentriques de sa surface.

Gisement et localités. —- Elle a été trouvée par M. J. D. Dana à Wollongong ·et par M. W. B. Clarke dans les carrières de Muree.

GENRE **PLEUROPHORUS,** *W. King.*

—

1. PLEUROPHORUS MORRISII, *L.-G. de Koninck.*

(Pl. XX, fig. 5.)

ORTHONOTA? COSTATA. J. Morris, 1845, In *Strzelecki's Phys. descr. of N. S. Wales,*
    p. 273, pl. 11, fig. 1, 2 (non *Pleurophorus costatus,* Brown).

Coquille allongée, très-inéquilatérale, à bords cardinal et ventral subparallèles et à bord antérieur arrondi; le postérieur est faiblement tronqué obliquement. Crochets petits, droits, très-antérieurs; ligament extérieur très-allongé; lunule étroite, subcordiforme. Les ornements de la surface extérieure sont très-remarquables : la partie antérieure, formant à peu près le tiers de la surface totale, est ornée de petites rides parallèles au bord central, tandis que la partie postérieure est traversée obliquement par douze à quinze côtes rayonnantes dont le centre se trouve au crochet; ces côtes, parfaitement distinctes les unes des autres et à peu près identiques entre elles, sont traversées par de fines stries peu apparentes.

D'après M. J. Morris, les empreintes musculaires sont assez fortes et reliées entre elles par une impression palléale simple. Je me suis trouvé dans la nécessité de changer le nom adopté par ce savant géologue, par la raison que Brown en avait déjà fait usage pour désigner une espèce toute différente. J'ai saisi cette occasion pour la lui dédier.

Dimensions. — Voici les dimensions prises sur les figures · publiées par M. J. Morris : longueur 8 centimètres; largeur 1 $^1/_2$ centimètre.

Rapports et différences. — Selon M. J. Morris, cette espèce a quelque ressemblance avec le *Cypricardites corrugata*, Conrad.

Gisement et localités. — Ce *Pleurophorus* a été découvert a Illawara par M. Strzelecki et recueilli dans un grès grisâtre à Wollongong par M. W. B. Clarke.

2. PLEUROPHORUS BIPLEX, *L.-G. de Koninck.*

(Pl. XIX, fig. 1.)

Coquille de taille médiocre, allongée, de forme elliptique, assez épaisse, ayant ses bords cardinal et ventral subparallèles; les bords antérieur et postérieur sont arrondis; les crochets sont très-antérieurs et assez épais. A en juger par quelques traces qui en ont été conservées sur l'unique moule intérieur de cette espèce qui m'ait été expédié, la surface extérieure a dû être ornée de stries concentriques et de deux côtes obliques qui, en partant du crochet, ont divisé la surface en deux parties subtriangulaires à peu près égales. Cette disposition ne laisse aucun doute sur la détermination générique. Les empreintes des muscles adducteurs antérieurs sont petites, subtriangulaires et ridées longitudinalement; il m'a été impossible de découvrir les empreintes musculaires postérieures.

Dimensions. — Longueur 45 millimètres ; largeur 21 millimètres ; épaisseur 17 millimètres.

Rapports et différences. — Il serait bien difficile d'établir une comparaison exacte entre cette espèce dont on ne connaît que le moule avec quelques traces du têt, et les autres espèces du même genre. Cependant je crois pouvoir assurer qu'il doit y avoir une certaine ressemblance entre elle et le *P. tricostatus*, Portlock, qui en a la forme, mais qui au lieu de deux carènes en possède trois.

Gisement et localité. — Recueillie dans le grès de Wollongong.

3. PLEUROPHORUS CARINATUS? *J. Morris.*

(Pl. XIX, fig. 8.)

PACHYDOMUS CARINATUS.	J. Morris, 1845, In *Strzelecki's Phys. descr. of N. S. Wales,* p. 273, pl. 11, fig. 3.
— —	F. Mc Coy, 1847, *Ann. and mag. of nat. hist.*, t. XX, p. 301.
CYPRICARDIA RUGULOSA.	J. D. Dana, 1847, In *Silliman's Amer. Journal,* t. IV, p. 157.
MÆONIA? CARINATA.	Idem, 1849, *Geol. of the U. S. expl. exped.*, p. 696, pl. 6, fig. 1.

Coquille allongée, subcunéiforme, à crochets peu recourbés et placés vers le tiers antérieur de la longueur totale; une carène oblique partant des crochets se dirige vers l'extrémité postérieure du bord ventral et sépare la surface des valves en deux deux parties très-inégales.

Observation. — N'ayant à ma disposition qu'un moule intérieur et ne pouvant pas affirmer positivement qu'il provient de l'espèce décrite par M. J. Morris, je suis d'avis qu'il n'y a aucune utilité à entrer dans plus de détails en ce qui concerne ses caractères et je me borne à renvoyer aux figures que j'en donne planche XIX, figure 8.

Gisement et localités. — M. F. Mc Coy assure que le *Pleurophorus carinatus* est très-abondant à Wollongong, qui est aussi la localité où le moule, dont il est ici question, a été rencontré. M. J. Morris l'indique à Illawara.

GENRE **CONOCARDIUM**, *H. Bronn.*

—

CONOCARDIUM AUSTRALE? *F. Mᶜ Coy.*

PLEURORYNCHUS AUSTRALIS. F. Mᶜ Coy, 1847, *Ann. and mag. of nat. hist.*, t. XX, p. 300,
pl. 16, fig. 4.
CARDIUM AUSTRALE. J. D. Dana, 1849, *Geology of the U. S. expl. exped.*, p. 701,
pl. 8, fig. 2.

Coquille de forme subtrigone, gibbeuse et carénée extérieurement. Côté antérieur tronqué, déprimé et faiblement convexe; sa surface antérieure est cordiforme et nettement partagée en trois parties à peu près égales, par deux sillons arqués ayant leur origine aux crochets; le reste de cette même surface est orné de petits plis égaux entre eux et parallèles à la carène qui lui sert de limite. La partie postérieure des valves se termine par un angle légèrement tronqué; elle est bâillante et son bord ventral est un peu sinueux; la surface des valves est ornée de côtes rayonnantes irrégulières, séparées entre elles par des sillons étroits.

Dimensions.—Les échantillons représentés par MM. F. Mᶜ Coy et J. Dana ont environ 2 $^1/_2$ centimètres de long sur 1 $^1/_2$ centimètre de large.

Rapports et différences. — Cette espèce se distingue du *C. aliformis*, Sow., par la carène qui limite sa surface antérieure et par la division en trois parties distinctes de cette surface; ses côtes sont aussi plus minces et plus nombreuses.

Gisement et localités. — Je ne suis pas tout à fait certain que l'unique petit échantillon de *Conocardium* qui m'ait été communiqué appartienne réellement à l'espèce que je viens de décrire d'après les caractères indiqués par MM. Mᶜ Coy et Dana. Il a été recueilli dans une tranchée du chemin de fer située entre Maitland et la station de Stoney Creek. M. Dana l'indique à Glendon.

GENRE **TELLINOMYA**, *J. Hall.*

—

TELLINOMYA DARWINI, *L.-G. de Koninck.*

(Pl. XVI, fig. 9.)

Coquille relativement assez grande pour le genre auquel elle appartient; pyriforme, gibbeuse, d'un tiers plus longue que large; bord antérieur arrondi, subsemielliptique; côté postérieur un peu allongé, pointu. Crochets assez épais, situés au tiers antérieur des valves; bord cardinal postérieur concave, tandis que l'antérieur est convexe; lunule petite. Toute la surface est ornée de minces côtes concentriques, aiguës, d'égale épaisseur et séparées par des sillons assez profonds, mais un peu plus larges que les côtes et dont le fond est arrondi. La structure de la charnière m'est inconnue.

Dimensions. — Longueur 22 millimètres; largeur 15 millimètres; épaisseur 11 millimètres.

Rapports et différences. — Par sa forme générale et celle de ses stries concentriques cette espèce se rapproche de la *T.* (*Nucula*) *attenuata*, Fleming, mais elle s'en écarte par ses proportions et par une largeur et une épaisseur beaucoup plus grandes relativement à sa longueur.

Gisement et localité. — Un seul échantillon de cette jolie espèce a été recueilli dans un grès grisâtre, mis à découvert par une tranchée du chemin de fer entre Maitland et Stoney Creek.

Genre **PALÆARCA**, *J. Hall.*

—

1. PALÆARCA COSTELLATA, *F. M*^c *Coy.*

(Pl. XVI, fig. 6 et 7.)

BYSSOARCA COSTELLATA. F. Mc Coy, 1844, *Syn. of the char. of the carb. foss. of Ireland*,
    p. 72, pl. 11, fig. 36.
ARCA LACORDAIRIANA.   A. d'Orbigny, 1850, *Prodr. de paléont.*, t. Ier, p. 134 (non L.-G.
    de Koninck).
— COSTELLATA.   J. Morris, 1854, *Cat. of brit. foss.*, p. 145.

Coquille assez petite, allongée, de forme subrhomboïdale, à valves très-convexes et à peu près deux fois plus longues que larges; crochets relativement assez épais et situés au tiers antérieur des valves. Côté antérieur court, arrondi; côté postérieur tronqué, presque rectangulaire; bord ventral subparallèle au bord cardinal; dents cardinales postérieures au nombre de deux, allongées et un peu obliques par rapport à la ligne cardinale. Surface divisée en deux parties par une carène oblique ayant son origine au crochet et aboutissant à l'angle formé par l'intersection du bord ventral et postérieur; elle est entièrement couverte de petites côtes rayonnantes à peu près d'égale épaisseur et traversées par des stries concentriques d'accroissement dont l'intérieur des valves ne conserve aucune trace.

Dimensions. — Longueur 11 millimètres; largeur 6 et épaisseur 3 millimètres.

Rapports et différences. — Cette espèce est très-voisine du *P. Lacordairiana*, L.-G. de Koninck, avec laquelle A. d'Orbigny l'a confondue; elle s'en distingue par sa petite taille, par une moindre sinuosité de son bord ventral et une plus grande régularité dans ses ornements.

Gisement et localités. — Dans le calcaire carbonifère d'Enniskillen, en Irlande, et dans le calcaire argileux de Burragood.

2. PALÆARCA INTERRUPTA, L.-G. de Koninck.

(Pl. XVI, fig. 5.)

Petite coquille, allongée, ovale, à côté postérieur plus large que l'antérieur; celui-ci est arrondi; le côté opposé, au contraire, est tronqué à angle droit; les crochets petits, presque terminaux; deux petites dents cardinales en avant du crochet; une seule latérale, presque parallèle à la ligne cardinale. Surface ornée de quatre ou cinq sillons concentriques subéquidistants.

Dimensions. — Longueur 7 millimètres; largeur 3 millimètres; épaisseur environ 1 $^1/_2$ millimètre.

Rapports et différences. — Sans la présence des deux petites dents cardinales, que l'on aperçoit facilement, on prendrait volontiers cette espèce pour une *Modiola,* dont elle a à peu près la forme. Elle se distingue de la précédente par un contour plus ovale et surtout par le petit nombre et la régularité de ses sillons.

Gisement et localité. — Elle a été recueillie avec la précédente.

3. PALÆARCA SUBARGUTA, L.-G. de Koninck.

(Pl. XVI, fig. 8.)

Petite coquille allongée, subovale, renflée dans sa partie médiane et obliquement tronquée postérieurement; une gibbosité carréniforme la traverse obliquement et donne lieu du côté du bord cardinal à une surface triangulaire déprimée. Ses crochets sont petits, recourbés en avant et situés au quart antérieur du bord cardinal; sa charnière se compose de deux petites dents obliques placées en avant des crochets et de deux ou trois dents postérieures et subparallèles au bord cardinal. La surface est ornée d'un assez grand nombre de stries concentriques assez régulièrement espacées.

Dimensions. — Longueur 20 millimètres; largeur 9 $^1/_2$ millimètres; épaisseur 11 à 12 millimètres.

Rapports et différences. — Cette espèce ne peut pas être confondue avec la *P. costellata,* parce qu'elle n'en possède pas les plis rayonnants.

Gisement et localité. — La *P. subarguta* existe à Burragood.

—

1. MYTILUS CRASSIVENTER, *L.-G. de Koninck.*

(Pl. XXI, fig. 2.)

Coquille allongée, cunéiforme, épaisse, très-bombée du côté ventral où les deux valves se dirigent assez brusquement l'une vers l'autre en retombant presque verticalement sur leur bord ventral, de manière à y produire une surface presque plane; du côté cardinal, au contraire, elles s'étalent en pente douce et se rejoignent sous un angle très-aigu. Le bord postérieur est arrondi. Les crochets sont petits et terminaux. Les empreintes des muscles adducteurs sont ovales, assez grandes, très-superficielles et situées au tiers postérieur de la coquille. La surface a dû être légèrement et irrégulièrement ondulée. Le têt m'a paru être très-mince.

Dimensions. — Longueur 7 centimètres; largeur 3 $^1/_2$ centimètres; épaisseur 3 centimètres.

Rapports et différences. — Par sa forme générale et par sa taille cette espèce se rapproche du *M. mosensis*, de Ryckholt; elle en diffère par une épaisseur relativement beaucoup plus forte, par une moindre courbure de son bord cardinal et par les ornements de sa surface.

Gisement et localité. — Un seul moule de cette espèce a été rencontré dans un grès brunâtre de Branxton.

2. MYTILUS BIGSBYI, *L.-G. de Koninck.*

(Pl. XXI, fig. 1.)

Coquille allongée, légèrement arquée, d'un tiers plus longue que large, à peu près régulièrement bombée; côté postérieur arrondi, très-étendu; bord ventral peu courbé; crochets assez épais, terminaux; surface couverte de douze à quinze fortes ondu-

lations concentriques un peu inégales entre elles. Empreintes
des adducteurs très-grandes, presque circulaires, bien marquées
et situées vers le milieu de la longueur des valves. Le têt, qui me
parait avoir été assez épais, m'est complétement inconnu.

Dimensions. — Longueur 6 $^1/_2$ centimètres ; largeur 47 millimètres; épaisseur 30 millimètres.

Rapports et différences. — Cette espèce dont on ferait facilement une *Aphanaia,* sans l'égalité des valves, tant elle y ressemble par ses ornements extérieurs, est voisine du *M. pernella,*
de Ryckholt. Elle en diffère par les proportions de ses dimensions et le nombre plus considérable des plis concentriques qui
ornent sa surface.

Gisement et localité. — Le *M. Bigsbyi* a été recueilli à l'état
de moule intérieur dans un grès micacé jaunâtre de Branxton.

GENRE **AVICULOPECTEN,** *F. Mᶜ Coy.*

1. AVICULOPECTEN LENIUSCULUS, *J. Dana.*

(Pl. XXI, fig. 3.)

PECTEN LENIUSCULUS. J. D. Dana, 1849, *Geol. of the U. S. expl. exped.,* p. 704, pl. 9, fig. 6.

Grande coquille plano-convexe, orbiculaire, à surface presque
lisse sur une grande partie de son étendue, ornée de côtes
rayonnantes minces et peu régulières vers les bords ; les côtes
de la valve droite sont cependant un peu plus épaisses que celles
de la valve gauche. Le crochet de la valve droite est submédian
et droit; les oreillettes sont grandes et subégales, striées longitudinalement et ondulées en travers.

Dimensions. — Longueur et largeur 13 centimètres; épaisseur environ 2 centimètres.

Rapports et différences. — Cette espèce, remarquable par le
grand développement qu'elle peut prendre, semble avoir quelque
analogie avec l'*A. concavus,* Mᶜ Coy, dont elle diffère néanmoins

par l'absence de plis rayonnants sur une grande partie de sa surface et par sa forme plus transverse.

, *Gisement et localités.* — A été recueillie dans le district
d'Illawara, par **M. J. D. Dana**, et au Mont **Gimbĕlá** dans un
conglomérat calcareux par **M. W. B. Clarke.**

2. AVICULOPECTEN SUBQUINQUELINEATA, *F. Mᶜ Coy.*

(Pl. XXII, fig. 2.)

Pecten sub-5-lineatus. Mᶜ Coy, 1847, *Ann. and mag. of nat. hist.*, t. XX, p. 208, pl. 17,
fig. 1.

Grande coquille plus large que longue, transversalement subovale, inéquivalve, la valve droite étant plus convexe que la valve
gauche, qui, néanmoins, n'est pas entièrement plane; il résulte de
cette conformation que le crochet de la valve droite est plus
épais que celui de la valve opposée; les crochets sont situés vers
le milieu du bord cardinal. Les oreillettes sont grandes, subégales et planes; l'antérieure est cependant mieux définie que la
postérieure et séparée du reste de la coquille par un sinus
courbé et assez profond. La surface est ornée d'environ vingt-
cinq plis rayonnants principaux assez épais, ayant leur origine
aux crochets et entre lesquels s'interposent à une certaine distance de cette origine, d'autres plis plus minces qui se multiplient
à leur tour avant d'atteindre les bords; il est toutefois à remarquer que cette disposition n'a rien d'absolument régulier et
que les plis principaux ne se trouvent pas toujours à la même
distance les uns des autres et, en outre, que le nombre des plis
interposés est très-variable; tous ces ornements sont encore
traversés par des ondulations concentriques d'accroissement.

Dimensions. — Longueur 9 centimètres; largeur 7 ¹/₂ centimètres; épaisseur environ 1 ¹/₂ centimètre.

Rapports et différences. -- D'après M. F. Mᶜ Coy, qui paraît
avoir eu l'occasion d'étudier la coquille même de cette espèce,
tandis que je n'en ai eu à ma disposition que des moules intérieurs, elle aurait quelques rapports avec son *Aviculopecten*

quinquelineatus d'Irlande; elle en différerait en ce que ses plis intermédiaires seraient plus minces que ceux de l'espèce irlandaise et que leur disposition serait moins bien définie surtout vers les bords; elle est en outre plus convexe.

Gisement et localités. — Elle parait rare dans le grès à grains fins de Harpur's Hill (Mc Coy). M. W. B. Clarke l'a recueillie dans un grès semblable de Muree.

3. AVICULOPECTEN LIMÆFORMIS, *J. Morris.*

(Pl. XXII, fig. 4.)

PECTEN LIMÆFORMIS.   J. Morris, 1845. In *Strzelecki's Physical descr. of N. S. Wales*, p. 277, pl. 13, fig. 1.

AVICULOPECTEN? LIMÆFORMIS.   R. Etheridge, 1872, *Quart. Journ. of the geol. Soc. of London*, t. XXVIII, p. 326, pl. 14, fig. 1.

Très-grande coquille inéquivalve, inéquilatérale, transversalement ovale et un peu oblique. La valve droite ou supérieure beaucoup plus convexe que l'inférieure; oreillettes relativement assez petites selon M. J. Morris. La surface est ornée de trente-quatre à trente-six plis rayonnants anguleux, simples ou ne se bifurquant que rarement et par conséquent mieux prononcés aux bords que vers les crochets. Ces plis ne sont pas très-réguliers, surtout à leurs extrémités où ils sont séparés par des sillons beaucoup plus larges qu'à leur origine; ils sont croisés par quelques ondulations concentriques dépendant de l'accroissement successif de la coquille.

Dimensions. — Longueur environ 13 centimètres; largeur 15 centimètres et épaisseur 4 centimètres.

Rapports et différences. — Cette espèce se distingue de la précédente par l'obliquité de son bord cardinal et la simplicité de ses plis rayonnants.

Gisement et localités. — Cet *Aviculopecten* a d'abord été découvert par le comte de Strzelecki dans les marches orientales de la Terre de Van Diemen et par M. Daintree dans le terrain carbonifère de la Terre de la Reine, à Gympie. M. W. B. Clarke en a recueilli deux grands spécimens dont l'un a été trouvé dans le grès de Muree et l'autre dans celui de Wollongong. C'est ce dernier qui a été figuré.

4. AVICULOPECTEN CONSIMILIS, *F. Mc Coy.*

(Pl. XXII, fig. 6.)

PECTEN CONSIMILIS. F. Mc Coy, 1844, *Syn. of the char. of the carb. foss. of Ireland,* p. 91, pl. 15, fig. 16.

Petite coquille ovale, peu convexe, à surface entièrement lisse : ses oreillettes sont assez petites et inégales; l'antérieure, qui est la plus grande, est arrondie vers son extrémité et nettement séparée du restant de la coquille par un sinus linéaire; sa surface est fortement réticulée, tandis que la surface de l'oreillette postérieure est presque lisse; son extrémité est rectangulaire.

Dimensions. — Longueur 15 millimètres; largeur 13 millimètres.

Rapports et différences. — Cette espèce se distingue facilement de l'*Aviculopecten orbiculatus*, Mc Coy, par sa forme un peu plus ovale et surtout par le dessin réticulé de son oreillette antérieure.

Gisements et localités. — Un seul échantillon en a été recueilli à Burragood dans un calcaire argileux brunâtre. En Irlande, à Bundoran.

5. AVICULOPECTEN DEPILIS, *F. Mc Coy.*

(Pl. XXII, fig. 7.)

PECTEN DEPILIS. F. Mc Coy, 1844, *Syn. of the char. of the carb. foss. of Ireland,* p. 91, pl. 16, fig. 11.

Coquille de petite taille, de forme orbiculaire, subéquilatérale, faiblement bombée, à surface lisse, ou simplement ornée de quelques légères rides concentriques d'accroissement. Oreillettes striées; l'antérieure arrondie, nettement séparée du restant de la coquille par un sinus étroit et bien prononcé; la postérieure plus petite et rectangulaire; longueur du bord cardinal inférieure au diamètre longitudinal des valves.

Dimensions. — Longueur et largeur 15 millimètres.

Rapports et différences. — Diffère de la précédente par sa forme plus arrondie et par les ornements de ses oreillettes et de l'*A. lœvigatus*, L. G. de Koninck, par la forme de ses oreillettes et sa moindre épaisseur.

Gisements et localités. — Assez abondant dans le calcaire d'Irlande; rare à Burragood.

6. AVICULOPECTEN ELONGATUS, F. Mc Coy.

(Pl. XXII, fig. 5.)

PECTEN ELONGATUS. F. Mc Coy, 1844, *Syn. of the char. of the carb. foss. of Ireland*, p.92, pl. 16, fig. 9.

Coquille de taille moyenne, transverse, ovale, assez régulièrement bombée, subéquivalve. Les oreillettes sont petites; l'antérieure est assez bien définie, tandis que la postérieure se relie par une courbe insensible au corps même de la valve. La surface paraît lisse à l'œil nu, mais lorsqu'il est armé d'un verre grossissant, il découvre des stries concentriques d'accroissement.

Dimensions. — Longueur 36 millimètres; largeur 40 millimètres; épaisseur 23 millimètres.

Rapports et différences. — Cette espèce se rapproche par sa forme générale de l'*Aviculopecten filatus*, Mc Coy, elle s'en distingue par l'absence des stries rayonnantes dont la surface de celle-ci est ornée. J'ai pu m'assurer de l'exactitude de ma détermination par la comparaison des spécimens australiens avec des échantillons d'Irlande.

Gisement et localités. — En Irlande elle a été trouvée à Millecent et en Australie à Wollongong.

7. AVICULOPECTEN PTYCHOTIS, *F. Mc Coy*.

PECTEN PTYCHOTIS. F. Mc Coy, 1847, *Ann. and mag. of nat. hist.*, t. XX, p. 298, pl. 14, fig. 2.

Petite coquille transverse, ovale, peu bombée, à surface complétement lisse; crochets petits, assez aigus, oreillettes inégales; l'antérieure assez étroite, séparée du restant de la valve par une sinuosité aiguë, tandis que la postérieure est mal définie et se termine par un angle droit. Toute la surface est à peu près lisse et ne porte que quelques faibles ondulations d'accroissement. L'extrémité de l'oreillette antérieure est plissée transversalement.

Dimensions. — Longueur 7 millimètres; largeur 9 millimètres.

Rapports et différences. — Selon M. F. Mc Coy, cette espèce ne se distingue de l'*A. variabilis*, si abondant dans les schistes carbonifères d'Irlande, que par la présence de plis transverses sur ses oreillettes antérieures. Elle ne peut être confondue avec l'*A. consimilis*, Mc Coy, parce qu'elle est relativement plus large, que son angle apicial est plus petit et qu'en outre ses oreillettes antérieures ne portent pas de dessin réticulé.

Gisement et localités. — Selon M. F. Mc Coy, elle est commune dans le schiste de Dunvegan. M. W. B. Clarke l'a recueillie à Burragood et à Wollongong.

8. AVICULOPECTEN KNOCKONNIENSIS, *F. Mc Coy*.

PECTEN KNOCKONNIENSIS. F. Mc Coy, 1844, *Syn. of the char. of the carb. foss. of Ireland*, p. 95, pl. 17, fig. 4.

Petite coquille presque circulaire, aussi longue que large, faiblement bombée, à valves dissemblables. La surface de la valve gauche n'est ornée que de nombreuses petites côtes rayonnantes, simples, semblables entre elles, séparées par de petits sillons un peu plus larges que les côtes, et traversées par des stries concentriques d'accroissement presque imperceptibles; la valve droite, au contraire, porte à sa surface douze à quatorze plis rayonnants ayant leur origine aux crochets et un peu plus épais que ceux qui surgissent ensuite à une certaine distance; tous ces plis sont interrompus à de très-petites distances par des stries concentriques d'accroissement qui y produisent de petites imbrications et qui les rendent plus ou moins rugueux. Les oreillettes sont très-inégales; les postérieures sont pointues, tandis que les antérieures sont arrondies à leurs extrémités. Les unes et les autres portent des côtes rayonnantes traversées par des stries d'accroissement parallèles aux bords.

Dimensions. — Longueur et largeur environ 10 millimètres.

Gisement et localités. — Calcaire carbonifère d'Irlande et des bords du Karúa.

9. AVICULOPECTEN HARDYI, *L.-G. de Koninck.*

(Pl. XXII, fig. 9.)

Petite coquille subovale, légèrement oblique, presque aussi longue que large, peu convexe, à crochets assez aigus; les trois quarts antérieurs de sa surface sont ornés de fines côtes rayonnantes alternativement un peu mieux marquées les unes que les autres et s'effaçant presque complètement sur le quart postérieur; toutes ces côtes sont traversées de rides concentriques relativement fortes. L'oreillette antérieure est assez grande, arrondie à son extrémité et séparée du restant de la coquille par la fente du byssus; sa surface est garnie de stries rayonnantes. L'oreillette postérieure m'est inconnue.

Dimensions. — Longueur et largeur environ 9 millimètres.

Rapports et différences. — Cette espèce, que je dédie à M. Hardy, qui a beaucoup aidé M. W. B. Clarke dans ses recherches, a quelque analogie avec l'*A. Jonesii,* Mᶜ Coy, dont elle diffère par un plus grand nombre de côtes et les plis concentriques de sa surface.

Gisement et localité. — Un seul échantillon de cette espèce a été recueilli à Burragood.

10; AVICULOPECTEN CINGENDUS, *F. Mc Coy.*

(Pl. XXII, fig. 8.)

PECTEN CINGENDUS. F. Mc Coy, 1844, *Syn. of the char. of the carb. foss. of Ireland,* ·p. 90, pl. 17, fig. 11.

Petite coquille orbiculaire, faiblement convexe, à oreillettes inégales, la postérieure étant assez grande et rectangulaire; l'antérieure, au contraire, assez petite, étroite et arrondie à son extrémité; le caractère le plus saillant consiste dans les douze à quinze plis concentriques qui ornent sa surface et dont l'épaisseur augmente progressivement avec leur éloignement du crochet; ces plis sont parfaitement lisses et s'étendent en s'effaçant insensiblement jusque sur l'oreillette postérieure.

Dimensions. — Longueur 12 millimètres; largeur 11 millimètres.

Rapports et différences. — Cette espèce a une certaine ressemblance avec l'*A. Sedgwickii*, Mc Coy, dont la surface porte également des plis concentriques, moins nombreux et d'un profil tout différent; la coquille est en même temps plus convexe et ses oreillettes ont une forme différente.

Gisement et localités. — Un seul échantillon de cette espèce a été trouvé par M. W. B. Clarke dans un calcaire argileux rougeâtre, entre la rivière Karúa et Dungog. En Irlande elle a été recueillie à Abbeybay.

11. AVICULOPECTEN GRANOSUS, *Sowerby*

(Pl. XXII, fig. 10.)

PECTEN GRANOSUS.	J. de C. Sowerby, 1829, *Miner. conch.*, t. VI, p. 144, pl. 574, fig. 2.
	J. Phillips, 1836, *Geol. of Yorkshire*, t. II, p. 213, pl. 6, fig. 7.
— —	F. Mc Coy, 1844, *Syn. of the char. of the carb. foss of Ireland*, p. 93.
AVICULOPECTEN GRANOSUS.	Idem, 1855, *Palæoz. foss.*. p. 486.

Coquille plano-convexe, de forme arrondie, abstraction faite des oreillettes, et pouvant acquérir une assez grande taille. Le crochet de sa valve droite est assez épais et recourbé en avant; sa ligne cardinale est plus longue que le diamètre antéro-postérieur des valves mêmes. Sa surface est ornée de vingt-cinq à trente plis rayonnants assez épais et chargés, d'une extrémité à l'autre, de petites lamelles imbriquées : entre chaque paire de ces plis surgit à une petite distance du crochet, un pli plus petit, plus mince et presque complètement lisse. La surface de la valve plane est également ornée de plis alternativement plus épais et correspondant à ceux de la valve convexe, avec cette différence que les imbrications ont complétement disparu. Les oreillettes antérieures sont arrondies à leur extrémité et séparées du reste de la coquille par la fente du byssus; les postérieures s'étendent en une extrémité effilée; elles ne sont séparées du corps même de la coquille que par une faible dépression et leur extrémité se relie au bord postérieur de la coquille par une sinuosité très-prononcée.

Dimensions. — Les dimensions prises sur un échantillon belge à peu près parfait et dont les caractères sont complètement identiques à ceux des échantillons d'Australie, sont les suivantes :

Longueur 4 centimètres; largeur 3 centimètres; épaisseur 1 centimètre.

Rapports et différenees. — Cette espèce est très-voisine de mon *A. Dumontianus*, dont elle diffère par sa forme moins oblique, par ses plis rayonnants plus serrés, plus nombreux et plus rugueux.

Gisement et localités. — L'*A. granosus* a été découvert par M. J. de Carle Sowerby dans un calcaire noir du comté de la Reine en Irlande. M. E. Dupont l'a rencontré abondamment dans le calcaire de Waulsort qui appartient à son assise IV du calcaire carbonifère. Deux échantillons en ont été recueillis par M. W. B. Clarke, dont l'un dans un grès gris jaunâtre de Duguid's Hill et l'autre dans un calcaire argileux de même nuance de Burragood, associé au *Brachymetopus Strzeleckii*, F. Mᶜ Coy.

12. AVICULOPECTEN FORBESI, *F. M° Coy.*

Pecten Forbesi. F. M° Coy, 1844, *Syn. of the char. of the carb. foss. of Ireland,* p. 95, pl. 15, fig. 20.

Petite coquille, suborbiculaire, peu convexe, dont la surface est ornée de minces côtes rayonnantes, ayant leur origine au crochet et s'étendant jusqu'aux bords; entre chaque paire de ces côtes en surgit une autre un peu plus mince, à une certaine distance du crochet; des rides concentriques très-minces, assez rapprochées et subéquidistantes traversent ces diverses côtes et produisent un dessin quadrillé; les oreillettes sont petites; la postérieure est terminée par un angle droit, tandis que l'anté-rieure est mieux définie et arrondie; toutes deux sont striées longitudinalement.

Dimensions. — Longueur et largeur environ 12 millimètres.

Rapports et différences. — Cette espèce a quelque ressem-blance avec mon *A. nobilis,* dont elle se distingue par le grand nombre de ses rides concentriques.

Gisement et localités. — Un seul espécimen assez mal con-servé de cette espèce a été recueilli à Burragood. Je n'ai cepen-dant aucun doute sur sa détermination parce que j'ai pu le com-parer à divers échantillons provenant du calcaire carbonifère de Little Island en Irlande, échantillons dont je suis redevable à Édouard Wood, de Richemond, en Yorkshire.

13. AVICULOPECTEN TESSELLATUS, *J. Phillips.*

(Pl. XXII, fig. 11.)

Avicula tessellata.   J. Phillips, 1836, *Geol. of Yorkshire,* t. II, p. 211, pl. 6, fig. 6.
—   —   L.-G. de Koninck, 1842, *Descr. des anim. foss. du terr. carb. de la Belgique,* p. 134, pl. 6, fig. 2, 4 et 11 (mauvaises).
Meleagrina tessellata. F. M° Coy, 1844, *Syn. of the char. of the carb foss. of Ire-land,* p. 84.
Avicula tessellata.   Idem, 1847, *Ann. and mag. of nat. hist.,* t. XX, p. 299.

Petite coquille suborbiculaire, à peu près aussi longue que large, inéquivalve; valve droite un peu plus bombée que la valve gauche; la surface est ornée de douze à quinze plis rayonnants, minces, à peu près également distants entre eux et noueux; les nœuds sont produits par des rides concentriques d'accroissement dont la distance est variable et d'autant plus grande qu'elles sont plus éloignées du crochet. Par cette disposition la surface des valves parait comme treillissée. Cette petite coquille possède une area ligamentaire relativement assez développée, puisqu'elle a une largeur de 2 millimètres sur une longueur de 15 milli-mètres; le crochet de la valve droite est aigu et dépasse faible-ment le bord cardinal. Les oreillettes antérieures sont presque rectangulaires à leurs extrémités; elles sont nettement séparées du restant des valves par un sillon courbé qui, sur la valve gauche, se termine par une fente ayant servi de passage au byssus. Les oreillettes postérieures sont beaucoup plus déve-loppées et déprimées; elles se prolongent en une pointe aiguë dont le bord se relie avec le bord postérieur de la coquille par une sinuosité très-prononcée.

Dimensions. — Longueur et largeur environ 13 millimètres; épaisseur 4-5 millimètres.

Rapports et différences. — Se distingue de l'*Aviculopecten nobilis* par la simplicité de ses côtes rayonnantes ainsi que par un plus petit nombre et une distance plus grande des plis concentriques.

Gisement et localités. — On la trouve dans l'Yorkshire à Bolland et à Settle; en Irlande, à Little Island; en Belgique, à Visé et en Australie, à Burragood.

14. AVICULOPECTEN PROFUNDUS, *L.-G. de Koninck.*

(Pl. XXII, fig. 3.)

Coquille d'assez grande taille, à valve droite très-convexe; un peu plus large que longue, subovale; son crochet est peu courbé, assez aigu et ne dépasse par le bord cardinal; son oreillette pos-térieure est très-grande et se termine par un angle droit; elle se relie au restant de la valve par un large sinus; la surface de cette oreillette paraît avoir été lisse ou du moins dépourvue des plis rayonnants qui couvrent le restant de la surface de la coquille; ces plis, au nombre de trente à quarante, sont simples, subégaux, un peu anguleux et séparés par des sillons peu profonds dont le fond est creusé en gouttière; ce dernier caractère permet de la distinguer de l'*A. planoradiatus*, dont les plis sont planes et les sillons linéaires. Je ne connais malheureusement de cette espèce ni la valve gauche, ni l'oreillette antérieure.

Dimensions. — Longueur 7 centimètres; largeur environ 8 centimètres; épaisseur de la valve droite environ 2 $^1/_2$ centimètres.

Rapports et différences. — Je ne connais qu'une seule espèce d'*Aviculopecten* qui soit comparable à celle-ci, par le nombre et la simplicité de ses plis rayonnants : c'est l'*A. flexuosus*, F. Mc Coy, dont elle se distingue surtout par la grande profondeur de sa valve droite.

Gisement et localité. — Un seul échantillon en a été trouvé dans un grès noir grisâtre au pied de Harpur's Hill, dans une tranchée du chemin de fer de Newcastle (N. Galles du Sud).

15. AVICULOPECTEN FITTONI, *J. Morris.*

(Pl. XXI, fig. 4.)

PECTEN FITTONI. J. Morris, 1845, In *Strzelecki's Phys. descr. of N. S. Wales,* p. 277, pl. 14, fig. 2.

Coquille orbiculaire, convexe, pouvant acquérir un assez grand développement; oreillettes subégales, l'antérieure étant seulement un peu plus arrondie à son extrémité. Surface ornée de quatorze ou quinze gros plis rayonnants, composés chacun de la réunion de trois à cinq petits plis granuleux se dirigeant parallèlement les uns aux autres jusqu'aux bords. Au fond des sillons qui séparent les plis et qui ont la même largeur que ceux-ci, se trouvent également de petites côtes semblables à celles qui ont servi à former l'ensemble des gros plis. Ces caractères appartiennent à la valve droite qui est la seule que **M. J.** Morris et moi ayons connue.

Dimensions. — En m'en rapportant à un assez mauvais échantillon, même incomplet, cette espèce est susceptible d'acquérir une longueur de 12 centimètres. Les échantillons ordinaires ont des dimensions plus modestes; l'un de ceux-ci, à l'état de moule intérieur, n'a que 5 centimètres de long et autant de large; son épaisseur est d'environ 1 centimètre.

Rapports et différences. — Cette espèce se distingue de l'*Aviculopecten comptus*, **J. D.** Dana, par un plus petit nombre de plis rayonnants et une largeur relativement plus forte de ceux-ci. Au lieu de quatorze ou quinze plis, l'*A. comptus* en possède vingt à vingt-deux.

Gisement et localités. — Deux échantillons de cette espèce ont été trouvés à l'état de moule dans un grès rougeâtre, l'un à Muswelbrook et l'autre entre Muree et Morpeth. L'exemplaire décrit par **M. J.** Morris a été recueilli au Mont Wellington dans la terre de Van Diemen.

16. AVICULOPECTEN ILLAWARENSIS, *J. Morris.*

(Pl. XXII, fig. 1.)

PECTEN ILLAWARENSIS. J. Morris, 1845, In *Strzelecki's Phys. descr. of N. S. Wales,* p. 277, pl. 14, fig. 3.

— — J. D. Dana, 1849, *Geology of the U. S. explor. exped.,* p. 705, pl. 9, fig. 9.

Grande et belle coquille, de forme ovale, plus large que longue, inéquivalve, subéquilatérale, à oreillettes assez grandes; dix-huit à vingt gros plis rayonnants à la surface : ces plis sont lisses, arrondis et séparés par des sillons à peu près de même largeur. La valve droite est plus convexe et surtout plus régulièrement bombée que la gauche; son crochet est plus développé et plus recourbé; tout le tiers de la largeur de la valve gauche avoisinant le bord ventral est déprimé et presque plane.

Dimensions. — Longueur 11 centimètres; largeur 13 centimètres; épaisseur 6,25 centimètres.

Rapports et différences. — Je ne connais aucune espèce paléo-
zoïque de la taille de celle-ci qui puisse être confondue avec elle.
Elle se distingue facilement de la précédente par la simplicité
de ses plis rayonnants.

Gisement et localités. — M. J. D. Dana émet des doutes sur la
localité Illawara, indiquée par M. J. Morris comme lieu de provenance de cet *Aviculopecten.* Lui-même l'a recueilli à Harpur's
Hill, où il a été également trouvé par M. W. B. Clarke.

GENRE **APHANAIA** ([1]), *L.-G. de Koninck.*

—

Coquille inéquivalve, gibbeuse, inéquilatérale, avec une aile
postérieure obtuse : la charnière est droite et paraît avoir été
dépourvue de dents; sommets antérieurs séparés par une area
creuse ayant encore un ligament. La surface des *Aphanaia,* est
marquée de grosses rides concentriques, ordinairement très-
inégales et semblables à celles de certaines espèces du genre
Inoceramus auquel on les a rapportées. Leur principal caractère
consiste dans le nombre et la forme de leurs empreintes musculaires. En effet, celle des adducteurs est double, très-grande et
située en arrière et beaucoup plus près du bord ventral que du
bord cardinal; le diamètre de l'une est à peu près le double de
celle de l'autre; la plus grande, qui est aussi la plus rapprochée
du bord ventral, est ordinairement réniforme, tandis que la plus
petite est suborbiculaire; une autre empreinte beaucoup plus
petite que les précédentes et qui est probablement celle du pied
existe un peu en arrière des crochets et tout près du bord cardinal.

Rapports et différences. — Les coquilles de ce genre, dont
certaines espèces sont susceptibles d'acquérir de très-grandes
dimensions, ressemblent par leur forme générale et par leurs
ornements à celles du genre *Inoceramus,* genre auquel M. F.

([1]) De α, privatif, et φαναῖος, brillant.

Mᶜ Coy a rapporté l'espèce qu'il a décrite, tout en faisant observer qu'il ne la maintenait sous cette dénomination générique qu'en attendant que ses caractères fussent mieux connus. Les *Aphanaia* se distinguent des *Inoceramus* par leurs empreintes musculaires et par leur area cardinale. Ces mêmes caractères peuvent servir à les séparer des *Ambonichia* de J. Hall qui comprennent également certaines espèces souvent confondues avec les *Inoceramus,* telles que l'*A. vetusta*, Sowerby; la valve droite de ces dernières possède, en outre, une petite oreillette antérieure dont il n'existe pas de trace chez les *Aphanaia.*

Jusqu'ici ce genre ne comprend que les deux espèces dont je donne la description et dont l'une est déjà connue depuis 1847. Elles appartiennent au terrain carbonifère de l'Australie dans lequel elles ont été découvertes par le révérend W. B. Clarke. Il est assez remarquable que les terrains paléozoïques d'Amérique et d'Europe, dont la faune est beaucoup plus riche en espèces que celle de l'Australie, n'aient rien fourni qui puisse leur être comparé.

Genre **APHANAIA.**

---

1. APHANAIA MITCHELLII, *F. Mᶜ Coy.*

(Pl. XXI, fig. 5.)

INOCERAMUS MITCHELLII. F. Mᶜ Coy, 1847, *Ann. and mag. of nat. hist.*, t. XX, p. 299, pl. 14, fig. 1.

Coquille d'assez grande taille, transverse, ovale, légèrement oblique, un peu gibbeuse; valve gauche un peu plus petite que la valve opposée. Bord cardinal droit, plus court que le diamètre longitudinal de la coquille; crochets antérieurs recourbés et pointus; bord postérieur arqué; bord antérieur presque rectiligne, formant avec le bord cardinal un angle droit et se joignant au bord ventral, qui est subsemi-circulaire, par une ligne courbe. La surface est ornée d'un nombre plus ou

moins grand d'ondulations irrégulières, provenant de l'accroissement successif de la coquille. On ne connaît pas le têt de cette
espèce. Les empreintes musculaires sont très-remarquables et
très-visibles quoique assez superficielles. Elles consistent d'abord
en une double empreinte produite par les *adducteurs* et une plus
petite adjacente au bord cardinal et située en arrière des crochets, due probablement au muscle du pied. Des deux premières qui sont situées vers le milieu des valves et non loin de
leur bord postérieur, l'une est beaucoup plus grande que l'autre;
la petite est presque circulaire, tandis que la seconde qui est le
double plus grande est subsemi-lunaire et contourne une partie
de la première (voir pl. XXI, fig. 5a). La petite empreinte du
muscle du pied paraît être également double; elle est plus profondément creusée dans la valve que les précédentes.

Dimensions. — Les dimensions sont très-variables. Celles que
je vais indiquer sont prises sur un échantillon dont l'une des
valves est d'une conservation parfaite. Longueur 6 centimètres;
largeur 7 centimètres; épaisseur environ 5 centimètres; longueur du bord cardinal 3 $^1/_2$ centimètres.

Gisement et localités. — Selon M. F. Mc Coy, cette espèce
est abondante dans le grès de Glendon et de Wollongong.
M. W. B. Clarke l'a recueillie dans celui de Muree et de
Branxton.

2. APHANAIA GIGANTEA, *L.-G. de Koninck.*

(Pl. XXI, fig. 6.)

Très-grande coquille, transversalement oblique, ovale, pointue, à valve droite beaucoup plus épaisse et un peu plus grande
que la valve gauche. La première est recourbée sur elle-même
par le relèvement de son bord ventral. Les crochets sont épais,
presque droits, pointus et terminaux. Le bord cardinal est droit,
très-oblique par rapport à la direction des crochets. La surface
offre d'énormes ondulations concentriques dont la disposition
n'a rien de régulier. D'après quelques traces que j'en ai pu
observer, le têt me paraît avoir été très-mince; la charnière

seule est formée d'une callosité arrondie assez épaisse. Les empreintes des muscles adducteurs sont énormes; elles sont situées entre les côtés postérieurs et ventral de la coquille et non loin des bords; l'une est ovale et de moitié plus petite que l'autre, quoique son grand diamètre soit de 5 centimètres; elle rentre un peu dans la seconde, laquelle, sans l'échancrure produite par la première, serait également ovale et aurait un diamètre de 5 ¹/₂ centimètres. L'empreinte du muscle du pied est au contraire très-petite et très-peu apparente; elle est située vers le milieu et à une petite distance du bord cardinal.

Dimensions. — Hauteur 12 centimètres; diamètre, depuis les crochets jusqu'au bord ventral, 27 centimètres; longueur du bord cardinal 9 centimètres; épaisseur 7 centimètres du côté des crochets et 3 centimètres à une distance de 6 centimètres du bord ventral.

Rapports et différences. — Par sa taille, la courbure en forme de bateau de sa grande valve et la grande obliquité de son bord cardinal, l'*A. gigantea* ne peut pas être confondue avec l'espèce précédente, ni avec aucune autre de ses congénères.

Gisement et localité. — Un seul échantillon de cette grande et belle espèce a été recueilli dans un grès micacé brunâtre de Branxton.

GENRE **PTERINEA,** *A. Goldfuss.*

—

1. PTERINEA MACROPTERA, *J. Morris.*

(Pl. **XVI,** fig. **12.**)

PTERINEA MACROPTERA. J. Morris, 1845, In *Strzelecki's Phys. descr. of N. S. Wales,*
p. 726, pl. 13, fig. 2, 3.
— F. Mᶜ Coy, 1847, *Ann. and mag. of nat. hist.,* t. XX, p. 299.
— — J. D. Dana, 1849, *Geology of the U. S. explor. exped.,* p. 704.

Coquille de taille moyenne, inéquivalve, très-oblique, arrondie et largement ailée postérieurement; bord ventral courbe et sinueux vers sa partie antérieure; crochets assez épais, très-antérieurs; en avant de chaque crochet une dent proéminente assez longue et presque perpendiculaire au bord cardinal. La charnière est un peu plus courte que la coquille même et porte en arrière une dent unique fort mince, très-longue et presque parallèle à la ligne cardinale, comme chez les *Avicula;* la valve droite est un peu plus petite et plus sinuée que la valve gauche. L'oreillette antérieure est assez courte et paraît avoir été pointue, si j'en juge par la figure qu'en a donnée M. J. Morris. La surface a été probablement à peu près lisse et marquée uniquement par quelques rides irrégulières d'accroissement, car je ne connais de cette espèce que le moule intérieur, à moins que, comme je le suppose, la *Cypricardia acutifrons* de M. J. D. Dana ne soit identique avec elle.

Dimensions. — La longueur de son bord cardinal est de 27 centimètres; sa largeur moyenne est de 3 $^1/_2$ centimètres et sa plus grande épaisseur près des crochets de 4-5 millimètres.

Rapports et différences. — Cette espèce est facile à distinguer de ses congénères par le faible développement de son bord cardinal et par l'absence d'ornements à sa surface.

Gisement et localités. — Un seul échantillon de cette espèce a été recueilli par M. W. B. Clarke dans un grès grisâtre des environs de Maitland. M. J. Morris l'indique à Spring Hill dans la Terre de Van Diemen.

2. PTERINEA LATA, *F. Mc Coy.*

(Pl. XVI, fig. 11.)

PTERONITES LATUS. F. Mc Coy, 1844, *Šyn. of the char. of the carb. foss. of Ireland,* p. 81, pl. 13, fig. 7.
AVICULA LATA. A. d'Orbigny, 1850, *Prodr. de paléont.,* t. Ier, p. 135.

Coquille de moyenne taille, allongée, déprimée, subtriangulaire, à extrémité antérieure anguleuse; bord postérieur sinueux se réunissant au bord ventral par une courbe régulière; crochet petit, situé à une petite distance de l'extrémité antérieure; oreillette antérieure petite, peu distincte; oreillette postérieure très-grande et terminée en pointe aiguë. Bord cardinal droit, excédant légèrement le bord anal et par conséquent un peu plus long que la coquille proprement dite ; deux ou trois dents longues, minces et à peu près parallèles au bord cardinal composent la partie postérieure de la charnière ; surface externe presque complètement lisse et uniquement traversée par de légères stries concentriques d'accroissement vers les bords et vers l'extrémité de l'oreillette postérieure.

Dimensions. — Longueur 3 $^1/_2$ centimètres ; largeur 27 millimètres ; épaisseur de la valve gauche 2 millimètres.

Rapports et différences. — Je suis de l'avis de S. P. Woodward qu'il n'existe aucune différence bien marquée entre les *Pterinea* et les *Pteronites*. L'existence des dents postérieures sur l'espèce que je viens de décrire ne laisse aucun doute à cet égard. Elle diffère de la *P. angustata,* F. Mᶜ Coy, par sa plus grande largeur et par la forme sinueuse de son bord anal.

Gisement et localités. — Se trouve en Irlande dans le calcaire de Millecent et en Australie dans celui du Haut William's River.

Genre AVICULA, *Linnæus.*

—

1. AVICULA SUBLUNULATA, *L.-G. de Koninck.*

(Pl. XVI, fig. 4.)

Coquille de taille médiocre, allongée, subéquivalve, un peu oblique ; bord cardinal moins long que le diamètre antéro-postérieur de la coquille ; crochets presque terminaux ; oreillette antérieure très-petite ; la postérieure, au contraire, assez étendue et produite par une gibbosité oblique caréniforme qui s'étend du crochet jusqu'à l'extrémité postérieure du bord ventral ; celui-ci est légèrement arqué ; le bord postérieur est obliquement tronqué et un peu sinueux. La surface est chargée d'ondulations concentriques d'accroissement, n'ayant rien de régulier dans leur forme. Cette petite espèce possède une area cardinale relativement assez forte, puisqu'elle a environ un millimètre de large.

Dimensions. — Longueur 27 millimètres; largeur 10-11 millimètres; épaisseur de la valve droite 5-6 millimètres.

Rapports et différences. — Cette espèce à quelque ressemblance avec l'*A. lunulata,* J. Phillips, dont elle se distingue par
une largeur plus faible et une obliquité beaucoup moins forte.
Il ne serait pas impossible qu'elle fût identique avec la *Cypricardia imbricata,* J. D. Dana, qui me paraît être une *Avicula,*
mais avec laquelle je n'ai pas eu occasion de la comparer en
nature.

Gisement et localité. — Un seul échantillon de cette espèce à
l'état de moule intérieur a été recueilli dans le grès jaunâtre de
Murce.

2. AVICULA HARDYI, *L.-G. de Koninck.*

(Pl. XVI, fig. 10.)

Petite coquille allongée, de forme subrhomboïdale; traversée
obliquement par une gibbosité caréniforme qui, partant du crochet, se dirige vers l'extrémité postérieure du bord ventral et la
partage à peu près en deux parties égales. Le crochet est terminal, petit et recourbé, immédiatement au-dessous on observe
une toute petite oreillette produite par une sinuosité apparente,
correspondant à la fissure du byssus. Le bord ventral est faiblement arqué et le bord anal est obliquement tronqué. La surface
est ornée de petites stries concentriques d'accroissement à peine
perceptibles à l'œil nu.

Dimensions. — Longueur environ 20 millimètres; largeur
11 millimètres; épaisseur de la valve gauche 3 millimètres.

Rapports et différences. — Cette espèce diffère de l'*A. incon-
spicua,* J. Phillips, par la situation antérieure de ses crochets
et par la sinuosité qui donne lieu à la formation de son oreillette
antérieure.

Gisement et localité. — Le seul échantillon de cette espèce qui
me soit connu, provient de Burragood.

3. AVICULA DECIPIENS, *L.-G. de Koninck.*

(Pl. XXII, fig. 13.)

Coquille de même taille que la précédente, allongée, subovale, à peu près deux fois plus longue que large et faiblement iné-quivalve. Quoique ses valves soient peu profondes, leur aile postérieure qui est assez grande et triangulaire, est nettement marquée et assez fortement déprimée. Les crochets sont petits, non proéminents et situés à une petite distance du bord anté-rieur. Les oreillettes antérieures sont peu distinctes. La surface a été couverte d'ondulations concentriques assez irrégulières et obscures. L'empreinte de l'adducteur est relativement grande, arrondie et située en arrière.

Dimensions. — Longueur 21 millimètres; largeur 14 milli-mètres; épaisseur 7 millimètres.

Rapports et différences. — Cette espèce se distingue immédia-tement de la précédente, dont elle possède à peu près la taille et les ornements antérieurs, par sa faible épaisseur et par la situa-tion beaucoup moins antérieure de ses crochets.

Gisement et localité. — Elle accompagne l'*Avicula intumes-cens* dans le calcaire d'un grès noirâtre de Harpur's Hill. Je n'en ai reçu qu'un seul échantillon.

4. AVICULA INTUMESCENS, *L.-G. de Koninck.*

(Pl. XXII, fig. 12.)

Coquille assez petite, subéquivalve, de forme subtrigone plus longue que large, gibbeuse et oblique; elle est beaucoup plus large postérieurement que du côté opposé; son oreillette posté-rieure est déprimée, bien développée et triangulaire; elle se rat-tache au restant de la coquille par une pente assez abrupte; les crochets sont antérieurs et épais; son bord ventral est légère-ment sinueux; la valve droite est un peu plus petite et un peu moins profonde que la valve gauche. La surface a probablement été couverte de minces lamelles concentriques dont le moule a conservé des traces. L'empreinte du muscle adducteur est petite et située près des crochets; une autre empreinte beaucoup plus étroite encore s'observe dans le creux même du crochet; elle a servi de point d'attache au muscle du byssus.

Dimensions. — Longueur 22 millimètres; largeur 16 millimètres; épaisseur 13 millimètres.

Rapports et différences. — Cette espèce se rapproche par sa forme de l'*A. quadrata,* Sowerby; elle a aussi quelque analogie avec mon *A. Hardyi,* dont on la sépare néanmoins très-facilement par son épaisseur, par la position antérieure de ses crochets et par les ornements de sa surface.

Gisement et localité. — Un seul échantillon a été recueilli dans un calcaire gris foncé de Harpur's Hill.

Classe : **PTEROPODA.**

Genre **CONULARIA,** *Miller.*

1. CONULARIA TENUISTRIATA, *F. Mc Coy.*

(Pl. XXIII, fig. 2.)

Conularia tenuistriata. F. Mc Coy, 1847, *Ann. and mag. of nat. hist.,* t. XX, p. 307, pl. 17, fig. 7, 8.

Coquille quadrangulaire, pyramidale, à section rhomboïdale ayant des côtés très-inégaux; la largeur des petits côtés atteint à peine la moitié de celle dès grands, dont l'angle apical ne mesure que 10° au goniomètre et fait supposer une longueur de 10 à 11 centimètres pour l'échantillon figuré par M. F. Mc Coy. Aux quatre angles on observe un sillon assez étroit, au fond duquel les extrémités des côtes transversales des deux faces adjacentes se recourbent vers le sommet en alternant l'une avec l'autre. Ces côtes, faiblement arquées et interrompues sur les

quatre faces par une ligne médiane qui les traverse d'une extrémité à l'autre de la coquille, sont séparées les unes des autres
par de petits sillons obliquement striés par rapport à l'axe principal; elles sont très-nombreuses et on en compte dix-neuf par
centimètre courant.

Rapports et différences. — Ce *Conularia* ressemble beaucoup
au *C. Gerolsteinensis*, d'Archiac et E. de Verneuil par le nombre
et la forme de ses côtes tranversales; il en diffère surtout par
l'angle apicial de son grand côté qui n'est que de 10°, tandis
qu'il est d'environ 15° pour l'espèce dévonienne, ainsi que par
l'absence des granulations qui couvrent les côtes de cette dernière. Il est aussi très-voisin du *C. Brongniarti* des mêmes
auteurs, par son angle apicial et par ses stries intercostales, mais
il s'en éloigne par le nombre beaucoup plus considérable de ses
côtes pour un même espace et la différence dans la forme de sa
section transverse.

Gisement et localité. — Jusqu'ici cette espèce n'a encore été
rencontrée que dans le grès micacé de Muree.

2 CONULARIA QUADRISULCATA, *Miller.*

(Pl. XXIII, fig. 3.)

A CURIOUS FOSSIL.		D. Ure, 1793, *Hist. of Rutherglen*, p. 330, pl. 20, fig. 7.
CONULARIA QUADRISULCATA.		Miller, 1821, In *J. Sowerby's Miner. conchol.*, t. III, p. 107, pl. 260, fig. 3, 4 and 5 (non idem, Sowerby, in *Murchison's Sil. syst.*, nec Hisinger).
—		J. de Carle Sowerby, 1834, *Trans. of the géol. Soc. of London*, 2nd ser., t. V, p. 492, pl. 40, fig. 2.
—		F. Mc Coy, 1844, *Syn. of the char. of the carb. foss. of Ireland*, p. 26.
—	TUBERI-COSTA.	G. Sandberger, 1847, *Neues Jahrb. für Miner.*, p. 21, pl. 1, fig. 12.
—	QUADRISULCATA.	F. Mc Coy, 1855, *Brit. palæoz. foss.*, p. 528.
—		F. Roemer, 1874, *Lethœa geogn.*, atlas, pl. 45, fig. 5.

Coquille de taille médiocre, à section rhomboïdale et dont les
petits côtés ne diffèrent pas beaucoup des grands; les angles sont
occupés par une rainure peu profonde et assez étroite dans
laquelle s'arrêtent, en alternant, les plis transverses de la surface :

entre deux plis on observe de chaque côté du sillon une petite protubérance transverse, très-courte et également alternante dont je ne puis mieux comparer la forme qu'à celle d'une bandelette étroite garnie de chaque côté de petites dents alternantes. Les côtés sont planes et couverts d'un grand nombre de petits plis tranverses, un peu plus serrés vers l'extrémité supérieure que sur le reste de la coquille. Ces plis sont presque continus ou légèrement interrompus dans leur milieu, arqués, convexes du côté de l'ouverture et souvent granuleux; les sillons qui les séparent les uns des autres sont plus larges que les plis mêmes; on remarque généralement au fond de ces sillons des stries transverses peu régulières, lorsque les échantillons sont de bonne conservation et lorsque l'œil est armé d'un verre grossissant.

Dimensions. — L'échantillon incomplet que je viens de décrire n'a que 23 millimètres de long. L'angle apicial des grands côtés est de 20°. Vers le milieu de sa longueur on compte vingt-quatre plis sur un espace de 10 millimètres de long.

Rapports et différences. — A cause de la rareté de la plupart des espèces appartenant au genre *Conularia* et de la difficulté de se procurer des échantillons authentiques de comparaison, on a souvent assimilé au *C. quadrisulcata* des espèces avec lesquelles il n'avait que des rapports très-éloignés. C'est ainsi que Sowerby l'a confondu avec l'espèce silurienne qui lui avait été dédiée antérieurement par Defrance. Je suis de l'avis d'É. de Verneuil et de M. F. Mc Coy que la désignation de *C. quadrisulcata* doit être réservée exclusivement pour l'espèce à laquelle Miller a donné ce nom et que J. de C. Sowerby a représentée par la figure 5 de la planche 260 du *Mineral conchology*. En tout cas, je considère la figure de la même planche comme appartenant à une autre espèce qui se rapproche très-fortement de mon *C. irregularis*, si elle n'est pas identique avec lui. Toutes les espèces que je viens de citer diffèrent du *C. quadrisulcata*, soit par l'ouverture de leur angle apicial, soit par la différence des ornements de leur surface, soit par le nombre des plis compris dans un même espace.

Gisement et localités. — Le spécimen du *C. quadrisulcata* qui me paraît devoir constituer le type de l'espèce a été recueilli par Miller dans les assises inférieures du calcaire carbonifère des environs de Bristol. On considère généralement comme identique avec lui le *Conularia* que l'on rencontre assez abondamment à Gure, près Carluke, en Écosse, ainsi qu'a Broseley et dans quelques autres localités de Coalbrook Dale. Le seul échantillon d'Australie qui m'ait été communiqué a été recueilli dans un calcaire argileux brunâtre de Buchan, sur les bords du Gloucester.

3. CONULARIA LÆVIGATA, *J. Morris*.

(Pl. XXIII, fig. 1.)

CONULARIA LÆVIGATA. J. Morris, 1842, In *Strzelecki's Phys. descr. of N. S. Wales,* p. 290, pl. 18, fig. 9.
— — F. Mᶜ Coy, 1847, *Ann. and mag. of nat. hist*, t. XX, p. 306.
— — J. D. Dana, 1849, *Geology of the U. S. explor. exped.*, p. 710, pl. 10, fig. 9.

Coquille allongée, de forme pyramidale, à section rectangulaire. Les quatre faces sont planes ou légèrement déprimées dans leur milieu ; les angles sont occupées par une rainure simple, peu profonde, à laquelle aboutissent en alternant les plis transverses dont la surface est ornée. Ces plis très-peu arqués et convexes du côté de l'ouverture sont légèrement interrompus dans le milieu de leur étendue par une faible côte longitudinale dont la présence produit quelquefois une alternance entre eux ; ces plis minces et tranchants sont séparés les uns les autres par des sillons lisses et beaucoup plus larges que les plis eux-mêmes ; on en compte onze ou douze sur une étendue de 10 millimètres.

Dimensions. — Cette espèce paraît être susceptible d'atteindre une assez forte longueur, si j'en juge par la faible convergence des côtés des fragments observés, convergence qui semble indiquer l'existence d'un sommet extrèmement aigu et dont l'angle n'a que quelques degrés d'ouverture.

Rapports et différences. — Cette espèce a été comparée par M. J. Morris au *Conularia* que j'ai décrit sous le nom de *C. irre-*

gularis, dont il diffère par la faible ouverture de son angle apicial, par sa longueur beaucoup plus forte et par l'éloignement beaucoup plus considérable de ses plis transverses ; en effet, les sillons qui séparent les plis chez le *C. irregularis,* ayant à peu près la même largeur que les plis, on en compte dix-huit ou dix-neuf sur une étendue de 10 millimètres, tandis que sur l'espèce précédente on n'en compte que onze ou douze pour le même espace. On trouvera à la suite de la description de l'espèce suivante les caractères servant à la distinguer du *C. lævigata,* J. Morris.

Gisement et localités. — Selon MM. F Mᶜ Coy et J. D. Dana, cette espèce est abondante dans le calcaire de Harpur's Hill et dans le grès micacé de Black-Creek. M. W. B. Clarke l'a recueillie dans le grès micacé brun des carrières de Muree, à la Terrasse Raymond, où elle est également indiquée par M. J. Morris et où elle est associée au *C. tenuistriata* de F. Mᶜ Coy et à des fragments de plantes parmi lesquels M. Crepin a cru reconnaître des *Schizopteris.*

4. CONULARIA INORNATA, *J. D. Dana.*

(Pl. XXII, fig. 14.)

CONULARIA INORNATA. J. D. Dana, 1849, *Geol. of the U. S. explor. exped.,* p. 709, pl. 10, fig. 8.

Grande et belle coquille pyramidale, à section rectangulaire et dont les petits côtés ne possèdent que les ³/₄ de la largeur des grands. Les quatre faces sont déprimées et un peu creuses dans leur milieu ; les plis qui les ornent sont faiblement arqués et ceux des faces principales sont en même temps obliques par rapport à l'axe de la coquille ; l'angle du sommet n'est que de 10°-12°. Les angles latéraux sont occupés par un large sillon au fond duquel existe une côte saillante produite par le relèvement de l'extrémité des plis transverses de la surface extérieure qui viennent y aboutir et lui donner l'apparence d'un double canal longitudinal. Les plis transverses sont lisses et la plupart sont interrompus dans le milieu de leur étendue par la petite côte médiane qui existe sur les quatre faces de la coquille. Ces plis sont assez distants les uns des autres pour que, au nombre de neuf ou dix, ils n'occupent qu'un espace de 10 millimètres vers le milieu de la coquille.

Dimensions. — L'un des fragments de cette belle espèce a une longueur de 26 centimètres ; il aurait au moins 40 centimètres si seulement le sommet avait été complet quoique n'ayant que 4 centimètres de diamètre à sa base.

Rapports et différences. — Cette belle espèce se rapproche de la précédente par la forme de ses plis et par la distance qui les sépare les uns des autres ; elle en diffère par la forme de sa section dont les grands côtés sont relativement plus étendus par rapport aux petits côtés que chez le *C. lævigata ;* elle s'en distingue surtout par le double sillon de ses angles et l'obliquité de ses plis transverses, à moins que cette dernière disposition ne soit produite par un effet accidentel.

Gisement et localités. — D'après M. J. D. Dana cette espèce se trouve à Glendon. L'unique échantillon qui ait été soumis à mon examen à été recueilli par M. W. B. Clarke dans un grès micacé gris à 1 ¹/₂ mille de Maitland.

Classe : GASTEROPODA.

Ordre : PROSOBRANCHIATA.

—

GENRE **DENTALIUM**, *Linnæus.*

—

DENTALIUM CORNU, *L.-G. de Koninck.*

(Pl. XXIII, fig. 4.)

Petite coquille recourbée se terminant en une pointe assez aiguë à son extrémité inférieure, à surface lisse et dont le têt est relativement assez épais. Le seul échantillon qui me soit connu de cette espèce étant déformé par la compression qu'il a subie

dans la roche, il m'est impossible d'indiquer la forme exacte de
sa section transverse. J'aurais même hésité à le rapporter au
genre dans lequel je l'ai placé si, par l'enlèvement d'une petite
partie de la coquille vers l'extrémité inférieure, je n'avais pu
m'assurer qu'elle y était creuse et non cloisonnée.

Dimensions. — L'échantillon que je viens de décrire n'a
qu'une longueur de 15 millimètres, mais il est probable que
l'espèce peut atteindre une longueur plus considérable; son
plus grand diamètre transverse est de 3 millimètres.

Rapports et différences. — M. F. Mc Coy a fait connaître une
petite espèce de *Dentalium* carbonifère à laquelle il a donné le
nom de *D. inornatum* et qui n'a que des rapports très-éloignés
avec celle-ci; en effet, elle est beaucoup moins conique et beaucoup plus mince, de sorte que la confusion de l'une avec l'autre
est impossible.

Gisement et localité. — Le *D. cornu* a été trouvé dans un
calcaire argileux gris des environs de Karúa.

Genre PLATYCERAS, *Conrad.*

1. PLATYCERAS ANGUSTUM, *J. Phillips.*

(Pl. XXIII, fig. 7.)

PILEOPSIS ANGUSTUS.	J. Phillips, 1836, *Geol. of Yorkshire*, t. II, p. 224, pl. 14, fig. 20.
ACROCULIA ANGUSTA.	J. Morris, 1843, *Cat. of brit. foss.*, p. 137.
— ANGUSTATA.	F. Mc Coy, 1844, *Syn. of the char. of the carb. foss. of Ireland*, p. 44.
CAPULUS NERITOIDES.	H. G. Bronn, 1848, *Index palœont.*, p. 214 (non Phillips).
— ANGUSTUS.	J. Morris, 1854, *Cat. of brit. foss.*, 2nd edit., p. 239.

La coquille de cette espèce n'est pas symétrique; son côté
droit est beaucoup plus développé que le côté gauche qui est
déprimé latéralement, en sorte que son ouverture est obliquement ovale; cela ressort au reste parfaitement de la figure qui en
a été donnée par J. Phillips. Son extrémité apiciale est très-
pointue et s'enroule un peu obliquement sur elle-même en faisant

à peu près deux tours de spire contigus. La surface est presque complètement lisse et ne porte que quelques faibles stries d'accroissement.

Dimensions. — Hauteur 13 millimètres; grand diamètre de l'ouverture 16 millimètres.

Rapports et différences. — Cette espèce est très-voisine des **P.** *vetustum*, Sowerby, *procumbens*, de Ryckholt, et *trilobus*, **J.** Phillips, dont il se distingue par une dissymétrie beaucoup plus grande de ses côtés, par une ouverture plus oblique et plus ovale, ainsi que par la contiguïté de sa spire et une courbure plus forte de celle-ci.

Gisement et localités. — **J.** Phillips a découvert ce *Platyceras* dans le calcaire carbonifère supérieur de Bolland en Yorkshire; en Australie il a été trouvé à Burragood.

2. PLATYCERAS TRILOBATUM, *J. Phillips.*

PILEOPSIS? TRILOBUS.	J. Phillips, 1836, *Geology of Yorkshire,* t. II, p. 224, pl. 14, fig. 12, 13.
CAPULUS VETUSTUS.	L.-G. de Koninck, 1842, *Descr. des anim. foss.*, p. 332 (non Sow.).
PLATYCERAS TRILOBATUM.	J. Morris, 1843, *Cat. of brit. foss.*, p. 157.
ACROCULIA TRILOBA.	F. Mc Coy, 1844, *Syn. of the char. of the carb. foss. of Ireland,* p. 45.
CAPULUS VETUSTUS (partim).	H. G. Bronn, 1848, *Index palæont.*, p. 217 (non Sow. sp.).
— TRILOBATUS.	J. Morris, 1854, *Cat. of brit. foss.*, 2nd edit, p. 239.

Coquille à peu près symétrique, assez élevée, terminée par une extrémité obtusément pointue, courbée sur elle-même, mais non enroulée et se maintenant à une certaine distance du bord postérieur de l'ouverture. Celle-ci est trilobée et largement ouverte; le lobe postérieur ou dorsal est le plus prononcé des trois. La surface est ordinairement couverte de stries d'accroissement assez faiblement indiquées.

Dimensions. — Le spécimen figuré par J. Phillips a 30 millimètres de hauteur et le diamètre transverse de son ouverture est de 23 millimètres. Celui d'Australie que je viens de décrire n'a que **24** millimètres de haut et l'état dans lequel il se trouve ne me permet pas de le figurer, ni de mesurer le diamètre de son orifice.

Rapports et différences. — Cette espèce a de très-grands rapports avec le *P. vetustum*, Sowerby, qu'on peut facilement confondre avec lui, comme je l'ai fait en 1842 et comme d'autres auteurs l'ont fait après moi. La principale différence consiste en ce que chez le *P. trilobus* le lobe postérieur est toujours plus prononcé que chez le *P. vetustum* et en ce que l'extrémité apiciale est toujours terminée par une petite spire qui fait complétement défaut chez son congénère.

Gisement et localités. — Cette espèce accompagne la précédente dans les localités dans lesquelles elle a été recueillie.

3. PLATYCERAS ALTUM, *J. D. Dana.*

(Pl. XXIII, fig. 5.)

PILEOPSIS ALTA. J. D. Dana, 1849. *Geol. of the U. S. explor. exped.*, p. 707, pl. 9, fig. 14.

Cette espèce dont je ne connais qu'un petit échantillon, est assez droite et comprimée latéralement; sa partie dorsale est arquée et son sommet assez pointu et recourbé en avant surplombe l'ouverture lorsqu'on le place horizontalement; celle-ci est ovale et son diamètre antéro-postérieur est presque le double du diamètre transverse. La surface est presque entièrement lisse et ne porte que quelques stries d'accroissement.

Dimensions. — Hauteur 5 millimètres; diamètre transverse 3 millimètres.

Rapports et différences. — Cette espèce diffère du *P. tenella*, J. D. Dana, par sa hauteur relativement plus forte et par la forme plus elliptique de son ouverture.

Gisement et localités. — Selon M. J. D. Dana cette espèce a été trouvée à Harpur's Hill. M. W. B. Clarke l'a recueillie à Pallal, sur les bords du Gwydir.

4. PLATYCERAS TENELLA, *J. D. Dana.*

(Pl. XXIII, fig. 6.)

PILEOPSIS TENELLA. J. D. Dana, 1849, *Geol. of the U. S. explor. exped.*, p. 786, pl 9, fig. 13.

Petite coquille de forme conique, recourbée, à ouverture oblongue, terminée à son extrémité postérieure par une pointe assez aiguë et proéminente; ouverture ovale; surface lisse.

Dimensions. — Hauteur 6 millimètres; diamètre antéro-postérieur de l'ouverture 8 millimètres.

Rapports et différences. — Quoique je n'aie pas la certitude que ce *Platyceras* ainsi que le précédent ne soient pas de jeunes individus d'espèces mieux caractérisées et peut-être déjà connues, je les ai maintenus provisoirement sous les noms sous lesquels M. J. D. Dana les a décrits et figurés. Le *Platyceras tenella* diffère du *P. altum*, par sa faible hauteur et la largeur relativement plus considérable et plus ovale de son ouverture.

Gisement et localités. — Existe, selon M. J. D. Dana, dans le calcaire de Harpur's Hill; il a été recueilli par M. W. B. Clarke dans un calcaire gris de Colocolo.

GENRE **PORCELLIA**, *Leveillé.*

PORCELLIA WOODWARDII, *W. Martin.*

(Pl. XXIII, fig. 8.)

CONCHYLIOLITHUS N. AMMONITES WOODWARDII.	W. Martin, 1809, *Petrif. derbiens.*, p. 17, pl. 35, fig. 4, 5.
NAUTILUS WOODWARDII.	J. de Carle Sowerby, 1829, *Mineral. conch.*, t. VI, p. 138, pl. 571, fig. 3.
BELLEROPHON —	J. Phillips, 1836, *Geology of Yorkshire*, t. II, p. 231, pl. 17, fig. 1, 2, 3 (non idem, *Pal. foss.*, p. 107, pl. 40, fig. 201).
— —	A. d'Orbigny, *Monogr. du genre Bellerophon*, pl. 6, fig. 17-19.
PORCELLIA —	L.-G. de Koninck, 1844, *Descr. des anim. foss. du terr. carb. de la Belgique*, p. 360, pl. 28, fig 2.
— —	J. Morris, 1854, *Cat. of brit. foss.*, p 289.

Cette coquille qui rappelle assez bien la forme des *Ammonites* avec lesquelles on l'a d'abord confondue, est discoïde et concave des deux côtés. Ses tours de spire sont au nombre de sept ou huit et ne sont pas embrassants, mais anguleux des deux côtés ; leur section transverse extérieure est subpentagonale. Toute la surface est ornée de petites granulations disposées par séries longitudinales et parallèles à la rainure dorsale dont le dernier tour de spire est garni ; ses granulations paraissent avoir été produites par l'intersection de stries assez fines et en même temps assez profondes, dont les unes sont longitudinales par rapport aux tours de spire sur lesquels elles prennent naissance dès l'origine de ceux-ci, et dont les autres un peu plus prononcées traversent verticalement les premières en se recourbant un peu en arrière et en formant des lignes parallèles aux bords de l'ouverture de la coquille. A cause de l'épaisseur relativement assez forte du têt, l'ouverture proprement dite est arrondie ou faiblement transverse. Quoique les divers tours de spire paraissent régulièrement s'enrouler dans un même plan et que les deux côtés de la coquille soient très-concaves, il est cependant facile de s'assurer que l'un de ces côtés l'est un peu moins que l'autre et que les premiers tours de spire y font une très-légère saillie ; c'est une preuve évidente des rapports qui existent entre les *Porcellia* et les *Pleurotomaria* dont le bord externe de l'ouverture porte une fente qui, par son oblitération graduelle, donne lieu à la formation d'une bande le long des tours de spire.

Dimensions. — Cette espèce peut acquérir un diamètre d'environ 3 centimètres. Le diamètre du plus grand échantillon d'Australie n'a que 11 millimètres.

Rapports et différences. — Ce *Porcellia* se distingue facilement du *P. Puzo*, Leveillé, par la forme anguleuse de ses tours de spire et par l'absence complète de gros tubercules indépendamment des granulations qui ornent sa surface.

Gisement et localités. — L'existence de cette espèce a été constatée en Belgique dans le calcaire de Visé et de Waulsort ; en Yorkshire dans celui de Bolland et de Kulkeagh ; en Derbyshire dans le calcaire de Winster et de Brassington et dans la

Nouvelle-Galles du Sud à Burragood. Je doute fort que l'échantillon dévonien de Newton décrit sous le même nom par J. Phillips appartienne à la même espèce.

GENRE **PLEUROTOMARIA**, *Defrance.*

—

1. PLEUROTOMARIA MORRISIANA, *F. Mc Coy.*

(Pl. XXIII, fig. 12.)

PLEUROTOMARIA MORRISIANA. F. Mc Coy, 1847, *Ann. and mag. of nat. hist.*, t. XX, p. 306, pl. 17, fig. 5.
— J. D. Dana, 1849, *Geology of the U. S. explor. exped.*, p. 706, pl. 9, fig. 15 (fig. 16 *exclusâ*).

Coquille conique, un peu plus longue que large, composée de quatre ou cinq tours de spire convexes garnis d'une double carène saillante limitant la bande du sinus; suture assez profonde, située immédiatement au-dessous de la carène. Le reste de la surface ornée de stries obliques d'accroissement. Ouverture subcirculaire. Pas d'ombilic.

Dimensions. — Longueur 7 millimètres; largeur 5 millimètres; angle apicial environ 60°.

Rapports et différences. — Cette espèce ressemble par les ornements de sa surface à mon *P. Galeottiana;* elle s'en distingue par la convexité de ses tours de spire et la forme plus arrondie de son ouverture. Je suis persuadé que M. J. D. Dana a confondu deux espèces distinctes sous le nom de *P. Morrisiana* et que les échantillons qu'il a représentés par la figure 16 de sa planche 9 sont spécifiquement et même génériquement différents de ceux que reproduit la figure 15 de la même planche. Comme on le verra plus loin, leur ornementation et leur angle spiral sont trop différents les uns des autres pour qu'on admette qu'ils appartiennent au même type spécifique.

Gisement et localités. — Cette petite espèce paraît être très-abondante dans le calcaire des environs de Munawarrec (Black Head). M. F. M° Coy indique en outre son existence dans le grès de Muree.

2. PLEUROTOMARIA SUBCANCELLATA, *J. Morris.*

(Pl. XXIII, fig. 15.)

PLEUROTOMARIA SUBCANCELLATA. J. Morris, 1845, In *Strzelecki's Phys. descr. of N. S. Wales,* p. 288, pl. 18, fig. 6.
—   F. M° Coy, 1847, *Ann. and mag. of nat. hist.,* t. XX, p. 305.

Cette coquille, d'une taille relativement assez forte, de forme conoïdale, est composée de six tours de spire; la partie inférieure de la spire est déprimée et cette dépression donne lieu à la formation d'un angle obtus vers son tiers inférieur, tandis que les deux tiers antérieurs sont convexes. La bande du sinus est bien limitée et située immédiatement au-dessus de l'angle de la spire; elle est garnie d'un grand nombre de stries semi-circulaires déterminées par la fente du sinus et l'accroissement successif de la coquille; le reste de la surface est orné d'une quantité innombrable de stries longitudinales traversées perpendiculairement par d'autres stries non moins nombreuses et produisant ainsi un dessin uniformément réticulé; l'ombilic est assez large et profond, l'ouverture de la bouche est transverse.

Dimensions. — N'ayant à ma disposition qu'un échantillon imparfait de cette belle espèce, il m'est impossible d'en donner les dimensions exactes. Le spécimen figuré par M. J. Morris dont l'angle spiral est de 75° a dû avoir une longueur et une largeur d'environ 65 millimètres.

Rapports et différences. — Cette espèce ressemble par sa forme et sa taille au *Pleurotomaria delphinuloïdes,* Goldfuss, dont elle diffère néanmoins par ses ornements, par la forme de son orifice et par la faible largeur de la bande du sinus.

Gisement et localités. — J'ai pu constater l'existence de ce *Pleu-*

rotomaria dans le grès micacé de Murce. M. J. Morris indique Illawara et M. F. Mc Coy Loder's Creek comme lieux de sa provenance.

3. PLEUROTOMARIA STRIATA, *J. Sowerby.*

(Pl. XXIII, fig. 11.)

HELIX STRIATUS.	J. Sowerby, 1828, *Miner. conchol.*, t. II, p. 159, pl. 171, fig 1.
TURBO —	A. Dumont, 1832, *Const. géol. de la prov. de Liége*, p. 353.
— —	Davreux, 1833, *Const. géogn. de la prov. de Liége*, p. 271.
PLEUROTOMARIA STRIATA.	J. de C. Sowerby, 1834, *Indexes of the Miner. conch.*, p. 247.
— —	J. Phillips, 1836, *Geology of Yorkshire*, t. II, p. 226.
PTYCHOMPHALUS STRIATUS.	L. Agassiz, 1838, *Traduct. de la Conch. minér. de Sowerby*, p. 222, pl. 115, fig. 1, 2, 3.
PLEUROTOMARIA STRIATA.	L.-G. de Koninck, 1843, *Descr. des anim. foss. du terr. carb. de la Belgique*, p. 399, pl. 31, fig. 2.
— HAINESII.	F. Mc Coy, 1844, *Syn. of the char. of the carb. foss. of Ireland*, p. 41, pl. 3, fig. 8.
— STRIATA.	F. Mc Coy, 1855, *Brit. pal. foss.*, p. 529.

Coquille faiblement conique, composée de cinq ou six tours de spire convexes dont le bord supérieur est muni d'une double carène assez saillante et presque lisse, limitant une bande de sinus couverte d'un grand nombre de petites écailles arquées. La carène supérieure étant recouverte par le retour de la spire, la double carène ne s'observe bien que sur le dernier tour qui est légèrement déprimé en dessus. Sa surface supérieure est ornée d'un grand nombre de stries rayonnantes, légèrement sinueuses et se bifurquant assez souvent vers leur extrémité extérieure. Les stries des premiers tours de spire sont obliquement transverses, à peine sinueuses. La fente est profonde et occupe à peu près le quart du développement total du dernier tour de spire. L'ombilic est oblitéré par une callosité assez forte; l'ouverture est grande, transverse et subrectangulaire.

Dimensions. — Cette coquille peut atteindre une longueur d'environ 2 centimètres et une largeur de 26 millimètres; son angle spiral est de 86°.

Rapports et différences. — Cette espèce appartient évidemment au même groupe auquel appartiennent les *P. carinata* et

conica, Sowerby. Son tèt, comme celui de ces derniers, est souvent marbré ou entièrement coloré en noir, mais sa taille est
ordinairement moins forte ; elle diffère du premier par l'absence
d'ombilic et par la profondeur de ses stries et du second, par la
grandeur de son angle spiral et par la suture de sa spire qui est
directement soudée à sa carène, tandis qu'elle reste à une certaine distance chez le *P. conica*.

Gisement et localités. — Cette espèce a été découverte par
Sowerby dans le calcaire carbonifère du Derbyshire ; je l'ai rencontrée assez rarement dans celui de Visé. M. W. B. Clarke n'en
a recueilli qu'un seul échantillon dans un calcaire argileux jaunâtre de Duguid's Hill.

4. PLEUROTOMARIA GEMMULIFERA, *J. Phillips.*

(Pl XXIII, fig. 9.)

PLEUROTOMARIA GEMMULIFERA. J. Phillips, 1836, *Geol. of Yorkshire,* t II, p. 227, pl. 15,
fig. 18.
— L.-G. de Koninck, 1843, *Descr. des anim. foss. du terr.
carb. de la Belgique,* p. 370. pl. 31, fig. 7.

Coquille de taille moyenne, plus large que longue, sub-
conique, composée de cinq tours de spire légèrement convexes
et séparés les uns des autres par une suture linéaire peu profonde ; leur surface est ornée de petites côtes longitudinales
parallèles entre elles et garnies de petites granulations légèrement imbriquées ; les sillons qui séparent ces côtes sont traversés par de fines stries obliques d'accroissement. Le nombre des
côtes varie avec l'âge et augmente progressivement par l'insertion
d'une nouvelle côte du côté de la suture ; le dernier tour d'une
coquille adulte en porte treize ; celui-ci est garni d'une double
carène dont l'inférieure est la plus prononcée et entre laquelle
se trouve la bande modérément large du sinus, qui elle-même
porte des côtes très-minces et difficilement visibles à l'œil nu. La
surface supérieure de la base est déprimée et garnie de huit ou
neuf faibles côtes parallèles à la bande du sinus, traversées

par des stries d'accroissement, mais nullement granuleuses. L'ombilic est médiocre, infundibuliforme et lisse. L'ouverture est transverse et anguleuse.

Dimensions. — Ce *Pleurotomaria* peut acquérir 12 à 15 millimètres de diamètre et une longueur de 8 à 10 millimètres.

Rapports et différences. — Ce *Pleurotomaria* est voisin du *P. radula*, L.-G. de Koninck, par le nombre et la régularité de ses côtes ainsi que par les granulations dont elles sont couvertes.

Gisement et localités. — Se trouve dans le calcaire carbonifère supérieur de Bolland en Yorkshire et de Visé en Belgique. Un seul échantillon a été recueilli dans un calcaire grisâtre provenant d'une tranchée du chemin de fer de Maitland à Stony-Creek.

5. PLEUROTOMARIA HUMILIS, *L.-G. de Koninck.*

(Pl. XXIII, fig. 14.)

Coquille de taille moyenne, sigaretiforme, composée de trois ou quatre tours de spire convexes, peu embrassants et dont le dernier prend rapidement un développement considérable. La surface est ornée d'un grand nombre de fines côtes longitudinales, traversées perpendiculairement par des stries non moins fines d'accroissement. La bande du sinus ne se distingue du reste de la surface que parce qu'elle est limitée par deux sillons un peu plus forts que ceux qui séparent le restant des côtes. Cette espèce ne possède pas d'ombilic; sa columelle est très-oblique; son ouverture est grande et transversalement ovale; son bord extérieur est mince et légèrement sinueux dans son milieu.

Dimensions. — Longueur environ 15 millimètres; diamètre transverse du dernier tour de spire 20 millimètres.

Rapports et différences. — Il existe une très-grande analogie entre cette espèce et mon *Pleurotomaria Frenoyana*. Elle s'en distingue par la différence de rapports qui existent entre sa longueur et sa largeur et en outre par la bande de son sinus qui n'est pas creuse et, enfin, par la forme transverse de son ouverture.

Gisement et localités. — Un seul échantillon incomplet de cette espèce a été trouvé dans le grès de la Terrasse Raymond. M. R. Etheridge junior vient de la découvrir dans un calcaire grisâtre des environs d'Édimbourg.

6. PLEUROTOMARIA NATICOIDES, *L.-G. de Koninck.*

(Pl. XXIII, fig. 10.)

PLEUROTOMARIA NATICOIDES. L.-G. de Koninck, 1843, *Descr. des anim. foss. du terr. carb. de la Belgique,* p. 405, pl. 31, fig. 8.

—   —   · Idem, 1873. *Rech. sur les anim. foss.,* t. II, p. 101.

Coquille de taille moyenne, à spire aplatie, subdiscoïde, assez fortement carénée et composée de sept ou huit tours de spire. La partie non enveloppée de ses divers tours est fortement déprimée et très-peu convexe; les deux tiers de sa surface supérieure sont lisses, tandis que le tiers inférieur est orné de petites stries rayonnantes un peu arquées, ayant leur origine à la suture. La bande du sinus, étroite et saillante, reste visible sur tous les tours de spire dont elle longe la suture. La partie supérieure du dernier tour de spire est très-convexe ; son ombilic est large et infundibuliforme; son ouverture est transverse et subrhomboïdale; la fente en est assez profonde.

Dimensions. — Cette coquille n'atteint jamais de grandes dimensions et sa longueur dépasse rarement un centimètre, tandis que sa largeur en atteint trois. Son angle spiral est d'environ 130°.

Rapports et différences. — Diffère du *P. expansa,* J. Phillips, par sa forme beaucoup plus discoïde et sa longueur relativement plus forte.

Gisement et localités. — J'ai recueilli cette espèce dans le calcaire carbonifère supérieur de Visé où elle est assez rare. Un seul échantillon en a été trouvé par M. W. B. Clarke à Harpur's Hill. J'ai constaté sa présence parmi les fossiles de Bleyberg en Carinthie et M. J. Thomson l'a trouvée aux environs de Glasgow.

7. PLEUROTOMARIA HELICINÆFORMIS, *L.-G. de Koninck.*

(Pl. XXIII, fig. 13.)

Petite coquille subglobuleuse, presque aussi longue que large, composée de cinq tours de spire convexes, à suture assez profonde. Le dernier tour de spire relativement bien développé et muni dans son milieu d'une bande de sinus légèrement saillante, est assez large comparativement à la taille de la coquille. L'ombilic m'a paru être infundibuliforme et profond. La surface est complétement lisse.

Dimensions. — La longueur de cette petite coquille n'excède pas 3 millimètres et sa largeur 3 1/2 millimètres. Il est possible que ce ne soit qu'un jeune individu d'une coquille plus grande.

Rapports et différences. — M. F. Mc Coy a décrit sous le nom de *P. lævis* une petite espèce qui a beaucoup de ressemblance avec celle-ci. Elle en diffère par sa forme plus discoïde et plus déprimée et surtout par la largeur relativement beaucoup plus faible de la bande de son sinus, ainsi que par la place moins élevée que cette bande occupe sur la spire; cette circonstance permet de l'observer sur tous les tours, tandis qu'elle n'est visible que sur le dernier chez le *P. helicinæformis.*

Gisement et localité. — Il n'a été trouvé qu'un seul échantillon de cette espèce dans le calcaire argileux brun de Burragood.

Genre **MURCHISONIA**, *d'Archiac et de Verneuil.*

—

1. MURCHISONIA TRIFILATA, *J. D. Dana.*

PLEUROTOMARIA TRIFILATA.　J. D. Dana, 1847, In *Silliman's Amer. Journ. of sciences,* 2nd ser., t. IV, p. 151.

—　MORRISIANA. Idem, 1849, *Geol. of the U. S. explor. exped.,* p. 706, pl. 8, fig. 16 (fig. 15 *exclusá,* non F. Mc Coy).

Coquille de taille moyenne, allongée, conique, composée de sept ou huit tours de spire garnis d'une triple carène dont la supérieure est obsolète et longe la suture qui est assez profonde; les deux carènes inférieures servent de limite à la bande du sinus qui est creuse et couverte de petites écailles d'accroissement. La partie supérieure du dernier tour de spire est convexe; la coquille n'est pas ombiliquée; son ouverture est ovale, oblongue; sa fente parait avoir été assez profonde. Toute la surface est ornée de fines stries obliques, légèrement arquées, assez profondes et un peu irrégulières.

Dimensions. — Cette jolie coquille peut atteindre une longueur d'environ 2 centimètres et un diamètre de 9 à 10 millimètres. Son angle spiral est de 51°.

Rapports et différences. — M. J. D. Dana, n'ayant probablement pas eu de bons exemplaires de cette espèce à sa disposition, l'a confondue avec le *Pleurotomaria* que M. F. Mᶜ Coy a dédié à M. J. Morris. Elle en diffère cependant non-seulement par une longueur relativement plus grande qui m'autorise à la classer parmi les *Murchisonia,* mais encore par la faiblesse de son angle spiral et surtout par l'existence d'une triple carène sur ses tours de spire, tandis qu'elle n'est que double chez la *Pleurotomaria Morrisiana;* il est probable que c'est cette triple carène, très-bien observée et figurée par M. J. D. Dana, qui lui a suggéré le nom sous lequel il l'a d'abord désignée et que j'ai cru devoir adopter. La forme de cette espèce a beaucoup de ressemblance avec celle de mon *M. Verneuilliana,* qui en diffère en ce que sa carène n'est que double et occupe le milieu des tours de spire au lieu de longer les sutures comme cela s'observe chez le *M. trifilata.*

Gisement et localités. — M. W. B. Clarke m'a communiqué un bloc de grès calcareux verdâtre de Harpur's Hill pétri d'une quantité considérable de spécimens de cette espèce. M. J. D. Dana indique cette même localité comme lieu de provenance de l'un des échantillons dont il s'est servi, tandis que M. F. Mᶜ Coy assigne les grès de Muree et de Wollongong comme gisement de son *P. Morrisiana,* dans lesquels je n'ai rencontré aucune trace du **Murchisonia trifilata.**

2. MURCHISONIA VERNEUILIANA , *L.-G. de Koninck.*

(Pl. XXIII , fig. 15.)

MURCHISONIA VERNEUILIANA. L.-G. de Koninck, 1844, *Descr. des anim. foss. du terr. carb. de la Belgique,* p. 414, pl. 38, fig. 5.

Coquille conique, allongée, composée de sept à dix tours de spire. La spire est divisée à peu près dans son milieu par une double petite carène limitant la bande du sinus assez étroite et un peu creuse. Des deux côtés de la bande, la spire est presque plane à l'exception de la partie supérieure du dernier tour qui est convexe. La surface est couverte de fines stries irrégulières et un peu obliques d'accroissement. La suture est profonde. La columelle est simple et faiblement sinueuse; l'ouverture est allongée et subrhomboïdale.

Dimensions. — Quoique cette espèce puisse atteindre une longueur d'environ 3 centimètres, les échantillons d'Australie mis à ma disposition, en atteignent à peine le tiers et leur diamètre n'est que de 7 millimètres. Leur angle spiral est de 41°.

Rapports et différences. — Cette espèce a été considérée par E. de Verneuil comme identique avec l'espèce de Paffrath qu'il a décrite sous le nom de *M. angulata*, mais qu'il ne faut pas confondre avec une autre espèce à laquelle J. Phillips a donné le même nom; elle en diffère par sa petite taille et par un angle spiral beaucoup plus grand; il résulte de ce dernier caractère que pour une même longueur, le diamètre du *Murchisonia* dévonien est relativement plus faible que celui de l'espèce carbonifère. L'absence d'une troisième carène sur ses tours de spire ne permet pas de la confondre avec l'espèce précédente.

Gisement et localités. — Cette espèce qui est assez rare dans le calcaire carbonifère supérieur de Visé, a été recueillie dans un calcaire gris foncé de Munnawarree (Black Head).

Genre EUOMPHALUS, *Sowerby.*

—

1. EUOMPHALUS OCULUS, *J. D. Sowerby.*

(Pl. XXIII , fig. 18.)

TROCHUS OCULUS.   J. D. Sowerby, 1838, In *T. L. Mitchell's Three exped. into the inter. of East. Austr* , t I, p. 15, pl. 2, fig. 3, 4.
PLATYSCHISMA OCULUS. J. Morris, 1845, In *P. E. Strzelecki's Phys. descr. of N. S. Wales,* p. 286, pl. 18, fig. 1.
—   — F. Mc Coy, 1847, *Ann. and mag. of nat. hist.*, t. XX, p. 306.
—   — J. D. Dana, 1849, *Geology of the U. S. explor. exped.*, p. 707, pl. 10, fig. 1.

Coquille d'assez grande taille, suborbiculaire, à spire courte, déprimée, composée de quatre à cinq tours peu convexes et dont le dernièr assez développé est obtusément caréné vers son bord supérieur. Les sutures sont peu profondes ; l'ouverture est oblique, presque circulaire et n'offre qu'une légère angulosité du côté du canal inférieur joignant la suture du dernier tour ; la columelle est simple et assez épaisse ; l'ombilic n'est pas très-large, mais il est profond ; la partie supérieure du dernier tour est convexe. Toute la surface est ornée de stries obliques d'accroissement, un peu sinueuses vers la partie carénée de la base. Le têt est fibreux.

Dimensions. — Cette espèce est susceptible d'atteindre d'assez grandes dimensions. Le spécimen figuré par M. de Strzelecki a environ 5 centimètres de long sur 7 centimètres de large ; celui figuré par M. J. D. Dana est plus grand encore, mais il est en partie déformé.

Rapports et différences. — La forme de cette espèce se rapproche beaucoup de celle de l'*E. helicoïdes*, Sowerby, et l'on pourrait facilement la confondre avec lui, s'il ne s'en éloignait par l'excessive ténuité de son têt et par l'absence presque complète de stries d'accroissement sur sa surface. Elle en diffère encore par la structure fibreuse de son têt, structure que ne possède point l'espèce à laquelle je viens de la comparer.

Gisement et localités. — Assez abondante dans un calcaire arénacé verdâtre de Harpur's Hill, où elle est associée à une grande quantité de *Murchisonia trifilata,* J. D. Dana. Un échantillon en a été recueilli dans un grès jaunâtre de Branxton.

2. EUOMPHALUS MINIMUS, *F. Mᶜ Coy.*

(Pl. XXIII, fig. 17.)

EUOMPHALUS MINIMUS. F. Mᶜ Coy, 1847, *Ann. and mag. of nat. hist.,* t. XX, p. 305, pl. 17, fig. 4.

Coquille extrèmement petite, arrondie, composée de trois ou quatre tours de spire convexes, à suture sillonnée et à spire déprimée. Le dernier tour de spire est relativement assez bien développé et convexe à sa base. L'ombilic est petit et l'ouverture est transversement ovale. La surface est lisse.

Dimensions. — Le diamètre du plus fort échantillon qu'il m'ait été donné d'étudier, ne dépasse pas 2 millimètres; sa longueur équivaut à peu près à la moitié.

Rapports et différences. — Comme cette espèce est assez abondante dans certaines roches carbonifères de la Nouvelle-Galles du Sud et que celles-ci ne renferment aucun *Euomphalus* de plus grande taille qui lui ressemble, il est probable qu'elle constitue réellement une espèce distincte et non pas le jeune âge d'une espèce plus grande, comme on serait tenté de le croire. Je ne connais aucun autre *Euomphalus* carbonifère auquel elle puisse être comparée et avec lequel on puisse la confondre.

Gisement et localités. — Selon M. F. Mᶜ Coy, cette espèce est commune dans les schistes de Dunvegan. M. W. B. Clarke en a recueilli plusieurs échantillons dans le calcaire argileux de Burragood.

3. EUOMPHALUS CATILLUS, *W. Martin.*

(Pl. XXIII, fig. 19.)

CONCHYLIOLITHUS HELICITES CATILLUS. W. Martin. 1809, *Petrif. derbiens.*, p. 18, pl. 17. fig. 1, 2.
EUOMPHALUS CATILLUS. L.-G. de Koninck, 1843, *Descr. des anim. foss. du terr. carb. de la Belgique,* p. 417, pl. 24, fig. 10.
— — Idem, 1873, *Rech. sur les anim. foss.*, t. II, p. 103, pl. 4, fig. 4 (y consulter la synonymie).

Coquille d'assez grande taille, ayant la forme d'une lentille biconcave, dont l'un des côtés correspondant à celui de la spire serait un peu moins creux que le côté opposé qui forme l'ombilic; elle est composée de sept ou huit tours de spire s'appliquant directement les uns contre les autres sans les envelopper. La spire, dont la section est subtrapézoïdale, est bicarénée; ses divers tours sont séparés extérieurement les uns des autres par un sillon hélicoïdal, peu profond, qui suit la suture. Toute la surface est ornée de stries d'accroissement peu régulières, mais assez prononcées pour être facilement visibles à l'œil nu. L'ouverture est subtrapézoïdale et à peu près aussi haute que large; elle est bisinuée, mais son sinus au canal inférieur est plus profond que le supérieur; son bord extérieur est tranchant, proéminent et arqué. L'ombilic, qui a le même diamètre que la spire, en a aussi la forme avec cette différence que tous les tours de spire y sont un peu moins carénés.

Dimensions. — La coquille de cette espèce peut atteindre un diamètre de 65 millimètres et une hauteur d'environ 22 millimètres; l'un des échantillons d'Australie n'a que 31 millimètres de diamètre.

Rapports et différences. — Cette espèce est voisine de l'*E. calyx,* J. Phillips; elle s'en distingue néanmoins facilement par la convexité de la partie extérieure de ses tours de spire comprise entre les deux carènes, par la plus grande concavité de sa spire et par la surface moins régulière de son ombilic.

Gisement et localités. — Cet *Euomphalus* n'est pas bien rare

dans le calcaire carbonifère supérieur de Visé. Il existe dans ce
même calcaire en Yorkshire, en Écosse et en Irlande. Deux
moules externes l'un de la spire et l'autre de l'ombilic ont été
recueillis par M. W. B. Clarke à 7 milles N. O. de Tillegary.
C'est à l'existence de ce double moule que je dois d'avoir pu
reconnaître l'espèce.

GENRE **MACROCHEILUS**, *J. Phillips.*

—

1. MACROCHEILUS FILOSUS, *J. D. Sowerby.*

(Pl. XXIII, fig. 16.)

LITTORINA FILOSA. J. D. Sowerby, 1838, In *T. L. Mitchell's Three exped. into the inter.
of East. Australia,* t. I, p. 15, pl. 2, fig. 5.
—   —   J. Morris, 1845, In *Strzelecki's Phys. descr. of N. S. Wales,* p. 285,
pl. 18, fig. 4.

Coquille allongée, turriculée, composée de six ou sept tours
de spire convexes, à sutures assez profondes. La surface des cinq
ou six premiers tours est ornée de six côtes minces parallèles
aux sutures, à peu près également distantes les unes des autres
et séparées par des sillons ou des rainures lisses, concaves et
plus larges que les côtes qui les produisent. Le dernier tour est
assez ventru et chargé de quatorze ou quinze côtes dont les supérieures sont un peu plus rapprochées les unes des autres que les
six inférieures ne le sont entre elles; l'ouverture est allongée,
ovale.

Dimensions — Longueur 15 millimètres; largeur 10 millimètres; angle spiral 46°.

Rapports et différences. — Le professeur J. Phillips a figuré
une espèce de *Macrocheilus* à laquelle il a donné le nom de
Buccinum? parallele (Geol. of Yorks., pl. 16, fig. 8) ayant un
angle spiral à peu près identique à celui de l'espèce dont il est ici
question; ses ornements sont également semblables quoique les
côtes qui les forment paraissent être plus nombreuses; mais ce
qui le différencie, c'est que la partie inférieure de ses tours de

spire forme une surface plane, tandis que les tours de spire du
M. filosus sont régulièrement convexes dans toute leur étendue.
Gisement et localités. — Selon M. J. Morris cette espèce se
trouve à Booral. M. W. B. Clarke en a recueilli plusieurs échantillons dans un calcaire gris noirâtre des bords du Karúa, dans
la chaîne à Ichthyodorulites, associés à une petite espèce de
Palæarca.

2. MACROCHEILUS ACUTUS, *J. de C. Sowerby.*

(Pl. XXIII, fig. 24.)

BUCCINUM.		D. Ure, 1793, *Hist. of Rutherglen*, p. 309, pl. 14, fig. 3.
—	ACUTUM.	J. de Carle Sowerby, 1829, *Miner. conch.*, t. VI, p. 127, pl. 566, fig. 1 (non idem, *Trans. of the geol. Soc. of London*, 2nd ser.. t. V, pl. 57, fig. 23).
—	—	J. Phillips, 1836, *Geology of Yorkshire*, t. II, p. 230, pl. 16, fig. 11, 21.
—	IMBRICATUM.	Idem, 1836, *ibid.*, p. 229, pl. 16, fig. 17, 18, 19, 20 (fig. 9 *exclusâ*) (non Sowerby).
MACROCHEILUS ACUTUS.		L.-G. de Koninck, 1843, *Descr. des anim. foss. du terr. carb. de la Belgique*, p. 473, pl. 40, fig. 10 et pl. 41, fig. 13.
—	—	Idem, 1873, *Rech. sur les anim. foss.*, t. II, p. 104. pl. 4, fig. 9 (y consulter la synonymie).

Coquille allongée, subfusiforme, à spire régulière, très-
pointue, ordinairement composée de neuf ou dix tours convexes,
lorsqu'elle est adulte; le dernier tour de spire est grand et
occupe à peu près à lui seul la moitié de la longueur totale de
la coquille; la surface est lisse ou simplement ornée de fines
stries d'accroissement. L'ouverture est allongée et subovale. La
columelle est garnie d'un petit pli oblique peu prononcé,
au-dessus duquel on remarque les traces d'un second pli moins
apparent encore et que l'on ne découvre que sur des échantillons d'une conservation parfaite. Le bord externe de l'ouverture
est mince et légèrement sinueux.

Dimensions. — Longueur des échantillons adultes, 2 à 3 centimètres; diamètre transverse 8 à 10 millimètres; angle spiral
52° à 53°.

Rapports et différences. — On ne distingue cette espèce du

M. imbricatus, J. Phillips, que par sa forme plus allongée et par la différence de son angle spiral.

Gisement et localités. — Ce *Macrocheilus* est très-abondant dans le calcaire carbonifère de Visé et du Yorkshire; il est rare dans celui des environs de Glasgow et dans le schiste correspondant de Bleyberg, en Carinthie. Un seul petit échantillon en a été recueilli par M. W. B. Clarke, dans un calcaire argileux brun de Burragood.

GENRE **LOXONEMA**, *J. Phillips.*

—

1. LOXONEMA DIFFICILIS, *L.-G. de Koninck.*

(Pl. XXIII, fig. 23.)

Coquille conique, allongée, composée de dix à douze tours de spire très-peu convexes, séparés les uns des autres par une suture linéaire, peu profonde, et très-peu oblique. La surface est complétement lisse.

Dimensions. — La longueur du plus grand échantillon qui m'ait été communiqué n'est que d'environ 20 millimètres; son diamètre transverse est de 9 millimètres et son angle spiral de 31°.

Rapports et différences. — Cette espèce a beaucoup de rapports avec mon *Loxonema elongata*, auquel je l'avais d'abord assimilé. Mais en l'observant de près, on trouve que ses tours de spire sont beaucoup moins convexes et qu'ils ne possèdent pas le renflement supérieur qui caractérise ceux de l'espèce que je viens de nommer; chez cette dernière encore l'angle spiral est plus petit, puisqu'il n'est que de 24°, tandis que celui du *L. difficilis* est de 31°.

Gisement et localité. — Provient d'un calcaire gris des bords du Karúa.

2. LOXONEMA CONSTRICTA, *W. Martin*.

(Pl. XXIII, fig. 20.)

CONCHYLIOLITHUS TURBINITES? CONSTRICTUS. W. Martin, 1809, *Petrif. derbiens.*, p. 18, pl. 38, fig. 3.

MELANEA CONSTRICTA. J. Sowerby, 1821, *Miner. conch.*, t. III, p. 33, pl. 218, fig. 2.

TEREBRA? — J. de Carle Sowerby, 1834, *Indexes to the miner. conch.*, p. 247.

MELANIA — J. Phillips, 1836, *Geol. of Yorkshire*, t. II, p. 228, pl. 16, fig. 1.

LOXONEMA — L.-G. de Koninck, 1843, *Précis élémentaire de géologie, par d'Omalius d'Halloy*, p. 516.

CHEMNITZIA — Idem, 1843, *Descr. des anim. foss. du terr. carb. de la Belgique*, p. 465, pl. 41, fig. 5.

LOXONEMA — F. Mc Coy, 1844; *Syn. of the char. of the carb. foss. of Ireland*, p. 30.

— — A. d'Orbigny, 1850, *Prodr. de paléont.*, t. Ier, p. 117.

? — — J. Morris, 1854, *Cat. of brit. foss.*, p. 255.

— — L.-G. de Koninck, 1873, *Rech. sur les anim foss.*, t. II, pl. 4, fig. 5.

Coquille de taille moyenne, allongée, conique, composée de dix à douze tours de spire dont le profil est légèrement sinueux par suite de l'existence d'un faible renflement vers leur bord supérieur; leur bord inférieur est orné d'une série de petits renflements ou tubercules allongés produits par l'accroissement successif de la coquille et correspondant ordinairement à des stries très-fines dépendant de la même cause. L'ouverture est presque circulaire et munie d'une légère callosité du côté de la columelle.

Dimensions. — Quoique cette coquille puisse atteindre une longueur de 4 à 5 centimètres et que son dernier tour de spire puisse avoir un diamètre de 15 à 20 millimètres, le plus grand échantillon d'Australie ne possède qu'une longueur de 11 millimètres et un diamètre de 4 millimètres. Son angle spiral est de 29°.

Rapports et différences. — Parmi les congénères de cette espèce, je ne connais que mon *L. subconstricta* qui lui soit comparable. En effet les ornements des deux coquilles sont très-analogues, mais celle que je viens de nommer est d'une taille beaucoup plus petite et son angle spiral n'a que 25°, tandis que celui du *L. constricta* est de 29°, comme cela a été indiqué plus haut.

Gisement et localités. — Je considère le *L. constricta* comme l'une des espèces les plus caractéristiques du calcaire carbonifère supérieur. Je ne l'ai jamais observé ni dans les étages moyens, ni dans l'étage inférieur de ce même calcaire; aussi le trouve-t-on assez communément dans le calcaire de Visé. Il paraît plus rare dans celui de Bolland en Yorkshire, des environs de Glasgow, en Écosse et de Cork en Irlande. J'ai constaté également ment sa présence à Bleyberg en Carinthie. Un seul échantillon en a été découvert par M. W. B. Clarke dans un calcaire gris foncé des bords du Karúa.

3. LOXONEMA ACUTISSIMA, *L.-G. de Koninck.*

(Pl. XXIII, fig. 22.)

Coquille très-allongée, conique, composée de treize ou quatorze tours de spire faiblement convexes et à suture linéaire et peu profonde. Leur surface est ornée d'une grande quantité de fines côtes à peu prés invisibles à l'œil nu et produites par l'accroissement successif de la coquille.

La forme de l'ouverture m'est inconnue.

Dimensions. — Longueur 14 millimètres; diamètre transverse du dernier tour de spire 4 millimètres; angle spiral 16°.

Rapports et différences. — La forme générale de cette espèce ressemble assez bien à la coquille que J. Phillips a représentée planche 16, figure 23 de son travail sur l'Yorkshire et qu'il a prise pour une variété de son *Buccinum (Loxonema) curvilineum*, malgré la grande différence qui existe entre celui-ci et l'espèce type. Je n'oserais cependant pas affirmer qu'elle soit identique avec elle. Je ne connais aucune autre espèce qui lui ressemble.

Gisement et localité. — Cette espèce accompagne la précédente dans le calcaire des bords du Karúa.

4. LOXONEMA RUGIFERA, *J. Phillips.*

(Pl. XXIII, fig. 21.)

MELANIA RUGIFERA.	J. Phillips, 1836, *Geol. of Yorkshire*, t. II, p. 229, pl. 16, fig. 26.
CHEMNITZIA —	L.-G. de Koninck, 1843, *Descr. des anim. foss. du terr. carb. de la Belgique*, p. 462, pl. 41, fig. 2.
LOXONEMA —	J. Morris, 1843, *Cat. of brit. foss.*, p. 150.
— —	F. Mc Coy, 1855, *Brit. palœoz. foss.*, p. 545.
CHEMNITZIA —	E. d'Eichwald, 1860, *Lethœa rossica*, t, I, p. 1116.

Coquille allongée, conique, composée de quatorze à seize tours de spire convexes; chaçun de ces tours est orné suivant l'âge de douze à quinze tubercules allongés dans le sens de l'axe de la coquille, mais légèrement obliques à cet axe et occupant les trois quarts supérieurs de la largeur totale de chaque tour de spire; le quart inférieur est déprimé et lisse ou simplement strié en travers. Toute la surface, y compris les tubercules, est couverte de fines stries d'accroissement irrégulières et arquées. L'ouverture est ovale et un peu plus longue que large; la columelle est recouverte d'une callosité mince s'étendant un peu au-devant du côté interne de l'ouverture, tandis que le bord externe est mince et tranchant.

Dimensions. — Cette espèce peut atteindre une longueur de 5 à 6 centimètres. L'échantillon australien dont je dispose n'a qu'une longueur de 13 millimètres. Angle spiral 19°.

Rapports et différences. — Il serait assez difficile de distinguer cette espèce de mon *L. similis*, avant que l'un et l'autre fussent arrivés à l'état adulte, s'il n'existait pas toujours une différence constante dans le degré de leurs angles spiraux; adultes on les reconnait par l'absence de tubercules sur le dernier tour du *L. similis*, tandis que leur présence est constante sur le dernier tour de spire du *L. rugifera*.

Gisement et localités. — Ce *Loxonema* a d'abord été indiqué dans le calcaire carbonifère supérieur de Bolland, en Yorkshire, par J. Phillips, ensuite dans celui de Valdaï, du lac Ilmen et de Vitegra, par d'Archiac et de Verneuil et dans celui de Cosatchi-

Datschi, par M. E. d'Eichwald. Je l'ai rencontré dans le calcaire du même âge à Visé. M. W. B. Clarke l'a recueilli dans un calcaire blanchâtre de Burragood. Je doute fort que l'espèce dévonienne décrite par J. Phillips sous le même nom, soit identique à celle-ci.

Classe : CÉPHALOPODES.

Ordre : TETRABRANCHIATA.

Genre GONIATITES, de Haan.

1. GONIATITES MICROMPHALUS, J. Morris.

(Pl. XXIV, fig. 5.)

BELLOROPHON MICROMPHALUS. J. Morris, 1845, In *Strzelecki's Phys. descr. of N. S. Wales,* p. 288, pl. 18, fig. 7.

—   F. Mc Coy, 1847, *Ann. and mag. of nat. hist.,* t. XX, p. 308.

—   J. D. Dana, 1849, *Geol. of the U. S. explor. exped,* p. 708, pl. 10, fig. 6.

—   UNDULATUS.   Idem, 1849, *ibid.,* p. 707, pl. 10, fig. 4.

Coquille de taille moyenne, discoïde, convexe, sur les côtés, à dos arrondi. Les divers tours de spire s'enveloppent presque complètement et ne laissent qu'un petit ombilic. Nos échantillons étant dépouillés de leur têt, on ne peut qu'approximativement se rendre compte des ornements de la surface; mais d'un autre côté, le têt ayant été très-mince comme chez la plupart des *Goniatites,* on peut admettre par les traces qui en subsistent sur les moules, que cette surface n'a dû être couverte que de faibles stries d'accroissement interrompus de distance en distance par des dépressions transverses qui, en s'étendant sur la partie dorsale, y produisent un grand sinus, dont la convexité est tournée en arrière et qui indique la forme du bord supérieur de l'ouverture; celle-ci est arrondie en avant et fortement échancrée en arrière par le retour de la spire qui lui donne une forme subsemi-lunaire. Je n'ai pu découvrir aucune trace de cloisons sur les divers échantillons qui m'ont été communiqués.

Dimensions. — Diamètre 22 millimètres; épaisseur 13 millimètres; hauteur de la bouche 6 millimètres.

Rapports et différences. — M. le professeur J. Morris, qui le premier a décrit cette espèce, ainsi que M. J. D. Dana, ont fait remarquer qu'elle a plutôt l'aspect d'une *Goniatites* que d'un *Bellerophon* et qu'ils l'ont classée dans ce dernier genre à cause de l'absence complète de cloisons. Pour ma part je suis intimement convaincu qu'elle appartient au premier de ces genres par la raison que je ne connais pas de *Bellerophon*, qui même à l'état de moule, lorsque son têt est mince, ne conserve des traces très-appréciables de la bande du sinus dont sa partie dorsale est garnie; or, aucune trace semblable n'existe ici. En revanche, tous les échantillons portent des sillons tranverses, très-sinueux sur la partie anticolumellaire de la coquille et parfaitement semblables à celles qui se remarquent à la surface d'un grand nombre de *Goniatites,* comme on peut s'en assurer par l'inspection de celles que J. Phillips a décrites et figurées ([1]). Je suis même très-porté à croire que le *G. micromphalus* est identique avec le *G. micronotus* du même auteur. En tout cas la différence qui existe entre les échantillons australiens et celui figuré par le savant professeur d'Oxford, est tellement faible, qu'il serait difficile de la formuler. Le *G. (Bellerophon) undulatus,* J. D. Dana, ne me parait être qu'un *G. micromphalus* dont les sillons transverses sont mieux prononcés.

Gisement et localités. — Se trouve à Illawara (J. Morris) et dans le grès de Muree où elle n'est pas rare.

([1]) Voir *Geology of Yorkshire*, t. II, p. 19, fig. 1, 4, 16, 17, 22, 26, 33 et 34.

2. GONIATITES STRICTUS, *J. D. Dana.*

BELLEROPHON STRICTUS. J. D. Dana, 1847, *Silliman's Amer. Journ. of sc.*, 2nd ser., t. IV,
      p. 151.
—   Idem, 1849, *Geol. of the U. S. explor. exped.*, p. 707, pl. 10,
      fig. 5.

Coquille assez petite, discoïde, déprimée latéralement et à dos arrondi. Tours de spire enveloppants et ne produisant qu'un petit ombilic dont les bords sont un peu évasés en forme d'un large entonnoir. L'ouverture est plus haute que large et fortement échancrée en arrière par le retour de la spire. La surface est entièrement lisse et je n'ai pu y apercevoir aucune trace de stries. Les cloisons sont inconnues.

Dimensions. — Diamètre 11 millimètres; épaisseur 5 millimètres.

Rapports et différences. — Cette espèce diffère de la précédente par l'absence de toute trace d'ornement à sa surface, par sa largeur relativement moins grande et par la dépression de ses côtés latéraux.

Gisement et localités. — M. J. D. Dana l'a recueillie à Wollongong et M. W. B. Clarke à Harpur's Hill dans un calcaire noir.

Genre ORTHOCERAS, *Breynius.*

—

1. ORTHOCERAS STRIATUM, *J. Sowerby.*

(Pl. XXIV, fig. 2.)

ORTHOCERA STRIATA.   J. Sowerby, 1814, *Miner. conch.*, t. I, p. 129, pl. 58.
ORTHOCERAS STRIATUM. F. Mᶜ Coy, 1844, *Syn. of the char. of the carb. foss. of Ireland,*
      p. 8 (non idem, F. Mᶜ Coy, *Brit. palæoz. foss.*, p. 405).

Coquille très-grande, droite, conique, allongée, couverte de côtes longitudinales très-minces, en partie interrompues et coupées transversalement par des stries d'accroissement plus ou moins irrégulières, un peu obliques et parfois légèrement ondu-

lées. Cloisons concaves, subhémisphériques, à bords horizon-
taux; siphon central, arrondi, légèrement infundibuliforme et
ayant à peu près le dixième du diamètre des cloisons. La distance de celles-ci varie un peu avec le développement progressif
de la coquille; c'est ainsi que la distance des dernières est de
11 millimètres, tandis que celle des cloisons médianes n'est que
de 9 millimètres. La dernière loge est très-longue et très-spa-
cieuse; elle a 17 centimètres de développement; son bord est
oblique et tranchant, quoique son têt soit plus épais sur une
étendue d'environ 2 centimètres autour de ce bord que sur le
reste de la coquille.

Dimensions. — M. W. B. Clarke m'ayant communiqué un
exemplaire de cette espèce possédant une longueur non inter-
rompue de 37 centimètres et ayant conservé sa loge terminale,
il ne m'a pas été difficile de reconnaître la longueur totale qu'a
dû avoir ce même exemplaire lorsqu'il était complet. Cette longueur a été d'environ 75 centimètres et l'angle apicial de son
extrémité inférieure a dû être d'environ 2 $\frac{1}{2}$ à 3° en supposant
que la partie inférieure et manquante de la coquille ait été aussi
régulière que celle de la partie supérieure qui m'a servi à faire
la description de l'espèce. Le diamètre de l'ouverture terminale
est de 4 $\frac{1}{2}$ centimètres.

Rapports et différences. — Cette belle espèce se distingue
facilement des *O. cinctum*, Sowerby, et *Morrisianum*, L. G. de
Koninck, qui ont leur surface ornée de stries transverses, par ses
nombreuses côtes longitudinales, dont on n'aperçoit aucune trace
sur les espèces que je viens de citer; mon *O. lineale* en diffère
par le caractère inverse, c'est-à-dire par l'absence de stries d'accroissement. On observe en outre chez toutes ces espèces une
différence assez sensible dans leur angle apicial, dans la forme
de leurs cloisons, ainsi que dans la situation et le diamètre de
leur siphon. M. le professeur F. Mc Coy a assimilé à l'*Orthoceras
striatum* une espèce dévonienne que J. Phillips a confondue
avec l'*O. ludense* qui est silurien et qui, bien qu'étant strié longitudinalement, en diffère par la forme ovale de sa section transverse et la situation excentrique de son siphon.

Gisement et localités. — Cette belle espèce a été découverte en 1812 par le Dr Wood et par Wright dans le calcaire carbonifère noir des environs de Cork, où elle paraît être rare. Le révérend W. B. Clarke en a recueilli le magnifique échantillon que j'ai fait figurer, dans un calcaire brunâtre micacé de Wollongong et quelques autres fragments à Russel's Shaft.

2. ORTHOCERAS MARTINIANUM? *L.-G. de Koninck.*

(Pl. XXIV, fig. 3.)

ORTHOCERAS MARTINIANUM. L.-G. de Koninck, 1843, *Descr. des anim. foss. du terr. carb. de la Belgique*, p. 505, pl. 41, fig. 4.

Coquille d'assez petite taille, mince, allongée, sensiblement conique et parfaitement lisse à l'extérieur. Ses cloisons ne sont que faiblement bombées et assez rapprochées les unes des autres. Leur distance équivaut à peu près au quart de leur diamètre. Le siphon est très-petit et un peu excentrique.

Dimensions. — Longueur du fragment communiqué 26 millimètres; diamètre supérieur 4 $^1/_2$ millimètres; diamètre inférieur 2 $^1/_2$ millimètres. Angle apicial environ 10°.

Rapports et différences. — Je n'aurais pas hésité à assimiler cette espèce à l'*Orthoceras inequiseptum* de J. Phillips dont elle possède exactement la forme, si le savant géologue anglais n'avait indiqué pour caractère de ce dernier, que les cloisons sont très-distantes dans le jeune âge, tandis qu'elles sont assez rapprochées dans l'*O. Martinianum*. Celui-ci diffère de mon *O. calamus* par sa taille beaucoup plus courte et par une ouverture beaucoup plus grande de son angle apicial.

Gisement et localités. — J'ai découvert cette espèce dans le calcaire carbonifère supérieur de Visé, où elle est assez rare. En Australie elle se trouve dans un calcaire gris foncé des bords du Karúa, dans la chaîne à Ichthyodorulites.

Genre **CAMEROCERAS**, *Conrad.*

—

CAMEROCERAS PHILLIPSII, *L.-G. de Koninck.*

(Pl. XXIV, fig. 1.)

ORTHOCERAS LATERALE. L.-G. de Koninck, 1843, *Descr. des anim. foss. du terr. carb. de la Belgique*, p. 508, pl. 43, fig. 2 (non Phillips).

Coquille allongée, très-peu conique, à surface parfaitement lisse; cloisons faiblement concaves du côté de l'ouverture et dont la distance équivaut à peu près au quart de leur diamètre transverse; siphon très-excentrique, assez étroit, situé à une faible distance du bord et en forme de chapelet, caractère général du genre.

Dimensions. — Il ne parait pas que cette espèce puisse atteindre une longueur de plus de 15 à 20 centimètres. L'ouverture de son angle apicial est d'environ 15°.

Rapports et différences. — Cette coquille que j'ai confondue en 1843 avec l'*O. laterale*, J. Phillips (identique à l'*O. undulatum* de J. Sowerby), en diffère par la forme arrondie de sa section transverse, par l'horizontalité de ses cloisons et surtout par la faiblesse de ses dimensions.

Gisement et localités. — Cet *Orthoceras* n'est pas très-rare dans le calcaire carbonifère supérieur de Visé. Un seul échantillon en a été recueilli par M. W. B. Clarke à Chinaman's Gully, dans un calcaire d'un gris noirâtre, renfermant une quantité innombrable de fragments de tiges de Crinoïdes et ressemblant au calcaire belge désigné sous le nom de *Petit granit.* Il y est associé au *Spirifer bisulcatus,* au *Chonetes papilionacea,* Phill. et à l'*Orthis resupinata,* W. Martin.

GENRE **NAUTILUS**, *Breynius.*

NAUTILUS SUBSULCATUS, *J. Phillips.*

(Pl. XXIV, fig. 4.)

NAUTILUS SUBSULCATUS J. Phillips, 1836, *Geol. of Yorkshire,* t. II, p. 233, pl. 17, fig. 18, 25.
— SULCATULUS. Idem, 1836, *ibid.,* p. 250.
— SUBSULCATUS, *var.* J. de Carle Sowerby, 1840, *Transact. of the geol. Soc. of London,* 2nd ser, t. V, pl. 40, fig. 7.
— — Portlock, 1843, *Geolog. report on the county of Londonderry,* p. 405.
— — L.-G. de Koninck, 1843, *Descr. des anim. foss. du terr. carb. de la Belgique,* p. 548, pl. 30, fig. 6; pl. 47, fig. 9 et pl. 49, fig. 4.
— (DISCITES) SUBSULCATUS. F. Mc Coy, 1844, *Syn. of the char. of the carb. foss. of Ireland,* p. 19.
— SUBSULCATUS. A. d'Orbigny, 1846, *Palœont. univers. des coq. et des mollusq.,* t. Ier, pl. 48, fig. 1-6.
— — A. d'Orbigny, 1850, *Prodr. de paléont.,* t. Ier, p. 110.
— (DISCITES) SUBSULCATUS. J. Morris, 1854, *Cat. of brit. foss.,* p. 309.
— SUBSULCATUS? E. d'Eichwald, 1860, *Lethœa rossica,* t. I, p. 1312, pl. 49, fig. 21.
— — L -G. de Koninck, 1873, *Rech. sur les anim. foss.,* t. II, p. 110, pl. 4, fig. 10.

Les caractères du fragment de coquille que je rapporte à cette espèce sont tellement bien tranchés et si parfaitement concordants avec ceux des figures qui la représentent, que je n'ai aucun doute qu'il ne soit réellement identique avec elle; il suffira d'ailleurs pour s'en convaincre de comparer la figure que j'en donne avec la figure 2 de la planche 48 de la Paléontologie universelle d'A. d'Orbigny. La forme extérieure et celle des cloisons sont exactement les mêmes dans les deux cas. Mais comme l'échantillon est trop imparfait pour être décrit, je me borne à renvoyer pour les détails aux ouvrages des auteurs que j'ai cités dans la synonymie.

Gisement et localités. — J. Phillips est le premier qui ait décrit cette espèce et qui l'ait distinguée du *N. sulcatus,* J. Sowerby; il l'a découverte dans le calcaire carbonifère supérieur de Bolland, en Yorkshire; J. E. Portlock et M. F. Mc Coy ont constaté sa présence en Irlande. Je l'ai rencontrée dans le calcaire carbonifère de Visé et dans le schiste de même âge à Bleyberg en Carinthie. L'échantillon australien a été recueilli sur les bords du Karúa. Elle est rare partout.

Classe : CRUSTACEA.

Ordre : OSTRACODA.

Section : ENTOMOSTRACA.

—

Genre POLYCOPE, *G. O. Sars.*

—

POLYCOPE SIMPLEX, *T. R. Jones* et *J. W. Kirkby.*

(Pl. XXIV, fig. 7.)

Cypridinopsis simplex. T. R. Jones and J. W. Kirkby, 1871, *Trans. of the geol. Soc. of Glasgow,* t. III, suppl., p. 26.
Polycope — Idem, 1874, *Monogr. of the brit. foss. bivalved Entomost. from the carb. format.,* p. 54, pl II, fig. 1, 10, 12 and pl. 5, fig. 1.

Carapace légèrement ovale, comprimée, sublenticulaire et lisse. Selon les auteurs que je viens de citer, on observe un très-faible épaississement marginal au côté ventral de certaines valves. La courbure extérieure et la gibbosité sont très-variables. Vus latéralement, les spécimens présentent une forme presque ronde, obliquement tronquée dans la région antéro-ventrale et par suite présentant une légère proéminence antérieure; vus du côté postérieur, ils paraissent étroitement obovales, tandis que vus du côté de la commissure des valves, ils offrent un ovale étroit et aigu.

Dimensions. — Le diamètre transverse des plus grands individus ne dépasse pas 3 millimètres; les diamètres vertical et longitudinal sont un peu plus petits. L'épaisseur est un peu variable; elle est de 1 $\frac{1}{2}$ à 2 millimètres.

Gisement et localités. — Cette espèce ne paraît pas être fort rare. Elle existe dans le calcaire de Little Island, près Cork, de Carluke et de Campsie en Écosse. Plus de cinquante valves de cette espèce se sont trouvées réunies dans un fragment de grès de Muree dont la surface n'offre pas un espace de 25 centimètres carrés. Elles y sont associées à un petit nombre de carapaces de l'espèce suivante.

GENRE **ENTOMIS,** *T. R. Jones.*

—

ENTOMIS JONESI, *L.-G. de Koninck.*

(Pl. XXIV, fig. 6.)

Carapace ovale, oblongue, arquée du côté ventral; les valves dont la surface est lisse, sont divisées en deux parties inégales par un sillon transverse ayant son origine au bord dorsal et s'étendant jusqu'aux deux tiers de leur largeur; on n'aperçoit aucune trace de tubercule ni d'un côté, ni de l'autre des valves. L'épaisseur est relativement assez forte et atteint à peu près la moitié du diamètre longitudinal.

Dimensions. — Longueur environ 2 millimètres; largeur et épaisseur approximativement 1 millimètre.

Rapports et différences. — Cette petite espèce a beaucoup de rapports avec l'*E. nitida,* F. A. Roemer, dont elle a à peu près le double de la longueur, tandis que son diamètre transverse est relativement inférieur à celui de l'espèce dévonienne. Je la dédie au savant auteur qui s'est fait connaître par un grand nombre de travaux sur les ENTOMOSTRACÉS fossiles.

Gisement et localité. — Elle se trouve dans le grès de Muree, associée à l'espèce précédente.

Ordre : TRILOBITA.

___

Genre PHILLIPSIA, *J. E. Portlock.*

—

PHILLIPSIA SEMINIFERA, *J. Phillips.*

(Pl. XXIV, fig. 9.)

Asaphus seminiferus.		J. Phillips, 1836, *Geology of Yorkshire,* t. II, p. 240, pl. 22, fig. 8-10.
—	gemmuliferus.	Buckland, 1838, *La géol. et la minér. en rapport avec la théolog.,* t. II, p. 88, pl. 66, fig. 10.
—	seminiferus.	Milne Edwards, 1838, In Lamarck, *Animaux sans vertèbres,* 2ᵉ édit., t. V, p. 234.
—	—	A. Goldfuss, 1843, *Neues Jahrb. für Miner.,* p. 562.
Phillipsia Kellii.		Portlock, 1843, *Report on the geol. of the county of London-derry,* p. 307, pl. 11, fig. 1.
—	seminifera.	J. Morris, 1843, *Cat. of brit. foss.,* p. 76.
—	gemmulifera.	L.-G. de Koninck, 1844, *Descr. des anim. foss. du terr. carb. de la Belgique,* p. 603 (non J. Phillips).
—	Kellii.	F. Mᶜ Coy, 1844, *Syn. of the char. of the carb. foss. of Ireland,* p. 162.
—	gemmulifera.	H. Bronn, 1848, *Index palæont.,* p. 958.
—	—	F. Roemer, 1851, *Lethœa geogn.,* p. 595, pl IX², fig. 9 (fig. 10 exclusâ).
—	seminifera.	J. Morris, 1854, *Cat. of brit. foss.,* p. 114.
—	—	J. D. Dana, 1864, *Man. of geology,* p. 319, fig. 556.
—	—	V. v. Moeller, 1867, *Bull de la Soc. I. des Natur. de Moscou,* p. 159.
—	gemmulifera.	F. Roemer, 1876, *Lethœa geogn.,* atlas, pl. 47, fig. 9 (non Phill.).

La tête de cette espèce est subsemi-elliptique; sa longueur atteint les deux tiers de sa largeur à la base. La glabelle, plus longue que large, est un peu plus étroite dans sa partie antérieure qu'à sa base; son sillon occipital est arqué et profond; des sillons latéraux les postérieurs sont obliques et atteignent le sillon occipital avec lequel ils forment un angle aigu; les sillons moyens et antérieurs, beaucoup moins bien prononcés, sont presque perpendiculaires aux côtés latéraux de la glabelle et n'occupent que le tiers environ de la largeur totale de celle-ci. Toute sa surface est couverte de petits tubercules très-visibles à l'œil nu. Les joues sont également ornées de tubercules semblables.

Le thorax étant formé de neuf segments dans une espèce voisine, je suppose que le nombre en est le même dans celle-ci; leurs plèvres sont à sillon et ils portent une série de petits tubercules semblables à ceux qui ornent la surface de la tête; le contour du pygidium ressemble à celui de la tête; il est faiblement bombé en travers; son axe est composé de treize ou quatorze articulations distinctes et se termine en une pointe assez obtuse; chacune de ses articulations porte une série de six petits tubercules disposés de façon à produire des séries verticales; ses anneaux latéraux sont plus ou moins obliques et arqués, selon la place qu'ils occupent et se prolongent jusqu'à l'extrémité de la doublure du têt. Le nombre de leurs tubercules est très-variable; les anneaux supérieurs en possèdent sept ou huit, tandis qu'on n'en compte que trois ou quatre sur les inférieurs.

Dimensions. — Le seul échantillon ayant conservé sa tête, que j'ai eu l'occasion d'examiner, doit avoir eu une longueur d'environ 25 millimètres. Cette espèce atteint souvent le double de cette longueur.

Rapports et différences. — Cette espèce a souvent été confondue avec le *P. gemmulifera* de J. Phillips et moi-même j'ai commis cette erreur en 1844. Depuis ce temps, j'ai eu occasion d'étudier un grand nombre d'échantillons de l'une et de l'autre espèce et j'ai pu constater :

1° Que le *Phillipsia gemmulifera* ne diffère en rien de l'espèce que Schlotheim a désignée en 1823 sous le nom de *Trilobites Asaphus pustulatus* et qui doit être conservée sous le nom de *Phillipsia pustulata*, ainsi que j'en ai déjà fait l'observation depuis plus de trente ans.

2° Que le *P. seminifera* se distingue de l'espèce que je viens de citer par la faiblesse de ses granulations, par le nombre plus considérable de celles-ci sur les articulations latérales du pygidium et par le nombre un peu plus restreint des articulations de son axe.

Gisement et localités. — Ce *Phillipsia* paraît appartenir exclusivement au calcaire carbonifère supérieur dans lequel J. Phillips l'a découvert à Bolland en Yorkshire. J'ai signalé sa présence dans le calcaire de Visé et le révérend W. B. Clarke l'a recueilli à Colocolo. C'est probablement l'espèce que M. F. McCoy a recueillie dans le schiste de Dunvegan, mais qu'il n'a pas déterminée, tout en faisant observer qu'elle était voisine du *P. gemmulifera*, J. Phillips.

Genre **GRIFFITHIDES**, *J. E. Portlock.*

—

GRIFFITHIDES EICHWALDI, *G. Fischer de Waldheim.*

(Pl. XXIV, fig. 8.)

ASAPHUS EICHWALDI.	G. Fischer de Waldheim, 1825, In Eichwald, *Geogn. zool. per Ingriam marisque balt. prov. nec non de Trilobitis observat.*, p. 54, pl. 4, fig. 5.
— —	Holl, 1829, *Handb. der Petref.*, p. 176.
— GRANULIFERUS.	J. Phillips, 1836, *Geol. of Yorkshire*, t. II, p. 239, pl. 22, fig. 7
— OBSOLETUS.	Idem, 1836, *ibid.*, p. 239, pl. 22, fig. 3-6.
— EICHWALDI.	G. Fischer de Waldheim, 1837, *Oryct. du gouv. de Moscou,* p. 121, pl. 12, fig. 2.
GERASTOS BRONGNIARTI.	A. Goldfuss, 1843, *Neues Jahrb. für Miner. u. Geol.*, p. 562.
PHILLIPSIA —	L.-G. de Koninck, 1844, *Descr. des anim. foss. du terr. carb. de la Belgique*, p. 597, pl. 53, fig. 7 (non Deslongchamps).
GRIFFITHIDES GRANULIFERUS.	F. McCoy, 1844, *Syn. of the char. of the carb. foss. of Ireland*, p. 160.
— OBSOLETUS.	Idem, 1844, *ibid.*, p. 161.
PHILLIPSIA BRONGNIARTI.	H. Bronn, 1848, *Index palæont.*, p. 958.
— —	J. Morris, 1854, *Cat. of brit. foss.*, p. 114.
GRIFFITHIDES BRONGNIARTII.	E. d'Eichwald, 1860, *Lethæa rossica*, t. I, p. 1437, pl. 54, fig. 8 (non Fischer de Waldheim).
— OBSOLETUS.	Idem, 1860, *ibid.*, p. 1440.
PHILLIPSIA EICHWALDI.	V. v. Moeller, 1867, *Bull. de la Soc. I. des Natur. de Moscou,* p. 187.

Tête subsemi-circulaire, convexe, à pointes génales très-peu prolongées et ne dépassant pas la première articulation du thorax; glabelle assez épaisse; bombée et faisant légèrement saillie sur le limbe rudimentaire du front.

Thorax composé de huit articulations; son axe possède la même largeur que les lobes latéraux; tous trois sont convexes.

Pygidium d'un tiers plus large que long, de forme semi-elliptique et muni d'un limbe assez large auquel correspond une doublure de même largeur à l'intérieur; son axe est composé de dix anneaux dont l'ensemble présente la forme d'un triangle isocèle à angle du sommet très-aigu, mais tronqué; ces anneaux, dont le supérieur a 5 millimètres de large, tandis que l'inférieur ne possède plus qu'une largeur de 1 millimètre, sont simples; les anneaux latéraux, au contraire, au nombre de huit, sont divisés en deux dans le sens de leur longueur par un petit sillon beaucoup moins prononcé que ceux qui les séparent entre eux, quoique perceptible à l'œil nu.

Toute la surface est couverte de fines granulations qu'il n'est pas toujours aisé de découvrir lorsque les échantillons ne sont pas de première fraicheur, comme c'est le cas pour un grand nombre de fossiles australiens.

Dimensions. — Un spécimen à peu près complet a une longueur de 25 millimètres, dont la tête seule en occupe 7 et le pygidium 8; sa largeur est de 14 millimètres.

Rapports et différences. — Selon M. V. v. Möller, qui a publié une revue générale des TRILOBITES carbonifères, accompagnée de quelques bonnes observations à côté de certaines erreurs que j'aurai l'occasion de relever plus tard, plusieurs auteurs ont confondu le *G. Eichwaldi* avec des espèces qui ne peuvent pas être confondues avec lui. C'est ainsi que le paléontologiste russe, à qui il est dédié, a désigné sous ce nom l'espèce que M. F. Mc Coy a décrite sous le nom de *G. mucronatus* et qui s'en distingue facilement par son appendice caudal. E. de Verneuil et M. J. Morris ont commis la même faute. Moi-même j'ai considéré, avec G. Fischer de Waldheim et quelques autres auteurs, le *G. Brongniarti* du paléontologiste russe, comme distinct du *G. Eichwaldi* dont il ne constitue qu'une simple variété. On ne peut pas la confondre avec le *G. globiceps*, à cause du petit nombre d'anneaux de l'axe de son pygidium et la division de ses anneaux latéraux, qui sont simples dans l'espèce que je viens de citer.

Gisement et localités. — Cette espèce qui est connue depuis
1825 a d'abord été trouvée dans le calcaire carbonifère supérieur
de Russie, sur les bords du fleuve Serena, dans le district de
Kozel (gouvernement de Kalouga) et à Kosatschy-Datschy, dans
l'Oural; depuis on l'a rencontrée dans ce même calcaire, à Bolland, en Yorkshire et à Visé, en Belgique. Un échantillon presque
complet en a été recueilli par M. W. B. Clarke dans un calcaire
brunâtre du Haut William (Upper William River).

GENRE **BRACHYMETOPUS**, *F. Mc Coy.*

—

BRACHYMETOPUS STRZELECKII, *F. Mc Coy.*

(Pl. XXIV, fig. 10.)

BRACHYMETOPUS STRZELECKII. F. Mc Coy, 1847, *Ann. and mag. of nat. hist.*, t. XX, p. 231,
pl. 12, fig. 1.
— V. v. Moeller, 1867, *Bull. de la Soc. I. des Natural. de
Moscou*, p. 130.

Charmante petite espèce dont la tête subsemi-circulaire est
entourée d'un limbe relativement assez large, se terminant de
chaque côté en une pointe génale qui se prolonge au moins
jusqu'à la moitié de la longueur du thorax; ce limbe est garni
d'une simple série de petits tubercules qui n'existent pas sur les
pointes génales; il est séparé du restant de la tête par un sillon
demi-circulaire ayant son origine de chaque côté, au sillon postérieur des joues avec lequel il forme un angle droit; celui-ci passe
à la base de la glabelle dont il constitue alors le sillon occipital.

La glabelle est simple, peu proéminente et subovale; elle n'occupe que les deux tiers de la longueur totale de la tête; les joues
sont convexes; tout autour de la glabelle il existe un chapelet de
petits tubercules un peu plus volumineux que ceux qui ornent
le restant de la surface; des tubercules semblables entourent en
même temps les yeux, placés vers le milieu des joues et assez
proéminents.

Le thorax m'est totalement inconnu.

Le pygidium a presque la même forme subsemi-circulaire que
la tête ; de même que celle-ci il est entouré d'un limbe sur lequel
il existe une série de turbercules pointus correspondant à l'extrémité marginale des anneaux latéraux ; ceux-ci, au nombre de sept,
sont divisés inégalement dans leur milieu par un sillon peu profond ; la partie la plus épaisse porte quelques tubercules un peu
plus gros que ceux qui les entourent et qui couvrent toute la surface ; l'axe du pygidium est composé, d'après M. F. M° Coy, de
dix-sept anneaux dont trois ou quatre sont ornés, dans leur
milieu, d'un gros tubercule produisant ainsi une série longitudinale facilement appréciable.

Dimensions. — Longueur de la tête 2 $\frac{1}{2}$ millimètres ; largeur
3 millimètres.

Rapports et différences. — Jusqu'ici on ne cite que quatre
espèces de ce genre, qui sont : *B. Strzeleckii,* M° Coy ; *B. M° Coyi,*
Portlock ; *B. discors,* M° Coy, et *B. Ouralicus,* de Verneuil.
Ce dernier est facile à distinguer de l'espèce que je viens de
décrire, par sa grande taille et la forme de ses ornements. Mais
la différence entre les caractères de *B. M° Coyi* et *discors* et ceux
du *B. Strzeleckii* n'est pas aussi sensible. Cependant il diffère du
premier par la largeur relativement plus considérable de sa glabelle et du second par la différence dans la disposition des granulations qui couvrent son pygidium et les pointes épineuses de
son limbe.

Gisement et localités. — M. F. M° Coy assure que cette espèce
n'est pas rare dans le schiste de Dunvegan. Quelques échantillons en ont été recueillis par M. W. B. Clarke dans le calcaire
de Burragood et de Glen William.

Genre **TOMODUS**, *L. Agassiz.*

——

TOMODUS CONVEXUS? *L. Agassiz.*

(Pl. XXIV, fig. 11.)

Cochliodus magnus (pars). L. Agassiz, 1838, *Rech. sur les poiss. foss.*, t. III, p. 174.

Il serait assez difficile d'assurer que l'unique fragment de dent de poisson rencontré au milieu des nombreux échantillons de fossiles carbonifères d'Australie qui m'ont été communiqués, appartienne réellement à l'espèce indiquée. Je n'ai pour tout guide dans cette détermination que la forme assez courbée de la dent, sa terminaison en un angle de 30 à 35° et la ponctuation de sa surface, caractères qui concordent assez bien avec ceux de certains échantillons des environs de Glasgow reçus sous le même nom.

Je me serais abstenu de figurer l'échantillon auquel je viens de faire allusion, s'il n'avait appartenu à un ordre de poissons dont la présence n'avait pas encore été citée dans le terrain carbonifère d'Australie.

Gisement et localités. — Il a été recueilli par M. W. B. Clarke dans un grès grisâtre des environs de Tillegary, dans le district de Port Stevens. Il serait à désirer que d'autres échantillons y fussent recherchés afin de s'assurer de l'exactitude du nom de l'espèce, par la découverte de meilleurs spécimens.

RÉSUMÉ GÉOLOGIQUE.

—

Le travail qui précède comprend la description de cent soixante-seize espèces de fossiles carbonifères qui toutes ont été recueillies par les soins du révérend W. B. Clarke dans toute l'étendue de la Nouvelle-Galles du Sud et dont la plupart ont été figurées avec la plus grande exactitude possible.

Parmi ces espèces, on en compte cent et trois dont l'existence n'a pas encore été signalée en Australie, cinquante-neuf qui sont nouvelles pour la science et soixante-quatorze dont la présence a été constatée dans le terrain carbonifère de l'Europe.

Le tableau suivant dans lequel j'ai marqué par un astérisque l'existence de chacune des espèces soit en Europe, soit dans l'une des trois importantes régions de l'Australie, à savoir : la Nouvelle-Galles du Sud, la Tasmanie et la terre de la Reine ou Queen's-land (¹), permettra de saisir par un simple coup d'œil leur distribution dans ces diverses contrées.

(¹) Il est assez remarquable que la colonie de Victoria n'ait encore fourni aucun fossile du calcaire carbonifère, quoique les terrains paléozoïques n'y fassent pas défaut.

N° d'ordre.		N.-G. du Sud.	Tasmanie.	Queen's land.	Europe.
1	Axophyllum Thomsoni, L.-G. de Koninck.	*	...	...	...
2	Lithostrotion irregulare, J. Phillips	*	...	...	*
3	— basaltiforme, Conybeare et Phillips .	*	...	...	*
4	Cyathophyllum inversum, L.-G. de Koninck . . .	*	...	...	...
5	Lophophyllum minutum, L.-G. de Koninck	*	...	...	...
6	— corniculum, L.-G. de Koninck . . .	*	...	...	...
7	Amplexus arunidnaceus? W. Lonsdale	*	...	...	...
8	Zaphrentis Phillipsi, Milne Edwards et J. Haime .	*	...	..	*
9	— Gregoryana, L.-G. de Koninck	*	...	...	...
10	— cainodon, L.-G. de Koninck	*	...	...	...
11	— robusta, L.-G. de Koninck	*	...	...	...
12	Cyathaxonia minuta, L.-G. de Koninck	*	...	...	...
13	Cladochonus tenuicollis, F. Mc Coy	*	..	...	...
14	Syringopora reticulata, A. Goldfuss.	*	...	...	*
15	— ramulosa? A. Goldfuss.	*	...	...	*
16	Favosites ovata, W. Lonsdale.	*	*	...	...
17	Synbathocrinus ogivalis, L.-G. de Koninck	*	...	...	...
18	Poteriocrinus tenuis? T. Austin.	*	...	...	*
19	— radialis? T. Austin	*	...	...	*
20	Platycrinus lœvis, Miller.	*	...	...	*
21	Actinocrinus polydactylus, Miller.	*	...	...	*
22	Tribrachiocrinus Clarkei, F. Mc Coy.	*	...	...	...
23	Cyathocrinus Konincki, W. B. Clarke	*	...	...	...
24	Palœaster Clarkei, L.-G. de Koninck.	*	...	...	...
25	Penniretepora grandis? F. Mc Coy	*	...	...	*
26	Dendropora Hardyi, W. B. Clarke.	*	...	...	...

N° d'ordre.		N.-G. du Sud.	Tasmanie.	Queen's land.	Europe.
27	Fenestella plebeia, F. Mc Coy.	*	*	*	*
	Fenestella fossula, W. Lonsdale.	*	*	*	...
28	— propinqua, L.-G. de Koninck	*	...	...	...
29	— multiporata, F. Mc Coy.	*	...	...	*
30	— Morrisii, F. Mc Coy	*	...	...	*
31	— gracilis, J. D. Dana	*	...	...	...
32	— internata, W. Lonsdale.	*	...	...	...
33	Protoretepora ampla, W. Lonsdale	*	...	...	...
34	Retepora? laxa, L.-G. de Koninck.	*	...	...	...
35	Polypora papillata? F. Mc Coy.	*	...	...	*
36	Productus Cora, A. d'Orbigny	*	...	*	*
37	— magnus, F. B. Meek et A. H. Worthen. .	*	...	...	...
38	— semireticulatus, W. Martin.	*	...	...	*
39	— Flemingii, J. Sowerby	*	...	*	*
40	— undatus, Defrance.	*	...	...	*
41	— punctatus, W. Martin	*	...	...	*
42	— fimbriatus, J. Sowerby.	*	...	...	*
43	— scabriculus, W. Martin.	*	...	...	*
44	— brachythœrus, G. Sowerby	*	*	...	...
45	— fragilis, J. D. Dana	*	...	...	...
46	— Clarkei, R. Etheridge	*	...	*	...
47	— aculeatus, W. Martin	*	...	...	*
48	Chonetes papilionacea, J. Phillips.	*	...	...	*
49	— Laguessiana, L.-G. de Koninck.	*	...	*	*
50	Strophomenes analoga, J. Phillips.	*	...	*	*
51	Orthotetes crenistria, J. Phillips.	*	...	...	*

Nº d'ordre.		N.-G. du Sud.	Tasmanie.	Queen's land.	Europe.
52	Orthis resupinata, W. Martin.	*	...	...	*
53	— Michelini, C. Leveillé	*	...	...	*
54	Rhynchonella pleurodon, J. Phillips.	*	...	...	*
55	— inversa, L.-G. de Koninck	*	...	...	...
56	Athyris planosulcata, J. Phillips	*	...	...	*
	Athyris ambigua? J. Sowerby	*	...	...	*
57	Spirifer lineatus, W. Martin	*	...	...	*
	Spirifer lineatus, var. crebristria, J. Morris . . .	*	.	...	*
58	— glaber, W. Martin.	*	...	...	*
59	— Darwinii, J. Morris	*	...	...	...
60	— subradiatus, G. Sowerby.	*	*	*	...
61	— oviformis, F. Mc Coy.	*	...	...	...
62	— duodecimcostatus, F. Mc Coy	*	...	*	...
63	— Strzeleckii, L.-G. de Koninck	*	...	...	...
64	— Clarkei, L.-G. de Koninck	*	...	...	...
65	— pinguis, J. Sowerby.	*	...	...	*
66	— convolutus, J. Phillips	*	*	*	*
67	— vespertilio, G. Sowerby	*	*	*	...
68	— latus, F. Mc Coy.	*	...	...	...
69	— triangularis, W. Martin	*	...	...	*
70	— bisulcatus, J. Sowerby	*	...	*	*
71	— tasmaniensis, J. Morris	*	*	...	...
72	— exsuperans, L.-G. de Koninck	*	...	...	...
73	Spiriferina cristata, v. Schlotheim	*	...	...	*
74	— insculpta, J. Phillips	*	...	...	*
75	Cyrtina septosa, J. Phillips.	*	...	...	*

N° d'ordre.		N.-G. du Sud.	Tasmanie.	Queen'sland.	Europe.
76	*Terebratula sacculus* W. Martin	*	...	...	*
	Terebratula, var. *cymbœformis*, J. Morris.	*	...	...	...
77	*Scaldia depressa*, L.-G. de Koninck	*	...	...	...
78	— *lamellifera*, L.-G. de Koninck	*	...	...	...
79	*Sanguinolites undatus*, J. D. Dana.	*	...	...	...
80	— *Mitchellii*, L.-G. de Koninck	*	...	...	...
81	— *Etheridgei*, L.-G. de Koninck. . . .	*	...	...	...
82	— *Mᶜ Coyi*, L.-G. de Koninck.	*	...	...	...
83	— *curvatus*, J. Morris.	*	...	...	...
84	— *Tenisoni*, L.-G. de Koninck	*	...	...	...
85	*Clarkia myiformis*, L.-G. de Koninck	*	...	...	...
86	*Cardiomorpha gryphoides*, L.-G. de Koninck . . .	*	...	...	...
87	— *striatella*, L.-G. de Koninck. . . .	*	...	...	*
88	*Edmondia?* *striato-costata*, F. Mᶜ Coy	*	..	...	...
89	— *nobilissima*, L.-G. de Koninck	*	...	...	...
90	— *intermedia*, L.-G. de Koninck	*	...	...	...
91	*Cardinia exilis*, F. Mᶜ Coy.	*	...	...	...
92	*Pachydomus globosus*, J. D. Sowerby	*	...	...	...
93	— *lævis*, J. D. Sowerby.	*	...	...	...
94	— *gigas*, F. Mᶜ Coy	*	...	...	...
95	— *ovalis*, F. Mᶜ Coy	*	...	...	...
96	— *cyprina*, J. D. Dana	*	...	...	...
97	— *pusillus*, F. Mᶜ Coy	*	...	...	...
98	— *politus*, J. D. Dana	*	...	...	...
99	— *Danai*, L.-G. de Koninck	*	...	...	...
100	*Mæonia Konincki*, W. B. Clarke.	*	...	...	...

N° d'ordre.		N.-G. du Sud.	Tasmanie.	Queen's land.	Europe.
101	*Mœonia elongata*, J. D. Dana.	*	...	...	...
102	— *gracilis*, J. D. Dana	*	...	...	...
103	*Pleurophorus Morrisii*, L.-G. de Koninck.	*	...	...	...
	Orthonota? costata, J. Morris	*	...	...	...
104	*Pleurophorus biplex*, L.-G. de Koninck	*	...	...	...
105	— *carinatus*, J. Morris.	*	...	...	...
106	*Conocardium australe?* F. Mc Coy	*	...	...	...
107	*Tellinomya Darwini*, L.-G. de Koninck	*	...	...	...
108	*Palœarca costellata*, F. Mc Coy	*	...	...	*
109	— *interrupta*, L.-G. de Koninck	*	...	...	...
110	— *subarguta*, L.-G. de Koninck.	*	...	...	...
111	*Mytilus crassiventer*, L.-G. de Koninck.	*	...	...	...
112	— *Bigsbyi*, L.-G. de Koninck.	*	...	...	...
113	*Aviculopecten leniusculus*, J. D. Dana	*	...	...	...
114	— *subquinquelineatus*, F. Mc Coy . . .	*	...	...	...
115	— *limœformis*, J. Morris.	*	*	...	...
116	— *consimilis*, F. Mc Coy.	*	..	...	*
117	— *depilis*, F. Mc Coy	*	...	...	*
118	— *elongatus*, F. Mc Coy	*	...	...	*
119	— *ptychotis*, F. Mc Coy	*	...	...	*
120	— *Knockonniensis*, F. Mc Coy	*	...	...	...
121	— *Hardyi*. L.-G. de Koninck	*	...	...	...
122	— *cingendus*, F. Mc Coy.	*	...	...	*
123	— *granosus*, J. Sowerby.	*	...	...	*
124	— *Forbesi*, F. Mc Coy	*	...	...	*
125	— *tessellatus*, J. Phillips.	*	...	...	*

N° d'ordre.		N.-G. du Sud.	Tasmanie.	Queen's land.	Europe.
126	Aviculopecten profondus, L.-G. de Koninck. . . .	*	...	...	...
127	— Fittoni, J. Morris.	*	*	...	...
128	— illawarensis, F. Mᶜ Coy.	*	.	...	...
129	Aphanaia Mitchellii, F. Mᶜ Coy.	*	...	...	...
130	— gigantea, L.-G. de Koninck	*	...	...	...
131	Pterinea macroptera, J. Morris.	*	...	...	...
132	— lata, F. Mᶜ Coy.	*	...	...	*
133	Avicula sublunulata, L.-G. de Koninck	*	...	...	...
134	— Hardyi, L.-G. de Koninck.	*	...	...	...
135	— decipiens, L.-G. de Koninck	*	...	...	...
136	— intumescens, L.-G. de Koninck	*	...	...	...
137	Conularia tenuistriata, F. Mᶜ Coy.	*	...	...	...
138	— quadrisulcata, Miller	*	..	...	*
139	— lævigata, J. Morris	*	...	...	...
140	— inornata, J. D. Dana.	*	...	...	...
141	Dentalium cornu, L.-G. de Koninck	*	...	...	...
142	Platyceras angustum, J. Phillips	*	...	...	*
143	— trilobus, J. Phillips	*	...	...	*
144	— altum, J. D. Dana.	*	...	...	...
145	— tenella, J. D. Dana	*	...	...	...
146	Porcellia Woodwardii, W. Martin.	*	...	...	*
147	Pleurotomaria Morrisiana, F. Mᶜ Coy	*	...	...	...
148	— subcancellata, J. Morris	*	...	...	...
149	— striata, J. Sowerby	*	...	...	*
150	— gemmulifera, J. Phillips	*	...	...	*
151	— humilis, L.-G. de Koninck	*	...	...	*

N° d'ordre.		N.-G. du Sud	Tasmanie.	Queen's land.	Europe.
152	Pleurotomaria naticoides, L.-G. de Koninck . . .	*	...	...	*
153	— helicinæformis, L.-G. de Koninck. .	*	...	...	...
154	Murchisonia trifilata, J. D. Dana	*	...	...	...
155	— Verneuiliana, L.-G. de Koninck . . .	*	...	*	*
156	Euomphalus oculus, J. D. Sowerby	*	...	...	...
157	— minimus, F. Mᶜ Coy.	*	...	...	...
158	— catillus, W. Martin	*	...	...	*
159	Macrocheilus filosus, J. D. Sowerby	*	...	...	...
160	— acutus, J. Sowerby	*	...	...	*
161	Loxonema difficilis, L.-G. de Koninck	*	...	...	...
162	— constricta, W. Martin	*	...	...	*
163	— acutissima, L.-G. de Koninck	*	...	...	...
164	— rugifera, J. Phillips	*	...	...	*
165	Goniatites micromphalus, J. Morris	*	...	...	...
166	— strictus, J. D. Dana	*	...	...	...
167	Orthoceras striatum, J. Sowerby	*	...	...	*
168	— Martinianum, L.-G. de Koninck. . . .	*	...	...	*
169	Cameroceras Phillipsii, L.-.G de Koninck	*	...	..	*
170	Nautilus subsulcatus, J. Phillips	*	...	...	*
171	Polycope simplex, T. R. Jones et J. W. Kirkby. . .	*	...	...	*
172	Entomis Jonesii, L.-G. de Koninck.	*	...	...	...
173	Phillipsia seminifera, J. Phillips	*	...	...	*
174	Griffithides Eichwaldi, G. Fischer de Waldheim. .	*	...	*	*
175	Brachymetopus Strzeleckii, F. Mᶜ Coy	*	...	...	...
176	Tomodus convexus? L. Agassiz	*	...	...	*
	TOTAUX. . . .	176	9	12	74

En ajoutant à la liste qui précède les espèces suivantes qui ne se sont pas trouvées parmi les nombreux échantillons qui m'ont été communiqués par le révérend W. B. Clarke, mais qui ont été décrites par les auteurs dont j'ai cité les ouvrages au commencement de mon travail, on arrivera à un nombre total de deux cent quarante-neuf espèces ([1]).

N° d'ordre.		N.-G. du Sud.	Tasmanie.	Queen's land.	Europe.
1	*Favosites (Stenopora) crinitus*, W. Lonsdale . . .	*	...	...	...
2	— — *tasmaniensis*, W. Lonsdale .	*	*	...	...
3	— — *informis*, W. Lonsdale. . .	*	...	...	...
4	*Strombodes? australis*, F. Mc Coy	*	...	...	...
5	*Turbinolopsis? bina?* W. Lonsdale	*	...	...	...
6	*Ceriopora? laxa*, R. Etheridge	...	...	*	...
7	*Fenestella undulata*, J. Phillips.	*	...	...	*
8	— *media*, J. D. Dana	*	...	...	...
9	*Glauconome pluma?* J. Phillips.	*	...	...	*
10	*Hemitrypa sexangula*, W. Lonsdale	*	...	...	*
11	*Lingula ovata*, J. D. Dana	*	...	...	...
12	*Discina affinis*, F. Mc Coy	*	...	...	...
13	*Siphonotreta?? curta*, J. D. Dana	*	...	...	...
14	*Productus rugatus?* J. Phillips	*	...	...	*
15	— *subquadratus*, J. Morris	*	*	...	...
16	*Spirifer Stockesii*, Koenig	...	*	...	...
17	— *paucicostatus*, G. B. Sowerby.	*	...	...	...
18	*Sanguinolites glendonensis*, J. D. Dana.	*	...	...	...

([1]) Je crois devoir faire observer que je ne garantis pas l'exactitude de ces espèces, dont plusieurs me paraissent être fort douteuses.

Nº d'ordre.		N.-G. du Sud.	Tasmanie.	Queen's land.	Europe.
19	Sanguinolites audax, J. D. Dana	*	...	*	...
20	Edmondia? concentrica, R. Etheridge	...	...	*	...
21	— obovata, R. Etheridge	...	...	*	...
22	Solecurtus? ellipticus, J. D. Dana	*	...	...	...
23	Solecurtus? planulatus, J. D. Dana	*	...	...	...
24	Astarte? gemma, J. D. Dana	*	...	...	...
25	Pachydomus (Astartila) cytherea, J. D. Dana . . .	*	...	...	...
26	— — politus, J. D. Dana. . . .	*	...	...	...
27	— — cyclas, J. D. Dana. . . .	*	...	...	...
28	— — transversus, J. D. Dana .	*	...	...	...
29	Pachydomus? — corpulentus, J. D. Dana. .	*	...	...	...
30	Pachydomus — intrepidus, J. D. Dana . .	*	...	...	...
31	— — lineatus, J. D. Sowerby. .	*	...	...	...
32	— — antiquatus, J. D. Sowerby.	*	...	...	...
33	— — sacculus, F. Mc Coy . . .	*	...	...	...
34	— — lœvis, J. D. Sowerby. . .	*	...	...	...
35	Cardinia? recta, J. D. Dana	*	...	...	...
36	Eurydesma cordata, J. Morris	*	...	...	...
37	Eurydesma? elliptica, J. D. Dana	*	...	...	...
38	Eurydesma? globosa, J. D. Dana	*	...	...	...
39	Cypricardia? acutifrons, J. D. Dana.	*	...	...	...
40	Cypricardia? imbricata, J. D. Dana	*	...	...	...
41	Cypricardia? arcodes, J. D. Dana.	*	...	...	...
42	Cypricardia? prærupta, J. D. Dana.	*	...	...	...
43	Cypricardia? siliqua, J. D. Dana	*	...	...	...
44	Cypricardia? simplex, J. D. Dana.	*	...	...	...

Nº d'ordre.		N.-G. du Sud.	Tasmanie.	Queen's land	Europe.
45	Cypricardia (Avicula?) veneris, J. D. Dana . . .	*	. . .	. .	. . .
46	Venus? gregaria, J. D. Dana	*	. . .	. .	. . .
47	Notomya? securiformis, F. Mᶜ Coy	*	. . .	. .	. . .
48	Notomya? clavata, F. Mᶜ Coy	*	. . .	. .	. . .
49	Orthonota? compressa, J. Morris	. . .	*	. .	. . .
50	Orthonota? costata, J. Morris.	*	. . .	. .	. . .
51	Mœonia valida, J. D. Dana	*	. . .	. .	. . .
52	— axinia, J. D. Dana	*	. . .	. .	. . .
53	Mœonia? carinata, J. D. Dana	*	. . .	. .	. . .
54	Mœonia fragilis, J. D. Dana	*	. . .	. .	. . .
55	— rugiformis, J. D. Dana	*	. . .	. .	. . .
56	— elliptica, J. D. Dana	*	. . .	. .	. . .
57	— grandis, J. D. Dana	*	. . .	. .	. . .
58	Mœonia? recta, J. D. Dana	*	. . .	. .	. . .
59	Tellinomya (Nucula) abrupta, J. D. Dana	*	. . .	. .	. . .
60	— — concinna, J. D. Dana	*	. . .	. .	. . .
61	— — glendonensis, J. D. Dana . .	*	. . .	. .	. . .
62	Pinna? (Cardium) ferox, J. D. Dana	*	. . .	. .	. . .
63	Modiola crassissima, F. Mᶜ Coy.	*	. . .	. .	. . .
64	Aviculopecten squamuliferus, J. Morris	. . .	*	. .	. . .
65	— complus, J. D. Dana.	*	. . .	. .	. . .
66	— tenuicollis, J. D. Dana.	*	. . .	. .	. . .
67	— mitis, J. D. Dana	*	. . ᵢ	. .	. . .
68	— imbricatus, R. Etheridge	. . .	. . .	*	. . .
69	— (Streptorynchus) Davidsoni, R. Eth.	. . .	. . .	*	. . .
70	Avicula Volgensis? E. de Verneuil.	*	. . .	. . .	*

N° d'ordre.		N.-G. du Sud.	Tasmanie.	Queen's land.	Europe.
71	Theca lanceolata, J. Morris.	*	...	...	...
72	Conularia? torta, F. Mᶜ Coy	*	...	...	...
73	Pleurotomaria nuda, J. D. Dana	*	...	...	...
74	— Strzeleckiana, J. Morris	*	...	...	...
75	— carinata, J. Sowerby	...	...	*	*
76	Bellerophon decussatus, Fleming	*	...	...	*
77	Euomphalus depressus, J. D. Dana	*	...	...	...
78	— (Platyschisma) rotundatus, J Morris.	*	...	...	...
79	Naticopsis? harpæformis, R. Etheridge	...	...	*	
80	Bairdia affinis, J. Morris.	*	...	...	...
81	— curta, F. Mᶜ Coy.	*	...	...	...
82	Cythere impressa, F. Mᶜ Coy	*	...	...	...
83	Urosthenes australis, J. D. Dana	*	...	...	...
	Totaux. . . .	73	5	8	7
	En y ajoutant les totaux du tableau précédent. .	176	9	12	74
	on aura pour totaux généraux.	249	14	20	81

dont cent une, ou les deux cinquièmes à une petite fraction près, se trouvent exclusivement dans la Nouvelle-Galles du Sud et n'ont jusqu'ici de représentants dans aucun autre pays.

Il est à remarquer qu'un petit nombre de ces espèces appartiennent à des genres qui n'existent pas en Europe. Telles sont : les *Tribrachiocrinus*, les *Clarkea*, les *Eurydesma*, les *Aphanaia* et les *Urosthenes*.

En jetant un coup d'œil sur les planches qui accompagnent mon travail, on pourra se convaincre, en outre, que plusieurs

espèces ont pris un développement extraordinaire. Je citerai,
entre autres, le *Cyathocrinus Konincki*, W. B. Clarke, les *Spirifer
glaber*, W. Martin, *Darwinii*, J. Morris, quelques espèces de *Pachydomus* et de *Mœonia*, l'*Aphanaia gigantea*, L.-G. de Koninck,
les *Aviculopecten illawarensis* et *limœformis*, J. Morris, et le
Conularia inornata, J. D. Dana.

On serait tenté de croire que ces espèces ont été soumises à
des influences spéciales ayant favorisé leur croissance, si, à côté
d'elles, il ne s'en trouvait d'autres qui n'atteignent pas la moitié
de la taille qu'elles possèdent généralement en Europe. Telles
sont les *Loxonema constricta*, W. Martin, le *Macrocheilus acutus*,
Sowerby, et la plupart des Gastéropodes.

Afin de déduire de l'ensemble des espèces décrites, la stratifi-
cation des terrains qui les ont fournies, j'ai dû me borner à faire
usage des quatre-vingt-une espèces européennes que l'on compte
parmi elles et de rechercher les assises dans lesquelles elles ont
été découvertes.

Cet examen m'a fourni la preuve que vingt-deux de ces espèces
étaient communes aux assises tant supérieures que moyennes et
inférieures du calcaire carbonifère, que trente-six appartiennent
exclusivement aux assises supérieures, cinq ou six à la fois aux
assises supérieures et moyennes et enfin six ou sept aux assises
inférieures. Mais il est à remarquer que tandis que les trente-six
espèces supérieures renferment un certain nombre d'espèces
caractéristiques, telles que les *Lithostrotion basaltiforme* et *irregulare*, les *Productus fimbriatus*, *punctatus* et *undatus*, le *Chonetes papilionacea*, le *Spirifer bisulcatus*, les *Pleurotomaria
gemmulifera* et *carinata*, l'*Euomphalus catillus*, le *Loxonema
constricta*, etc., les assises moyennes et inférieures ne fournis-
sent aucune des espèces qui les font facilement reconnaitre; telles
sont, entre autres, pour les premières le *Spirifer striatus* et le
Syringothyris cuspidatus, et pour les secondes l'*Athyris Royssii*,
les *Spirifer mosquensis* et *laminosus*, le *Conocardium hibernicum*
et le *Nautilus Konincki* qui y font complétement défaut.

Je crois donc être en droit de conclure que la plupart des
roches carbonifères de la Nouvelle-Galles du Sud appartiennent

aux assises supérieures du terrain; qu'une partie, principalement celle qui renferme les *Spirifer convolutus* et *pinguis,* var. *rotundatus*, peut être attribuée aux assises moyennes et que si les assises inférieures y sont représentées, ce n'est que par quelques lambeaux insignifiants ou du moins très-pauvres en fossiles. Je laisserai à d'autres les déductions biologiques que l'on pourra tirer de l'étude de la faune carbonifère que je viens de décrire et de la comparaison avec celle des autres pays.

Je me bornerai à faire remarquer qu'il est probable que la mer dans laquelle se sont développés les animaux carbonifères de l'Australie, était en communication avec celle dans laquelle ont vécu les animaux de la même époque qui se trouvent actuellement en Belgique aux environs de Visé et de Namur; en Angleterre dans le Yorkshire; en Écosse aux environs de Glasgow; en Irlande près de Cork et de Dublin et en Allemagne dans la Silésie. Cette mer existait encore alors que déjà la majeure partie des roches carbonifères de l'Amérique et de la Russie, ainsi que celles du Nord de l'Irlande et des environs de Tournai, de Feluy, de Soignies et de Comblain-au-Pont de notre pays, étaient déjà émergées et que les animaux qu'elles renferment étaient en majeure parti détruits.

TABLE DES MATIÈRES.

ERRATA.

—

EXPLICATION DES PLANCHES.

EXPLICATION DE LA PLANCHE V.

Pl. V.

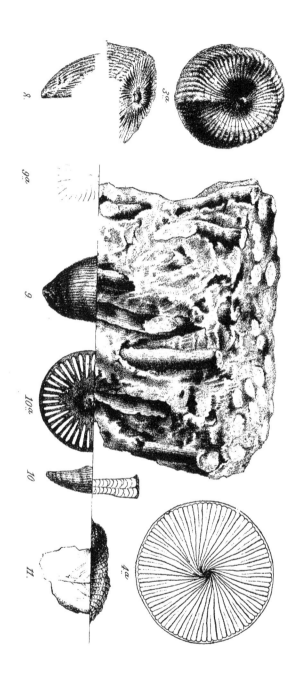

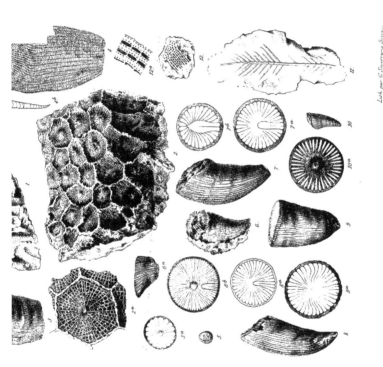

EXPLICATION DE LA PLANCHE VI.

PL. VI.

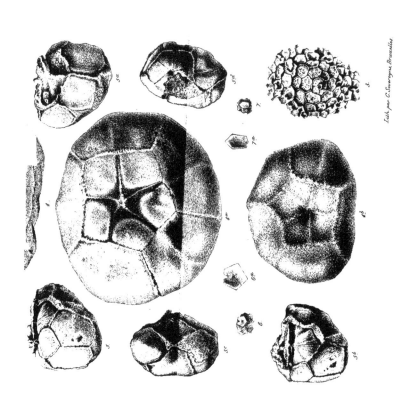

Lith. par C. Sarurpus Bruxelles.

16

EXPLICATION DE LA PLANCHE VII.

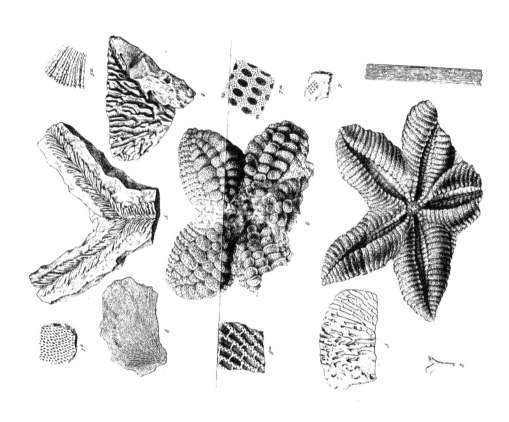

EXPLICATION DE LA PLANCHE VIII.

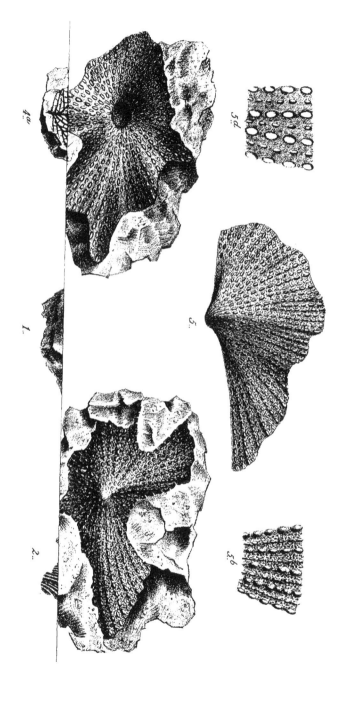

5ᵈ

4ᵃ

1.

5.

2.

5ᵇ

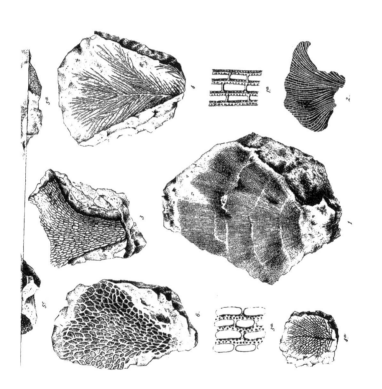

EXPLICATION DE LA PLANCHE IX.

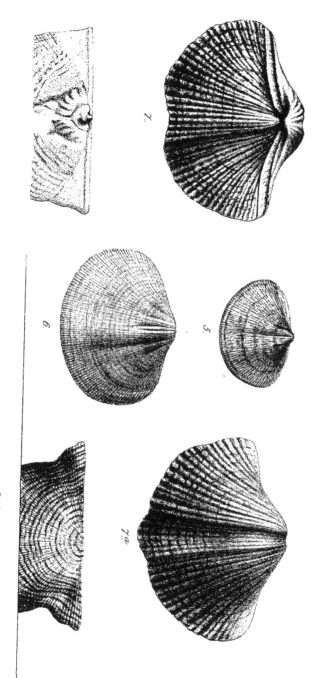

Lith. par G. Severeyns Bruxelles.

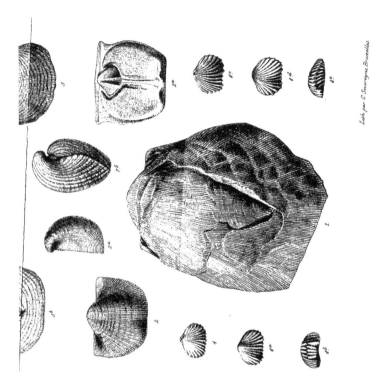

EXPLICATION DE LA PLANCHE X.

Pl. X.

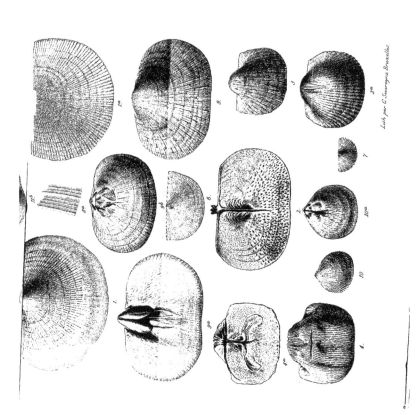

EXPLICATION DE LA PLANCHE XI.

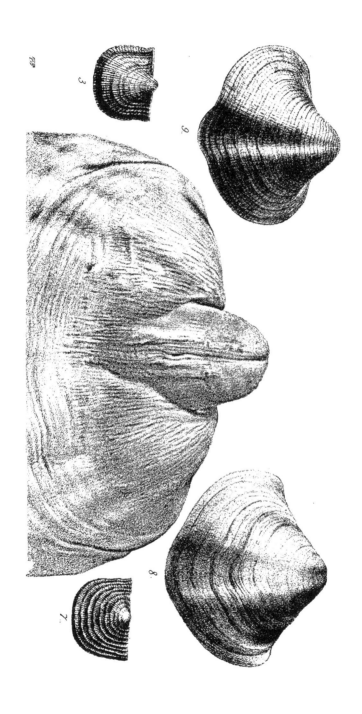

G. de Koninck. Fossiles paléozoïques d' Australie.

Pl. XI.

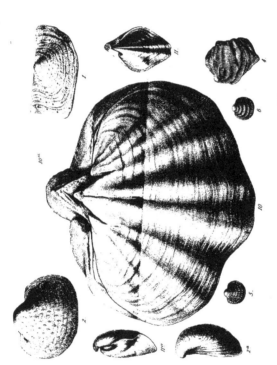

Lith. par C. Severeyns. Bruxelles.

EXPLICATION DE LA PLANCHE XII.

Pl. XII.

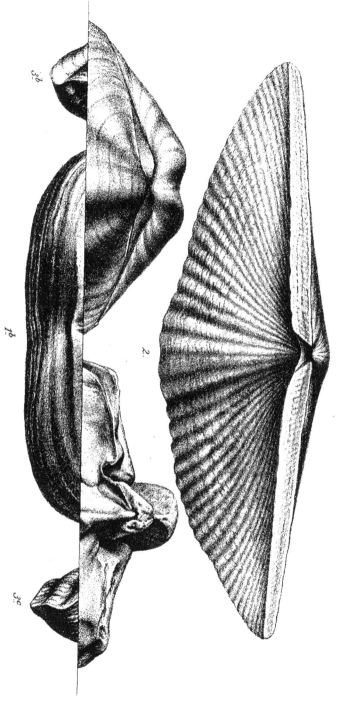

3.ᵇ

1.ᵇ

2.

3.ᶜ

EXPLICATION DE LA PLANCHE XIII.

Pl. XIII.

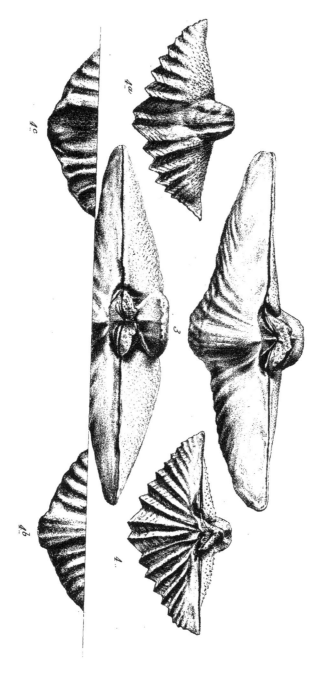

EXPLICATION DE LA PLANCHE XIV.

Pl. XIV.

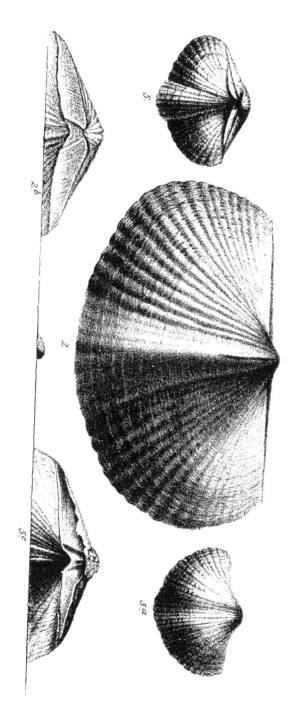

17

EXPLICATION DE LA PLANCHE XV.

Pl. XV.

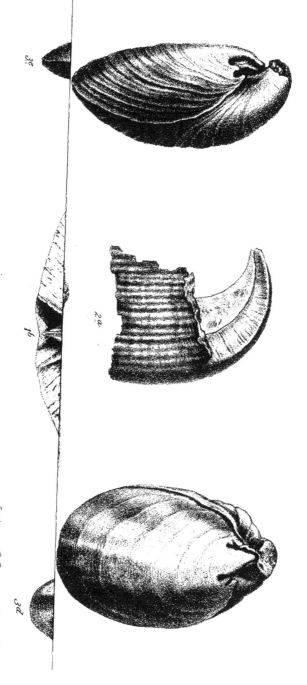

3c.

2a.

1b.

3d.

Pl. LV.

L. G. de Koninck. Fossiles paléozoïques d' Australie

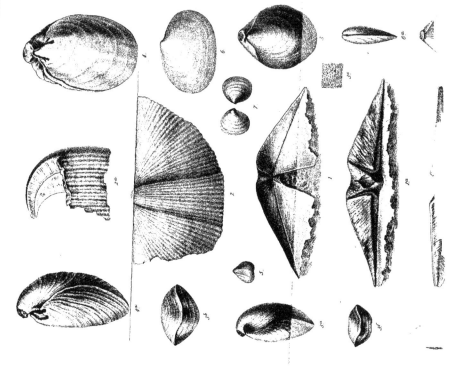

EXPLICATION DE LA PLANCHE XVI.

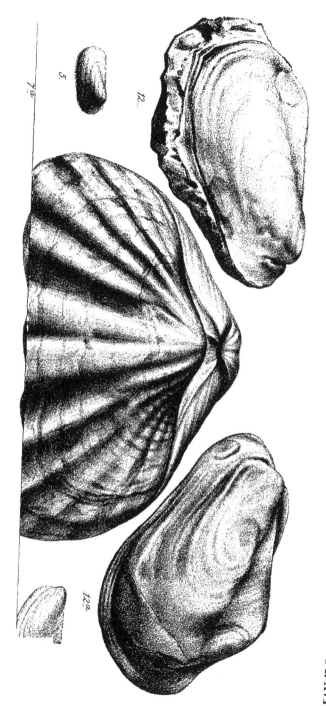

L. G. de Koninck. Fossiles paléozoïques d' Australie.

5.

7.a.

12.

12.a.

PL.XVI

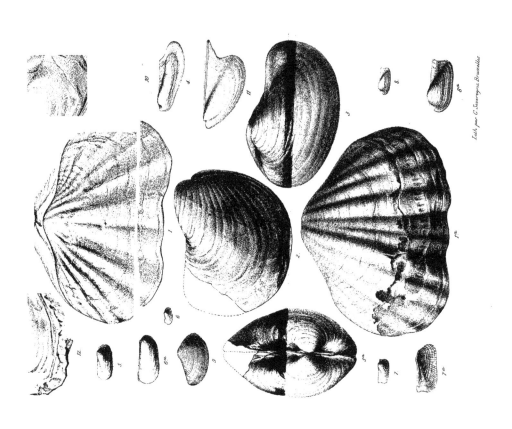

EXPLICATION DE LA PLANCHE XVII.

Pl. XVII

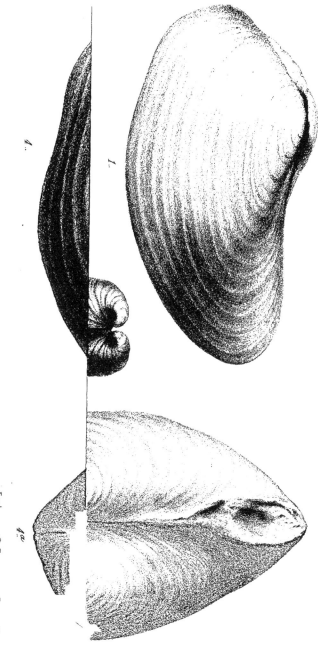

1.

4.

4ᵃ.

Lith. par C. Severeyns, Bruxelles.

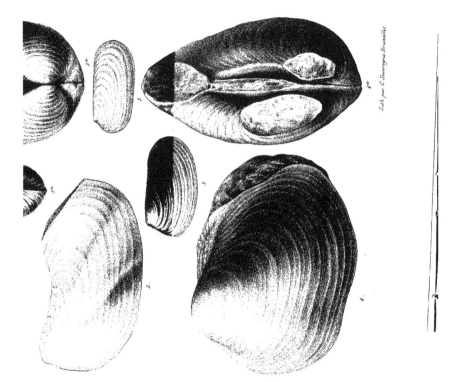

EXPLICATION DE LA PLANCHE XVIII.

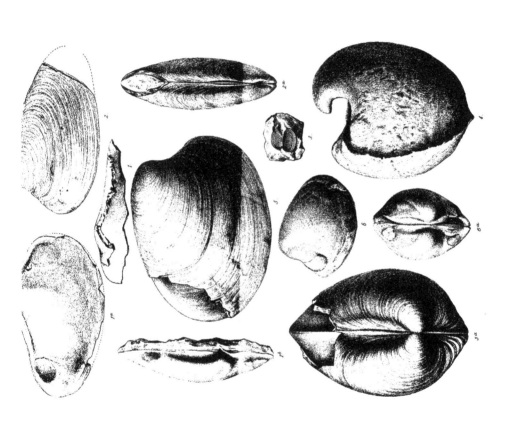

EXPLICATION DE LA PLANCHE XIX.

Pl. XIX.

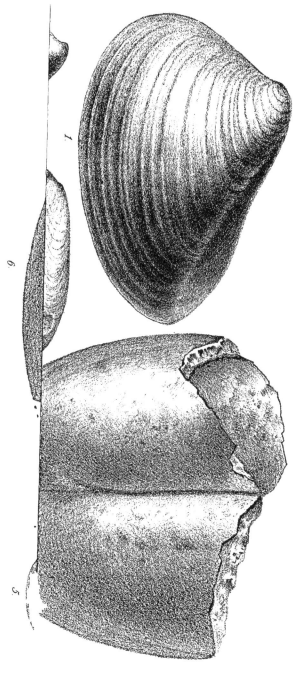

1.

6.

5.

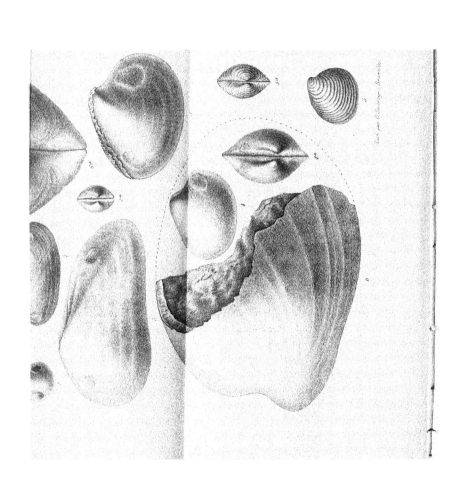

EXPLICATION DE LA PLANCHE XX.

———

Pl. XX.

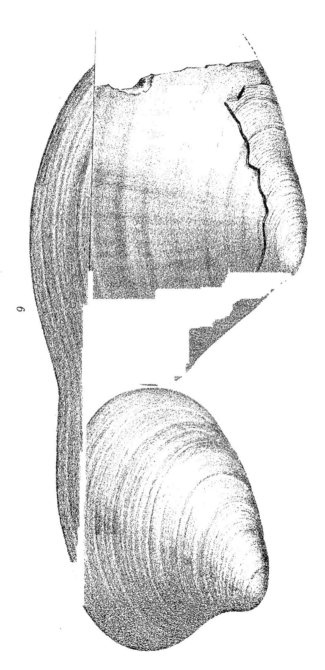

6

Lith. par G.Severeyns, Bruxelles.

EXPLICATION DE LA PLANCHE XXI.

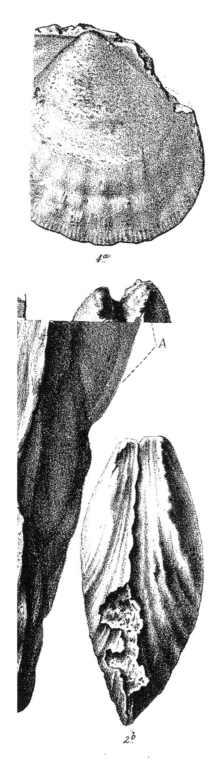

4ᵃ

A

2ᵇ

Lith. par C. Severeyns. Bruxelles.

EXPLICATION DE LA PLANCHE XXII.

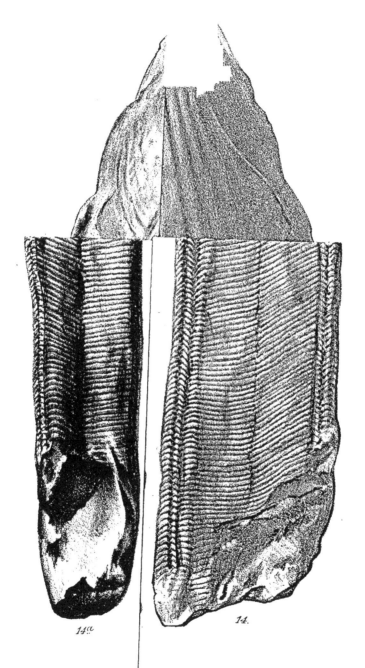

14a.   14.

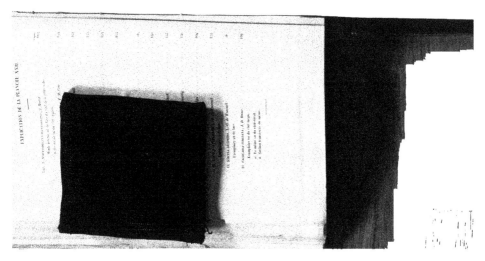

18

EXPLICATION DE LA PLANCHE XXIII.

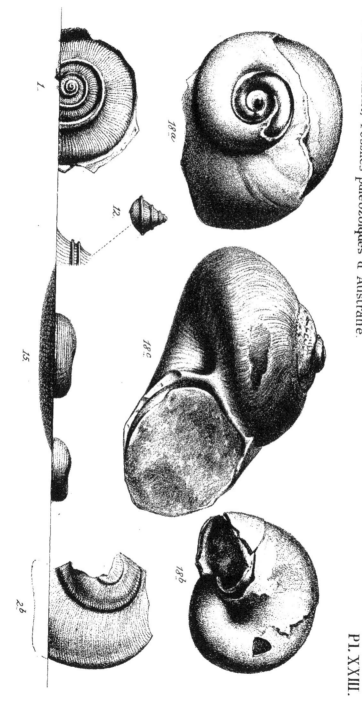

1.

12.

15.

28.

18a.

18c.

18b.

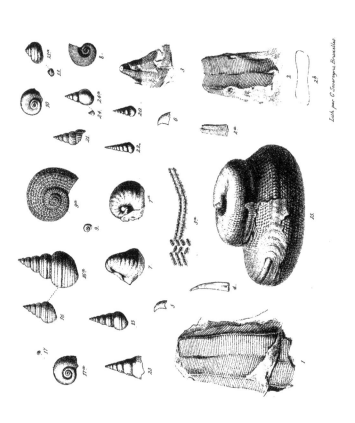

EXPLICATION DE LA PLANCHE XXIV.

Pl. XXIV.

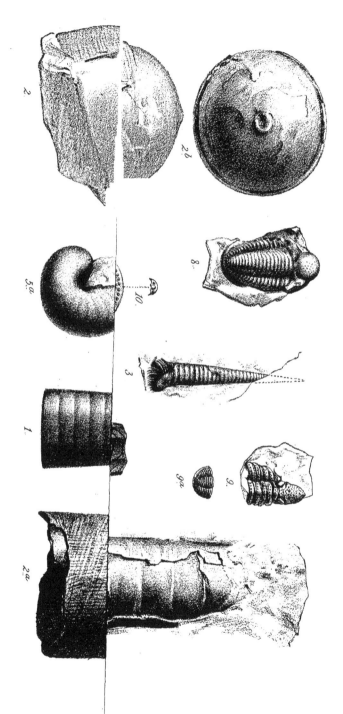

Lith. par G. Severeyns, Bruxelles.

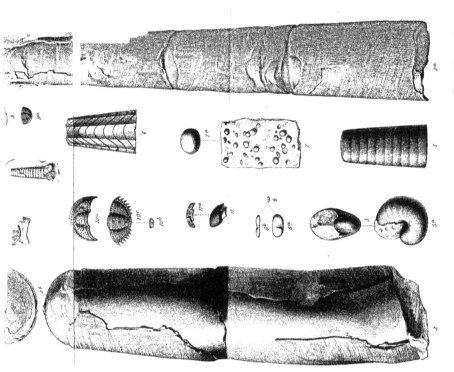

NOTE

SUR

LES ÉQUATIONS AUX DÉRIVÉES PARTIELLES;

PAR

M. V. IMSCHENETSKY,

PROFESSEUR A L'UNIVERSITÉ DE KHARKOF.

NOTE

SUR

LES ÉQUATIONS AUX DÉRIVÉES PARTIELLES.

Soit

$$z = f(x_1, y_1,\ x_2, y_2, \ldots x_n, y_n) \ \ldots \ \ldots \ (1)$$

une fonction quelconque de $2n$ variables $x_i,\ y_i$. Si l'on y fait

$$x_i = q_i + q_i'\sqrt{-1}, \quad y_i = p_i' + p_i\sqrt{-1} \ . \ \ldots \ (2)$$

pour $i = 1, 2, \ldots n$, elle prendra la forme

$$z = H + G\sqrt{-1} \ . \ \ldots \ \ldots \ (3)$$

où **H** et **G** sont des fonctions de q_i, p_i, q_i', p', satisfaisant nécessairement aux conditions

$$\frac{dH}{dq_i} = \frac{dG}{dq_i'}, \quad \frac{dH}{dq_i'} = -\frac{dG}{dq_i} . \ \ldots \ \ldots \ (4)$$

$$\frac{dH}{dp_i'} = \frac{dG}{dp_i}, \quad \frac{dH}{dp_i} = -\frac{dG}{dp_i'} . \ \ldots \ \ldots \ (5)$$

Pour prouver l'existence des conditions (4), par exemple, il faut seulement remarquer que des deux fonctions z et x_i, de q_i et q_i', la première est exprimable par la seconde, sans q_i ni q_i'.

De là résulte nécessairement l'identité suivante :

$$\begin{vmatrix} \dfrac{dz}{dq_i}, & \dfrac{dx_i}{dq_i} \\[2ex] \dfrac{dz}{dq_i'}, & \dfrac{dx_i}{dq_i'} \end{vmatrix} = \begin{vmatrix} \dfrac{dH}{dq_i} + \dfrac{dG}{dq_i}\sqrt{-1}, & 1 \\[2ex] \dfrac{dH}{dq_i'} + \dfrac{dG}{dq_i'}\sqrt{-1}, & \sqrt{-1} \end{vmatrix} = 0,$$

laquelle se décompose en deux identités qui expriment les conditions dont il s'agit. — Des égalités (4) et (5) on tire sans peine les suivantes :

$$\frac{dH}{dq_i}\frac{dG}{dp_i} - \frac{dH}{dp_i'}\frac{dG}{dq_i'} = 0, \qquad \frac{dH}{dp_i}\frac{dG}{dq_i} - \frac{dH}{dp_i'}\frac{dG}{dq_i'} = 0,$$

et en soustrayant la dernière de la précédente, on obtient :

$$\frac{dH}{dq_i}\frac{dG}{dp_i} - \frac{dH}{dp_i}\frac{dG}{dq_i} + \frac{dH}{dq_i'}\frac{dG}{dp_i'} - \frac{dH}{dp_i'}\frac{dG}{dq_i'} = 0. \quad . \quad . \quad (6)$$

Il résulte de là que l'équation

$$(H, G) = \sum_{i=1}^{i=n}\left(\frac{dH}{dq_i}\frac{dG}{dp_i} - \frac{dH}{dp_i}\frac{dG}{dq_i} + \frac{dH}{dq_i'}\frac{dG}{dp_i'} - \frac{dH}{dp_i'}\frac{dG}{dq_i'}\right) = 0, \quad (7)$$

est satisfaite identiquement.

Au lieu de (2) on pourrait encore poser :

$$x_i = p_i + q_i'\sqrt{-1}, \quad y_i = q_i + p_i'\sqrt{-1},$$

et en désignant le résultat de cette substitution dans (1) de nouveau par

$$z = H + G\sqrt{-1},$$

on trouverait :

$$\frac{dH}{dp_i} = \frac{dG}{dq_i'}, \quad \frac{dH}{dq_i'} = -\frac{dG}{dp_i}. \quad . \quad . \quad . \quad . \quad (4')$$

$$\frac{dH}{dq_i} = \frac{dG}{dp_i'}, \quad \frac{dH}{dp_i'} = -\frac{dG}{dq_i}, \quad . \quad . \quad . \quad . \quad (5')$$

ce qui conduirait comme auparavant à l'identité

$$(H, G) = 0.$$

De ces remarques, on peut tirer les conséquences suivantes :
1° Du système d'équations canoniques de l'ordre $4n$

$$dt = \frac{dp_i}{\dfrac{dF}{qd_i}} = -\frac{dq_i}{\dfrac{dF}{dp_i}} = \frac{dp_i'}{\dfrac{dF}{dq_i'}} = -\frac{dq_i'}{\dfrac{dF}{dp_i'}}, \text{ pour } i = 1, 2, 3, \ldots n, \quad (8)$$

où

$$F = F(H, G), \quad \ldots \ldots \quad (9)$$

on connaît déjà deux intégrales $H = $ const., et $G = $ const., dont l'une peut être remplacée par $F(H, G) = $ const.

Il ne faut donc qu'obtenir encore *une* intégrale de ce système, pour pouvoir lui appliquer immédiatement le théorème de *Poisson*.

2° Dans le cas particulier $n = 1$ (auquel je me suis borné dans ma note du *Bulletin des Sciences math. de Darboux*), on a déjà la moitié des intégrales du système (8) remplissant la condition (7); donc, la seconde moitié des intégrales de ce système s'obtiendra par les quadratures d'après le théorème de M. Liouville, ou en se fondant sur la théorie du dernier multiplicateur de Jacobi.

3° Dans le cas général, on peut mettre dans les fonctions H et G les constantes quelconques (indéterminées ou numériques) au lieu de toutes les variables, lesquelles ne portent pas l'indice i, en remplissant la condition suivante : que la même constante soit substituée au lieu de la même variable dans les fonctions H et G, et que par ces substitutions les variables q_i, p_i, q_i', p_i' n'y cessent d'exister.

On obtient ainsi, pour $i = 1, 2, \ldots n$, les $2n$ fonctions de 4 variables que je désigne respectivement par H_1, G_1, H_2, G_2,.., H_n, G_n. Ces fonctions, évidemment, satisfont aux conditions (6) et (7),; donc, si, au lieu de (9), on pose :

$$F = F(H_1, G_1, H_2, G_2, \ldots H_n, G_n),$$

dans le système (8), il sera complétement intégrable. Car la moitié de ses intégrales est :

$$H_i = \text{const}, \quad G_i = \text{const}, \text{ pour } i = 1, 2, \ldots n,$$

dont l'une peut être remplacée par l'intégrale $F = $ const; et

comme elles satisfont aux conditions (7), la seconde moitié des
intégrales de ce système fournit le théorème de M. Liouville.

Remarque. — Dans le 3e cas on pourrait faire aussi :

$$H_i = H(q_i, q'_i) + p'_i - p_i, \quad G_i = G(q_i, q'_i) + p'_i + p_i, \quad \text{pour } i = 1, 2, \dots n,$$

en désignant par $H(q_i, q'_i)$ et $G(q_i, q'_i)$ respectivement les résultats des subtitutions dans H et G des constantes quelconques au
lieu de toutes les variables, excepté q_i et q'_i, pourvu que la condition ci-dessus mentionnée soit remplie.

4° On trouve en même temps des résultats parallèles pour
les équations aux dérivées partielles. Si dans les deux séries des
variables correspondantes $p_1, p_1', p_2, p_2', \dots p_n, p_n'$ et $q_1, q_1', q_2,$
$q'_2, \dots q_n, q_n'$, on choisit dans la première autant de variables que
l'on veut, et dans la seconde toutes les variables non correspondantes ; si l'on remplace les variables ainsi choisies par les dérivées
partielles en posant généralement :

$$p = \frac{dV}{dq}, \quad p' = \frac{dV}{dq'}, \quad q = -\frac{dV}{dp}, \quad q' = -\frac{dV}{dp'},$$

on trouve :

a) Que deux équations $H = a$, $G = b$ forment un système
jacobien ou *fermé;*

b) Que l'équation $F(H_1, G_1, \dots H_n, G_n) = C$ s'intègre par la
séparation des variables, c'est-à-dire que son intégration se
ramène à celle des groupes séparés $H_1 = \alpha_1, G_1 = \beta_1; H_2 =$
$\alpha_1, G_2 = \beta_2$; etc., à deux variables indépendantes.

ÉLÉMENTS

D'UNE

THÉORIE DES FAISCEAUX;

PAR

F. FOLIE,

Administrateur inspecteur de l'Université de Liége,
membre de l'Académie royale des sciences, des lettres et des beaux-arts
de Belgique.

PRÉFACE.

———

Les pages qu'on va lire sont le résumé de douze années d'études sur la Géométrie supérieure.

Nous en avons consigné la plupart des résultats dans les publications de l'Académie de Belgique (*).

Avant d'indiquer quels sont les progrès que nous avons fait faire à cette science, esquissons à grands traits ceux qu'elle avait réalisés depuis les Grecs, en nous bornant à ses principes essentiels.

L'école d'Alexandrie connaissait, dans les figures rectilignes, le rapport que M. Chasles a nommé anharmonique; la relation même de l'involution lui était connue dans un cas particulier.

Depuis elle jusqu'à Desargues et Pascal, aucun nouveau principe fondamental ne s'introduit dans la science.

Ces deux grands géomètres découvrent le rapport anharmonique, l'involution et le fameux hexagramme, dans les coniques ; Newton, son mode de description organique de ces courbes.

Après eux, plus rien de saillant jusqu'à l'école de Monge.

Carnot invente la théorie des transversales.

Brianchon, suivi par Gergonne, entrevoit le principe de dualité, auquel Möbius et Steiner donnent sa complète expression.

Bobillier trouve les coordonnées polygonales, généralisées ensuite par Plücker.

Poncelet imagine la théorie des polaires réciproques,

(*) Voir notre ouvrage intitulé : *Fondements d'une Géométrie supérieure cartésienne*, ainsi que le *Bulletin de l'Académie*, 2ᵉ série, t. XXVIII à XLVI.

qui a contribué, pour une bonne part, à la découverte du principe de dualité.

Sturm étend l'involution à un faisceau de coniques, et Poncelet découvre l'involution supérieure dans un faisceau de courbes quelconques.

M. Chasles enfin, outre toutes les théories dont on lui est redevable dans l'étude des coniques, des surfaces du second degré, et des courbes gauches, dote la géométrie et l'analyse du principe de correspondance.

A notre tour, nous retrouvons, en la généralisant, l'involution même de Desargues, dans des systèmes de polygones ou de polyèdres conjugués à des courbes ou à des surfaces supérieures, et nous parvenons à appliquer à celles-ci le théorème de Pappus et son corrélatif, ainsi que les théorèmes de Pascal et de Brianchon.

Dans la théorie même des coniques, nous découvrons l'évolution, que nous appliquons également aux courbes supérieures.

Mais, pour compléter l'édifice que ces dernières théories permettaient d'entrevoir, il manquait encore une pierre, on peut même dire la pierre angulaire.

En effet, pour que tous les théorèmes fondamentaux de la théorie des coniques eussent leurs analogues dans les courbes et les surfaces supérieures, il s'agissait de trouver, dans celles-ci, les analogues des propriétés anharmoniques et homographiques.

Ce sont là les derniers résultats auxquels nous sommes arrivé par la découverte du rapport anharmonique du n^e ordre, et du principe fondamental de la théorie des faisceaux, auquel cette découverte a conduit (*).

(*) Nous bornant exclusivement aux grands principes de la Géométrie supérieure, entendue exclusivement dans le sens de Steiner et de Chasles, on comprend que nous ne puissions citer ici les noms, souvent illustres, de tous

Le lecteur sera certainement frappé de la variété des procédés qui nous ont conduit au rapport anharmonique, tant dans le second ordre, que dans les ordres supérieurs.

Afin de lui éviter des recherches bibliographiques, nous avons numéroté tous les théorèmes que nous croyons nous appartenir en propre : on verra que le nombre en est grand.

Nous avons ainsi jeté les bases d'une théorie des courbes et des surfaces, dans laquelle on retrouvera, outre quelques propriétés entièrement neuves, tous les théorèmes capitaux qui n'étaient connus, avant nos publications, que pour les coniques, si nous en exceptons l'involution du n^e ordre, qui est due à Poncelet.

Ce serait un travail très-considérable que d'édifier, sur ces bases, un traité des courbes et des surfaces supérieures, analogue à celui des coniques de M. Chasles : nous ne comptons pas l'entreprendre.

Il nous paraît suffisant d'avoir consacré douze années de notre vie à des méditations géométriques, en négligeant d'autres études qui se rapportaient bien plus directement aux phénomènes de la création.

Mais la théorie des faisceaux, esquissée par nous, ne sera pas abandonnée : un jeune collègue, bien connu déjà par de belles applications de la théorie des formes à la Géométrie, poursuivra l'œuvre commencée, et, s'il le veut, la mènera à bonne fin.

les savants modernes qui, comme Kummer, Weierstrass, Kronecker, Hesse, Clebsch, Grassmann, Reye, E. Weyr, Cayley, Sylvester, Hirst, Cremona, de Jonquières, P. Serret, ont étendu le domaine de cette science, dans le champ de la Géométrie pure ou dans celui de la Géométrie analytique.

.

N. B. Dans la lecture de l'ouvrage, il faudra passer d'une page paire à la page paire suivante, et d'une impaire à l'impaire suivante, dans tous les cas où ces dernières renfermeront des numéros accentués, qui sont les corrélatifs de ceux des pages paires.

PRÉLIMINAIRES.

—

Nous nous proposons de montrer par quelle voie nous sommes arrivé à étendre aux courbes et aux surfaces supérieures les théories qui, jusqu'aujourd'hui, n'étaient connues que pour les coniques.

Pour aplanir cette voie autant que possible, nous avons cru utile d'étudier d'abord des systèmes de polygones conjugués entre eux, ou, si l'on veut, des faisceaux de polygones.

Mais la nécessité d'établir parallèlement les théories directes et leurs corrélatives, nous a obligé à distinguer, comme Steiner, entre *plurilatères* (*n* Seit) et *polygones* (*n* Eck), le premier terme désignant un ensemble de *n* droites, ou de *n* côtés; le second, un ensemble de *n* points, ou de *n* sommets.

Pour la même raison, nous avons dû imaginer une terminologie qui nous permit de déduire le théorème corrélatif, du théorème direct, par un simple changement de mots.

C'est ainsi qu'aux termes *bilatère*, *trilatère*, *quadrilatère*, *quinquélatère*, *sélatère* correspondent ceux de *digone*, *trigone*, *tétragone*, *pentagone*, *hexagone*; à l'*intersection de deux côtés* correspond la *jonction de deux sommets*; à *n droites concourantes*, ou *au concours de n droites*, correspondent *n points collimants*, ou *la collimation de n points*; à *un faisceau de droites*, ou de *courbes du n^e ordre*, correspond *une chaîne de points*, ou de *courbes de la n^e classe*; à *l'aire d'un triangle* enfin, représenté par $\frac{1}{2} bc.(a)$, où (a) signifie sin A, correspondra la *quotaire*, représentée par $\frac{1}{2} (b).(c).a$.

La définition même des polygones conjugués entre eux va montrer combien une semblable terminologie est utile.

DES COORDONNÉES TANGENTIELLES.

Dans cette seconde partie, nous allons établir les propriétés corrélatives de celles qui sont exposées dans la première.

Nous ferons usage de ce mode de détermination dû au génie pénétrant de Möbius, et assez improprement appelé coordonnées tangentielles, nom que nous remplacerons simplement par celui de coordonnées, quand l'amphibologie ne sera pas possible, et par celui de rectordonnées dans le cas contraire.

On ne semble pas s'être demandé, jusqu'à ce jour, s'il ne serait pas possible d'établir *a priori* un système de rectordonnées, c'est-à-dire sans passer, ou par les considérations statiques sur lesquelles Möbius a établi son calcul barycentrique, ou par les coordonnées ponctuelles, comme on le fait généralement.

A la suite de cette seconde partie, nous résoudrons le problème proposé, d'une manière tout à fait directe ; et la solution que nous en donnerons sera, bien plus intimement encore que la méthode de Möbius ou de Plücker, en harmonie avec le principe de dualité.

Si l'on repasse ensuite de ce nouveau système de rectordonnées à un système de coordonnées ponctuelles, ou ponctordonnées, celui-ci sera, au premier, ce que sont les coordonnées tangentielles aux ponctuelles, et pourra servir de base à l'établissement d'un calcul corrélatif du barycentrique.

Commençons par donner une idée générale du système de coordonnées tangentielles, ou de rectordonnées, aujourd'hui en usage.

Soit $$\Delta \equiv \partial_1 X + \partial_2 Y + \partial_3 = 0 \quad . \quad . \quad . \quad . \quad . \quad \text{I)}$$

une équation dans laquelle ∂_1, ∂_2, ∂_3 représentent des fonctions

En termes ordinaires, nous avons dit (*) que deux polygones de n côtés sont conjugués à un troisième, lorsque chaque côté de l'un de ces deux polygones passe par l'un des points d'intersection de chaque côté de l'autre avec le troisième polygone.

Si nous traduisons cette définition dans les termes suivants :

Deux *n latères* sont conjugués à un troisième lorsque chaque *côté* de celui-ci est la *collimation* de *n intersections* des *côtés* du premier avec ceux du second, pris deux à deux,

on obtiendra immédiatement la définition corrélative, en remplaçant les termes soulignés par leurs correspondants, c'est-à-dire *n latère* par *n gone*, *côté* par *sommet*, *collimation* par *concours*, *intersection* par *jonction*.

Et l'on s'assurera que ce mode de traduction permettra d'énoncer le corrélatif de chacun de nos théorèmes, absolument dans les mêmes termes que celui-ci, pourvu qu'on ait soin de traduire les termes géométriques par leurs correspondants.

On verra même que, grâce à la simplicité des notations et à l'identité de marche suivie dans chaque théorie, ou dans sa corrélative, nous aurions pu n'écrire qu'une seule fois les démonstrations pour les deux ordres de théories; nous eussions ainsi approché encore davantage de cette unité, à laquelle a été ramenée, sous la puissante étreinte de Steiner, la dualité entrevue par Brianchon et Gergonne dans les formes géométriques.

Mais la lecture de l'ouvrage, qui sera déjà un peu malaisée pour ceux qui ne sont pas familiers avec la Géométrie supérieure, à cause de la concision des termes, des notations, des énoncés et des démonstrations, en fût devenue beaucoup plus difficile; et c'est pourquoi, tout en mettant toujours les deux théories corrélatives en regard l'une de l'autre, à la manière de Steiner, nous avons cru devoir les développer à peu près également chacune.

(*) Pour cette définition, comme pour d'autres que nous ne rappelons pas ici, voir nos *Fondements d'une Géométrie supérieure cartésienne*, Bruxelles, Hayez, 1872. Comme nous aurons à renvoyer très-fréquemment à cet ouvrage, nous le désignerons dans les notes subséquentes par F. G. S. C.

linéaires $a_1x + b_1y + c_1$, etc.; cette équation représente une droite qui, si les constantes a_1 ... sont données, sera déterminée par X et Y, que, pour cette raison, nous nommons les coordonnées de la droite.

Si l'on se donne, entre ces coordonnées, une relation linéaire

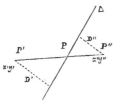

Fig 1'.

$\Delta' - k\Delta'' = 0$, Δ' et Δ'' étant les valeurs que prend Δ, lorsqu'on y remplace x, y par x', y' et x'', y'', il existera un rapport déterminé k entre Δ' et Δ'', ou (n° 1, p. 12) entre les distances des points x', y' et x'', y'' à la droite Δ; et il est évident que ce rapport sera le même pour toutes les droites Δ, qui passeront par le point P déterminé, sur la droite P'P'', par $k = \dfrac{PP'}{PP''}$.

Si la relation linéaire qui existe entre X et Y, au lieu d'être $\Delta' - k\Delta'' = 0$ était de la forme

$$K + K'\Delta' + K''\Delta'' + \cdots + K^{(n)}\Delta^{(n)} = 0,$$

on verrait de même que l'équation I), $\Delta = 0$, appartient encore à toutes les droites qui passent par un certain point fixe.

On *convient* que cette relation linéaire entre X et Y est l'*équation* de ce point.

Si, enfin, on a entre X et Y une relation $f(X, Y) = 0$, il est clair que la droite Δ pourra occuper une infinité de positions différentes; dans toutes ces positions, cette droite enveloppera une courbe, dont on *convient* que $f(X, Y) = 0$ est l'*équation en coordonnées tangentielles*.

Si la fonction f est algébrique, entière, et du n^e degré, la courbe sera de la n^e classe.

En effet, par un point donné x', y' passeront n droites Δ, déterminées par

$$\Delta' = \delta'_1 X + \delta'_2 Y + \delta'_3 = 0;$$

et

$$f(X, Y) = 0$$

L'ouvrage sera donc composé de deux parties parallèles, l'une traitant des coordonnées ponctuelles, ou des courbes du n^e ordre; l'autre, en regard, traitant, dans les mêmes termes et au moyen des mêmes formules, des coordonnées tangentielles, nommées par nous *rectordonnées,* ou des courbes de la n^e classe.

d'où résultent n systèmes de valeurs de X et de Y, et par suite n droites Δ, c'est-à-dire n tangentes à la courbe.

Celle-ci sera, en général, d'ordre $n(n-1)$.

Coupons-la, en effet, par une droite de coordonnées X_1, Y_1; et soient X', Y' celles de la tangente menée par l'un des points d'intersection de cette droite avec la courbe.

On sait que l'équation du point de contact de la tangente X', Y' est

$$X f'_{x'} + Y f'_{y'} + 1 = 0$$

et, comme la droite X_1, Y_1 passe par ce point, on aura :

$$X_1 f'_{x'} + Y_1 f'_{y'} + 1 = 0.$$

Cette relation, et celle $f(X', Y') = 0$, qui indique que la droite $X'Y'$ est tangente à la courbe, serviront à déterminer les systèmes de valeurs de X', Y', systèmes qui seront au nombre de $n(n-1)$, en général; c'est-à-dire que la droite X_1, Y_1 coupe, en général, la courbe $f(X, Y)$ en $n(n-1)$ points.

§ I. De la droite ou unilatère.

1. Un point ou déterminé de position dans un plan par ses deux coordonnées x, y.

Il l'est également, si l'on a, entre ces coordonnées, deux relations $f(x, y) = 0$ et $\varphi(x, y) = 0$.

Mais, si l'on n'a entre x et y qu'une seule relation $f(x, y) = 0$, celle-ci appartiendra à une infinité de points, dont l'ensemble constitue un certain lieu.

Nous convenons de dire que cette relation est l'équation du lieu.

Si elle est du premier degré, tous les points qui y satisfont appartiennent à une même droite, et l'on *convient* de dire que cette relation est l'*équation de la droite*.

Pour faciliter l'interprétation géométrique des équations que nous aurons à étudier, et dans laquelle la ligne droite est appelée à jouer un rôle capital, nous conviendrons de mettre toujours le premier membre de son équation, en coordonnées rectangulaires,

$$Ax + By + C = 0,$$

sous la *forme normale*

$$\delta \equiv \frac{ax + by + 1}{\sqrt{a^2 + b^2}}, \quad \ldots \ldots \ldots \quad 0)$$

en faisant

$$a = \frac{A}{C}, \quad b = \frac{B}{C}.$$

Exprimé de la sorte, ce premier membre δ représentera la distance d'un point quelconque x, y à la droite $\delta = 0$ ou $Ax + By + C = 0$.

2. Si $\delta_1 = 0$, $\delta_2 = 0$ sont les équations normales de deux droites, l'équation

$$\delta \equiv \delta_1 + \lambda \delta_2 = 0 \quad \ldots \ldots \ldots \quad 1)$$

§ I'. Du point ou monogone.

1'. Ces généralités rappelées, mettons l'équation du point sous sa forme *normale*, comme nous l'avons fait pour celle de la droite (n° 1).

L'équation générale I) : $\Delta = 0$, posée plus haut, se simplifie si l'on y fait $\delta_1 = x$, $\delta_2 = y$, $\delta_3 = 1$, et devient

$$\Delta \equiv Xx + Yy + 1 = 0 \quad \ldots \quad \ldots \quad \text{II)}$$

Soit maintenant

$$\varpi \equiv aX + by + 1 = 0, \quad \ldots \quad \ldots \quad \text{III)}$$

l'équation en rectordonnées d'un point dont les ponctordonnées sont manifestement a, b.

La distance de ce point à une droite X', Y' sera, puisque l'équation, en coordonnées rectangulaires, de cette droite s'écrit

$$\Delta' \equiv X'x + Y'y + 1 = 0,$$

$$D' = \frac{X'a + Y'b + 1}{\sqrt{X'^2 + Y'^2}} \, ;$$

d'où l'on voit que, pour faire exprimer, par la fonction ϖ elle-même, la distance du point $\varpi = 0$ à une droite X, Y, il faut que cette fonction soit mise sous la forme

$$\varpi = \frac{aX + bY + 1}{\sqrt{X^2 + Y^2}} \, . \quad \ldots \quad \ldots \quad \text{0')}$$

C'est sous cette *forme normale* que nous conviendrons toujours de supposer écrite l'*équation du point* $\varpi = 0$.

2'. Si $\varpi_1 = 0$, $\varpi_2 = 0$ sont les équations normales de deux points P_1 et P_2, l'équation

$$\varpi \equiv \varpi_1 + \lambda \varpi_2 = 0 \quad \ldots \quad \ldots \quad \text{1')}$$

représentera une droite *concourant avec les deux premières*, ou *conjuguée aux deux premières*.

Interprétons géométriquement λ.

Si, sur la droite ∂, nous prenons un point quelconque, ses distances respectives aux droites $\partial_1 = 0$ et $\partial_2 = 0$ seront (n° 1) ∂_1 et ∂_2.

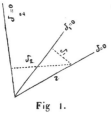

Fig 1.

Soit r sa distance au point de concours; il est clair que $\partial_1 = r\,(\partial, \partial_1)$; $\partial_2 = r\,(\partial, \partial_2)$; les notations (∂, ∂_1), etc., représentant les sinus des angles de ∂ avec ∂_1, etc., et, par suite, en vertu de l'équation (1), à laquelle satisfont les coordonnées du point choisi, on aura :

$$\lambda = -\frac{\partial_1}{\partial_2} = -\frac{(\partial, \partial_1)}{(\partial, \partial_2)}.$$

3. Cas particuliers. Si la droite ∂ est bissectrice de l'angle des droites ∂_1 et ∂_2 (nous entendons par là l'angle de leurs parties positives), elle fera avec les deux droites des angles égaux et de signes contraires; on aura donc $\lambda = 1$, et, par suite, l'équation de *la bissectrice* sera

$$\partial_1 + \partial_2 = 0;$$

l'équation de la bissectrice de l'angle supplémentaire serait, au contraire :

$$\partial_1 - \partial_2 = 0 \ (^*),$$

les équations $\partial_1 = 0$ et $\partial_2 = 0$ étant, bien entendu, mises sous leurs formes normales.

(*) Ces résultats, quoique opposés à ceux que donnent tous les auteurs, sont indiscutables. Comparez, du reste, avec les résultats corrélatifs.

Voir aussi, au sujet des signes, notre *Note sur la transformation des coordonnées et sur les signes des angles et des distances*, Bulletin de l'Académie royale de Belgique.

représentera un point P *collimant avec les deux premiers*, ou *conjugué à ceux-ci*.

Interprétons géométriquement λ.

Si, par le point ϖ, nous faisons passer une droite quelconque, les distances de celle-ci aux points $\varpi_1 = 0$ et $\varpi_2 = 0$ seront ϖ_1 et ϖ_2 (n° 1'); et, par suite, on aura

$$\lambda = -\frac{\varpi_1}{\varpi_2} = -\frac{PP_1}{PP_2}.$$

3'. Cas particuliers Si le point ϖ est bissecteur de la distance des points ϖ_1 et ϖ_2, on aura $PP_2 = -PP_1$, d'où $\lambda = 1$, et, par suite, l'équation du *point bissecteur* sera

$$\varpi_1 + \varpi_2 = 0,$$

les équations $\varpi_1 = 0$ et $\varpi_2 = 0$ étant mises sous leurs formes normales; tandis que

$$\varpi_1 - \varpi_2 = 0$$

sera l'équation du *point à l'infini* sur la droite P_1P_2.

4. Désignons par 1 le point d'intersection des droites $\partial_1 = 0$
et $\partial'_1 = 0$; par 2 le point d'intersection des droites $\partial_2 = 0$
et $\partial'_2 = 0$.

Puisque $\lambda_1\partial_1 + \lambda'_1\partial'_1 = 0$ est (n° 2) l'équation d'une droite
passant par 1, et, de même, $\lambda_2\partial_2 + \lambda'_2\partial'_2 = 0$ celle d'une droite
passant par 2, si nous identifions les équations de ces deux droites,
le système

$$\lambda_1\partial_1 + \lambda'_1\partial'_1 \equiv \lambda_2\partial_2 + \lambda'_2\partial'_2 = 0$$

représentera la *droite de collimation* des points 1 et 2 d'intersection des droites ∂_1 et ∂'_1, ∂_2 et ∂'_2.

De même

$$\lambda_2\partial_2 + \lambda'_2\partial'_2 \equiv \lambda_3\partial_3 + \lambda'_3\partial'_3 = 0$$

représentera la droite de collimation des points 2 et 3. Et de là
il résulte que la *condition de collimation* des points 1, 2, 3 est

$$\lambda_1\partial_1 + \lambda'_1\partial'_1 \equiv \lambda_2\partial_2 + \lambda'_2\partial'_2 \equiv \lambda_3\partial_3 + \lambda'_3\partial'_3. \quad \ldots \quad 2)$$

4[bis.] Il nous a paru assez curieux d'appliquer à trois droites conjuguées entre
elles (n° 2), ou à trois unilatères conjugués, les théories que nous développerons
par la suite relativement aux bilatères, trilatères ... conjugués, et qui nous con-
duiront directement aux rapports anharmoniques et aux involutions d'ordre
supérieur.

Ainsi nous pourrons, en effet, nous assurer s'il existe un rapport anharmonique
et une involution du premier ordre.

Considérons donc l'identité

$$\partial''_1 \equiv \partial_1 - \lambda_1\partial_1 = 0,$$

qui exprime que les trois droites ∂_1, ∂'_1, ∂''_1, sont conjuguées entre elles, autre-
ment dit, qu'elles sont concourantes.

Cette identité peut s'écrire :

$$\partial_1 + k'\partial'_1 + k''\partial''_1 \equiv 0,$$

et on y lit l'énoncé suivant, que nous ne citons que pour son analogie avec le
théorème de Pappus (n° 6) :

Si trois droites sont conjuguées entre elles, les distances d'un point quel-
conque de l'une, aux deux autres, sont analogiques,
et, plus généralement :
Il existe une relation linéaire entre les distances d'un point quelconque (du
plan) à trois droites conjuguées entre elles.

4′. Désignons par 1 la droite de jonction des points $\varpi_1 = 0$, $\varpi_1' = 0$; par 2 la droite de jonction des points $\varpi_2 = 0$, $\varpi_2' = 0$.

Puisque $\lambda_1\varpi_1 + \lambda_1'\varpi_1' = 0$ est (n° 2′) l'équation d'un point situé sur 1, et de même $\lambda_2\varpi_2 + \lambda_2'\varpi_2' = 0$, celle d'un point situé sur 2, si nous identifions les équations de ces deux points, le système

$$\lambda_1\varpi_1 + \lambda_1'\varpi_1' \equiv \lambda_2\varpi_2 + \lambda_2'\varpi_2' = 0$$

représentera le *point d'intersection* des droites 1 et 2.

De même

$$\lambda_2\varpi_2 + \lambda_2'\varpi_2' \equiv \lambda_3\varpi_3 + \lambda_3'\varpi_3' = 0$$

représentera le point d'intersection des droites 1 et 3.

Il résulte de là que la *condition de concours* des droites 1, 2, 3, est

$$\lambda_1\varpi_1 + \lambda_1'\varpi_1' \equiv \lambda_2\varpi_2 + \lambda_2'\varpi_2' \equiv \lambda_3\varpi_3 + \lambda_3'\varpi_3'. \quad . \quad . \quad . \quad 2')$$

Si nous cherchons à appliquer la méthode qui nous a donné directement l'involution (voir bilatères conjugués, etc.), nous verrons que celle-ci, qui se déduit, sous son expression la plus simple, de l'élimination de λ, entre deux relations de la même forme

$$\delta_1 - \lambda_1 \delta'_1 = 0. \quad . \quad . \quad . \quad . \quad . \quad . \quad . \quad 3)$$

ne peut pas se trouver ici sous cette expression, parce qu'il n'existe qu'une relation unique, et que l'élimination de λ_1 est, par suite, impossible.

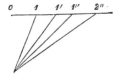

Fig. 1bis.

En effet, si l'équation 3) est celle de la droite δ''_1, en y remplaçant δ_1 et δ'_1 par les valeurs (*)

$$\delta_1 = 11''.(1), \quad \delta'_1 = 1'1''.(1'),$$

on trouve :

$$11''.(1) = \lambda_1 1'1''.(1');$$

mais cette relation est unique.

On en trouverait une autre, à la vérité, en considérant la droite δ''_2, pour laquelle on aurait l'équation

$$\delta''_2 \equiv \delta_1 - \lambda_2 \delta'_1 = 0.$$

On en tirerait

$$12''.(1) = \lambda_2 1'2''.(1');$$

et la comparaison de ces deux égalités conduirait à

$$\frac{\lambda_1}{\lambda_2} = \frac{11''.1'2''}{2''1.1''1'},$$

c'est-à-dire au rapport anharmonique, mais non à l'involution.

Et cependant, on peut trouver la forme générale de celle-ci pour le premier ordre.

Si l'on considère, en effet, sur la transversale qui coupe le faisceau, un point 0, on pourra écrire

$$\delta_1 = 01.(1), \quad \delta'_1 = 01'.(1'), \quad \delta''_1 = 01''.(1'');$$

et, en substituant dans l'identité 2), on aura :

$$01.(1) + k'01'.(1') + k''01''.(1'') \equiv 0,$$

ou, puisque les sinus (1), (1'), (1'') sont, pour chaque transversale, des constantes indépendantes de la position du point 0 :

$$\lambda.01 + \lambda'.01 + \lambda''.01'' \equiv 0,$$

_____

(*) Pour le sens des notations, voir le n° 7.

et enfin, en appelant x, x_1, x_1', x_1'', les distances respectives des points 0, 1, 1′, 1″ à une origine quelconque sur la transversale :

$$\lambda(x - x_1) + \lambda'(x - x_1') + \lambda''(x - x_1'') \equiv 0,$$

ou, symboliquement,

$$\overset{'''}{\underset{'}{\Sigma}}\, \lambda\, (x - x_1) \equiv 0,$$

forme qui correspond, pour le premier ordre, à celle que M. P. Serret a donnée de l'involution du second ordre, et que nous avons étendue aux ordres supérieurs.

Quant aux procédés des nᵒˢ 9, 10 et 11, qui nous ont conduit chacun au rapport anharmonique, appliqués au cas de trois droites conjuguées, ils ne donneraient que des propriétés résultant de la similitude des triangles.

Nous laissons au lecteur le soin d'appliquer la méthode précédente au cas de trois points conjugués entre eux.

§ II. RAPPORT ANHARMONIQUE. FAISCEAU DE QUATRE DROITES.

5. Nous avons vu que, si la droite δ_3 est conjuguée aux droites δ_1 et δ_2, elle a pour équation $\delta_1 + \lambda_3 \delta_2 = 0$, et que la signification géométrique de λ_3 est

$$\lambda_3 = -\frac{(\delta_3 \delta_1)}{(\delta_3 \delta_2)} \text{ que nous écrirons } -\frac{(31)}{(32)} .$$

Menons une transversale quelconque, qui coupe ces trois droites respectivement aux points 1, 2, 3, et désignons par (1) et (2) les sinus des angles que cette transversale fait avec les droites 1 et 2.

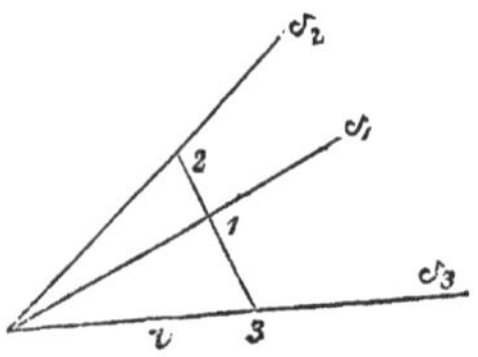

Fig. 2.

On a évidemment

$$\frac{(31)}{31} = \frac{(1)}{r} ; \quad \frac{(32)}{32} = \frac{(2)}{r} ;$$

d'où

$$\lambda_3 = -\frac{(31)}{(32)} = -\frac{(1)}{(2)} \cdot \frac{31}{32} .$$

On aurait de même, pour une quatrième droite δ_4 du faisceau :

$$\lambda_4 = -\frac{(41)}{(42)} = -\frac{(1)}{(2)} \cdot \frac{41}{42} ;$$

et, par suite :

$$\frac{\lambda_3}{\lambda_4} = \frac{(31)}{(32)} : \frac{(41)}{(42)} = \frac{31}{32} : \frac{41}{42} \quad \cdots \cdots \quad 1)$$

On reconnaît dans ces deux dernières expressions *le rapport anharmonique* (*) d'un faisceau de quatre droites et celui d'une chaine de quatre points; et l'on trouve en même temps, dans

(*) Cette expression est due à M. CHASLES; et nous la conserverons, même pour les rapports d'ordre supérieur, dont nous nous occuperons dans la suite de cet ouvrage.

§ II'. Rapport anharmonique. Chaîne de quatre points.

5'. Nous avons vu que, si le point ϖ_3 est conjugué aux points ϖ_1 et ϖ_2, il a pour équation $\varpi_1 + \lambda_3\varpi_2 = 0$, et que la signification géométrique de λ_3 est

$$\lambda_3 = -\frac{\varpi_3\varpi_1}{\varpi_3\varpi_2} \quad \text{que nous écrirons} \quad -\frac{31}{32}.$$

Fig. 2'.

Joignons ces trois points à un centre quelconque par des rayons 1, 2, 3; désignons par 1 et 2 les longueurs des deux premiers d'entre eux, par (31) et (32), les sinus des angles que le troisième rayon fait avec ceux-ci, par 31, etc., la distance du point 3 au point 1, etc., par (s) enfin le sinus de l'angle que le troisième rayon fait avec la droite de collimation.

On aura

$$\frac{31}{(31)} = \frac{1}{(s)}; \quad \frac{32}{(32)} = \frac{2}{(s)}; \quad \text{d'où} \quad \lambda_3 = -\frac{31}{32} = -\frac{1}{2}\cdot\frac{(32)}{(31)}.$$

On aurait de même, pour un quatrième point ϖ_4 de la chaîne :

$$\lambda_4 = -\frac{41}{42} = -\frac{1}{2}\frac{(42)}{(41)}; \quad \text{et, par suite :} \quad \frac{\lambda_3}{\lambda_4} = \frac{31}{32}\cdot\frac{41}{42} = \frac{(31)}{(32)}:\frac{(41)}{(42)},$$

égalité qui exprime le théorème :

Le rapport anharmonique d'une chaîne de quatre points est égal à celui du faisceau formé par la jonction de ces points à un centre quelconque.

l'égalité de ces deux rapports, la démonstration de ce théorème · capital de BRIANCHON :

Le rapport anharmonique d'un faisceau de quatre droites est égal à celui des segments que ces droites interceptent sur une transversale quelconque.

5bis. Mais ces rapports peuvent s'écrire et se retenir beaucoup plus aisément sous la forme

$$\frac{\lambda_3}{\lambda_4} = \frac{(31)(42)}{(23)(14)} = \frac{31.42}{23.14}.$$

On voit, en effet, que le dénominateur se tire du numérateur en faisant simplement passer au premier rang la dernière figure de celui-ci. On verra, de plus, que la même règle s'applique à la formation du RAPPORT ANHARMONIQUE DU n^e ORDRE.

Nous représenterons ces mêmes rapports 1), en modifiant légèrement la notation de MÖBIUS, par

$$\frac{\lambda_3}{\lambda_4} = (3142) = [3142] \quad . \quad . \quad . \quad . \quad . \quad . \quad . \quad . \quad 2)$$

Le faisceau des quatre droites $\delta_1 \dots \delta_4$ donne naissance aux différents rapports anharmoniques

$$(1234), \ (1243), \ (1342), \ (1324), \ (1423), \ (1432);$$

et il est facile de s'assurer (*) que, si l'on représente respectivement ces rapports par r, r', r'', r''', r^{iv}, r^v, on aura

$$r + r''' = 1, \quad r' + r^{iv} = 1, \quad r'' + r^v = 1;$$

$$\frac{1}{r} + \frac{1}{r'} = 1, \quad \frac{1}{r''} + \frac{1}{r'''} = 1, \quad \frac{1}{r^{iv}} + \frac{1}{r^v} = 1;$$

d'où il résulterait encore

$$r + \frac{1}{r^{iv}} = 1, \quad r''' + \frac{1}{r^v} = 1,$$

$$r' + \frac{1}{r'''} = 1, \quad r^{iv} + \frac{1}{r''} = 1,$$

$$r'' + \frac{1}{r} = 1, \quad r^v + \frac{1}{r'} = 1.$$

(*) Comp. CHASLES, *Traité de Géométrie supérieure*, p. 24.

La considération des autres formes du rapport anharmonique est superflue, puisque l'on a, par exemple :

$$(1234) = (4321) = (3412) = (2143)$$
$$(1234).(3214) = 1; \quad (1234)(1432) = 1; \quad \text{etc.}$$

Toutes les formules précédentes montrent que chaque forme du rapport anharmonique est déterminée, d'une manière unique, en fonction de l'une quelconque d'entre elles.

Notons, comme cas particulier, la forme

$$(1214) = 1.$$

Il va de soi que, si les équations des droites 1, 2, 3, 4, au lieu d'avoir la forme

$$\delta_1 . \delta_2 . (\delta_1 + \lambda_{3;4} \, \delta_2) = 0$$

ont la forme suivante :

$$\delta_1 + \lambda_{1,2,3,4} \, \delta_2 = 0,$$

le rapport anharmonique, qui, dans le premier cas, est

$$\frac{\lambda_3}{\lambda_4} = (3142),$$

sera, dans le second,

$$\frac{(\lambda_3 - \lambda_1)(\lambda_4 - \lambda_2)}{(\lambda_2 - \lambda_3)(\lambda_1 - \lambda_4)} = (3142);$$

et que les résultats qui précèdent sont applicables à cette forme générale, comme a la forme particulière.

§ III. — Faisceau de bilatères.

6. Considérons les deux bilatères $\delta_1\delta_2$, $\delta'_1\delta'_2$ et leur conjugué $\delta''_1\delta''_2$, c'est-à-dire l'ensemble des deux droites de jonction des points d'intersection des côtés du premier bilatère avec ceux du second.

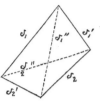

Fig. 3

L'équation du troisième bilatère sera évidemment

$$\delta''_1\delta''_2 \equiv \delta_1\delta_2 - \lambda\delta'_1\delta'_2 = 0, \quad . \quad . \quad 1)$$

λ ayant une valeur déterminée.

Si la valeur de λ était quelconque, le premier membre représenterait, au lieu d'un bilatère, une conique conjuguée (circonscrite) aux bilatères $\delta_1\delta_2$ et $\delta'_1\delta'_2$; et les résultats qui suivent seraient applicables à cette conique, quoique nous ne nous occupions ici que du bilatère $\delta''_1\delta''_2$.

L'identité 1) peut aussi s'écrire :

$$\delta_1\delta_2 + k'\delta'_1\delta'_2 + k''\delta''_1\delta''_2 \equiv 0 \quad . \quad . \quad . \quad . \quad . \quad 2)$$

et l'on y lit immédiatement l'énoncé suivant, auquel M. Chasles a donné le nom de *théorème de* Pappus :

Si trois bilatères sont conjugués entre eux, les produits des distances d'un point quelconque de l'un d'entre eux, aux côtés des deux autres, sont analogiques ; et, plus généralement encore :

Théorème I. *Il existe une relation linéaire entre les produits des distances d'un point quelconque (du plan) aux couples respectifs de côtés de trois bilatères conjugués entre eux.*

Ce dernier énoncé, que nous croyons neuf, revêtira une autre forme (voir n° 9), et sera généralisé dans les paragraphes suivants.

Une autre interprétation de la même identité 1) nous conduira directement au *théorème* de Desargues.

§ III′. Chaîne de digones.

6′. Considérons les deux digones $\varpi_1\varpi_2$, $\varpi_1'\varpi_2'$ et leur conjugué $\varpi_1''\varpi_2''$, c'est-à-dire l'ensemble des deux points d'intersection des droites de jonction des sommets du premier digone avec ceux du second.

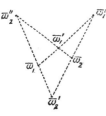

Fig. 3′.

L'équation du troisième digone sera évidemment

$$\varpi_1''\varpi_2'' \equiv \varpi_1\varpi_2 - \lambda\,\varpi_1'\varpi_2' = 0, \quad . \quad . \quad 1')$$

λ ayant une valeur déterminée.

Si la valeur de λ était quelconque, le premier membre représenterait, au lieu d'un digone, une conique conjuguée (inscrite) aux digones $\varpi_1\varpi_2$ et $\varpi_1'\varpi_2'$; et les résultats qui suivent seraient applicables à cette conique, quoique nous ne nous occupions ici que du digone $\varpi_1''\varpi_2''$.

L'identité 1′) peut aussi s'écrire

$$\varpi_1\varpi_2 + k'\varpi_1'\varpi_2' + k''\varpi_1''\varpi_2'' \equiv 0, \quad . \quad . \quad . \quad . \quad 2')$$

et l'on y lit immédiatement le corrélatif du théorème de Pappus :

Si trois digones sont conjugués entre eux, les produits des distances d'une droite quelconque (passant par un sommet) de l'un d'entre eux, aux sommets des deux autres, sont analogiques, etc., et plus généralement encore

Théorème I′. *Il existe une relation linéaire entre les produits des distances d'une droite quelconque (du plan) aux couples respectifs de sommets de trois digones conjugués entre eux.*

Ce dernier énoncé revêtira une autre forme (n° 9′) et sera généralisé dans les paragraphes suivants.

7. Désignons par 1, 2, etc., aussi bien les côtés δ_1, δ_2, etc., que

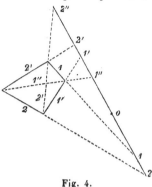

leurs points d'intersection par une transversale quelconque; par (1) le sinus de l'angle de celle-ci avec δ_1, etc., par 11″, etc., la distance des points 1 et 1″ pris sur la transversale.

Considérons d'abord le point 1″, pour lequel nous avons, en vertu de l'équation 1) :

$$\delta_1 \delta_2 - \lambda \delta'_1 \delta'_2 = 0, \quad . \quad . \quad . \quad 5)$$

Fig. 4.

et exprimons $\delta_1 \ldots$, qui sont (n° 1), les distances de ce point 1″ aux côtés $\delta_1 \ldots$, en fonction des segments interceptés sur la transversale; nous aurons évidemment

$$\delta_1 = 11''.(1); \quad \delta_2 = 21''.(2); \quad \delta'_1 = 1'1''.(1'); \quad \delta'_2 = 2'1''.(2');$$

et, en substituant ces valeurs dans la relation qui précède :

$$11''.21''.(1).(2) = \lambda 1'1''.2'1''.(1').(2').$$

Considérons ensuite le point 2″, pour lequel existe également la relation 3); nous obtiendrons de la même manière :

$$12''.22''.(1).(2) = \lambda 1'2''.2'2''(1').(2');$$

et, en divisant ces deux égalités l'une par l'autre :

$$\frac{11''.21''}{12''.22''} = \frac{1'1''.2'1''}{1'2''.2'2''},$$

ce qui est, comme on le sait, l'une des relations qui expriment l'involution des trois couples de points 12, 1'2', 1″2″ (*).

(*) Cette relation était connue des Grecs dans le cas particulier que nous venons d'examiner. Son application aux coniques, et le nom même d'*involution*, appartiennent à Desargues.

7'. Désignons par 1, 2, etc., aussi bien les points ϖ_1, ϖ_2, etc., que leurs droites de jonction à un centre quelconque; par $(11')$, etc., les sinus des angles compris entre ces droites.

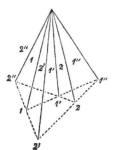

Considérons d'abord la droite $1''$, pour laquelle nous avons, en vertu de l'équation $1')$

$$\varpi_1\varpi_2 - \lambda\varpi_1'\varpi_2' = 0, \quad . \quad . \quad . \quad 3')$$

et exprimons $\varpi_1 \ldots$, qui sont (n° $1'$) les distances de cette droite $1''$ aux sommets $\varpi_1 \ldots$, en fonction des sinus des angles compris entre les rayons.

Fg. 4'.

Nous aurons évidemment

$$\varpi_1 = (11'') . 1; \quad \varpi_2 = (21'') . 2; \quad \varpi_1' = (1'1'') . 1'; \quad \varpi_2' = (2'1'') . 2',$$

et, en substituant ces valeurs dans la relation qui précède :

$$(11'') . (21'') . 1 . 2 = \lambda (1'1'') . (2'1'') . 1' . 2'.$$

Pour la droite $2''$, nous obtiendrons de même

$$(12'') . (22'') . 1 . 2 = \lambda (1'2'') . (2'2'') . 1' . 2';$$

et, en divisant ces deux égalités l'une par l'autre :

$$\frac{(11'') . (21'')}{(12'') . (22'')} = \frac{(1'1'') . (2'1'')}{(1'2'') . (2'2'')},$$

ce qui est l'une des relations qui expriment l'involution des trois couples de droites 12, $1'2'$, $1''2''$.

8. On trouve une expression plus générale de l'involution en considérant, sur la transversale, un point *quelconque* 0, au lieu des points particuliers $1''$, $2''$.

Si, dans l'identité 2), que nous écrirons sous la forme symbolique

$$\overset{'''}{\underset{'}{\Sigma}} k\delta_1\delta_2 \equiv 0,$$

nous remplaçons les distances δ_1 ... en fonction des distances 01, au moyen des relations $\delta_1 = 01.$ (1), ... nous obtiendrons :

$$k01.02.(1).(2) + k'01'.02'.(1')(2') + k''01''.02''.(1'')(2'') \equiv 0;$$

or, les sinus (1) ... sont, pour une même transversale, des constantes indépendantes de la position du point 0 sur cette transversale; en sorte que l'identité précédente pourra s'écrire, en faisant rentrer toutes les constantes en une seule :

$$\lambda.01.02 + \lambda'.01'.02' + \lambda''.01''.02'' \equiv 0,$$

ou, si l'on veut,

$$\lambda.\overline{x-x_1}.\overline{x-x_2} + \lambda'.\overline{x-x_1'}.\overline{x-x_2'} + \lambda''.\overline{x-x_1''}.\overline{x-x_2''} \equiv 0,$$

en appelant x, x_1 ... les distances des points 0, 1 ,.. à une origine quelconque prise sur la transversale; et enfin, symboliquement :

$$\overset{'''}{\underset{'}{\Sigma}} \lambda.\overline{x-x_1}.\overline{x-x_2} \equiv 0 \, (^*) \quad . \quad . \quad . \quad . \quad 4)$$

9. De l'identité même *qui exprime que trois bilatères sont conjugués entre eux*, nous venons de tirer directement l'involution, sans passer par le rapport anharmonique, d'où on la déduit habituellement.

(*) C'est dans la *Géométrie de direction* de M. P. Serret que nous avons rencontré pour la première fois cette expression de l'involution. Nous la généraliserons plus bas:

8′. On en trouve une expression plus générale en considérant une droite *quelconque* 0, passant par le centre du faisceau, au lieu des droites particulières 1″, 2″.

Si, dans l'identité 2), que nous écrirons

$$\overset{\prime\prime\prime}{\underset{\prime}{\Sigma}} k\varpi_1\varpi_2 \equiv 0,$$

nous remplaçons les distances ϖ_1..., des points ϖ_1... à cette droite 0, en fonction des sinus (01)..., au moyen des relations $\varpi_1 = (01) . 1$ ..., nous aurons :

$$k\,(01)\,.\,(02)\,.\,1\,.\,2 + k'01'\,.\,02'\,.\,1'\,.\,2' + k''01''\,.\,02''\,.\,1''\,.\,2'' \equiv 0.$$

Or, les longueurs 1, 2 ... sont des constantes, ainsi que k... En les faisant rentrer dans une seule, nous pourrons écrire

$$\lambda\,(01)\,.\,(02) + \lambda'\,(01')\,.\,(02') + \lambda''\,(01'')\,.\,(02'') \equiv 0,$$

ou bien

$$\lambda\,(X - X_1)\,(X - X_2) + \lambda'\,(X - X_1')\,(X - X_2') + \lambda''\,(X - X_1'')\,(X - X_2'') \equiv 0,$$

en appelant X, X_1 ... les angles des droites 0, 1 ... avec une droite quelconque passant par le centre du faisceau, et $(X - X_1)$... les sinus des angles $X - X_1, \ldots$; et enfin

$$\overset{\prime\prime\prime}{\underset{\prime}{\Sigma}} \lambda\,(X - X_1)\,(X - X_2) \equiv 0. \qquad . \quad . \quad . \quad . \quad . \quad 4')$$

9′. Recherchons le rapport anharmonique dans l'identité

$$\varpi_1''\varpi_2'' \equiv \varpi_1\varpi_2 - \lambda\varpi_1'\varpi_2' .$$

Coupons, par une droite quelconque, les jonctions des sommets des digones $\varpi_1\varpi_2$ et $\varpi_1'\varpi_2'$; désignons ces jonctions par $1_1'$, $1_2'$, $2_1'$, $2_2'$; conservons les mêmes notations pour représenter leurs

Il s'agit maintenant de retrouver le rapport anharmonique dans cette même identité $\delta''_1\delta''_2 = \delta_1\delta_2 - \lambda\delta'_1\delta'_2 = 0$.

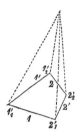

Joignons, à un centre quelconque, les sommets des bilatères $\delta_1\delta_2$ et $\delta'_1\delta'_2$; désignons ces sommets par $1'_1$, $1'_2$, $2'_1$, $2'_2$; conservons les mêmes notations pour représenter les rayons qui y aboutissent; et nommons 1, 2, $1'$, $2'$ les quatre côtés du quadrilatère; $1''$, $2''$ ses diagonales.

En rapportant les distances δ_1 ... (n° 1) au centre considéré, nous aurons :

Fig. 5.

$$\delta_1 = \frac{2'_1 . 1'_1 (2'_1 1'_1)}{1}; \quad \delta_2 = \frac{1'_2 . 2'_2 (1'_2 2'_2)}{2};$$

$$\delta'_1 = \frac{1'_1 . 1'_2 (1'_1 1'_2)}{1'}; \quad \delta'_2 = \frac{2'_2 . 2'_1 (2'_2 2'_1)}{2'};$$

$$\delta''_1 = \frac{1'_1 . 2'_2 (1'_1 2'_2)}{1''}; \quad \delta''_2 = \frac{1'_2 . 2'_1 (1'_2 2'_1)}{2''}.$$

Ces expressions, substituées dans l'identité

$$\delta''_1\delta''_2 \equiv \delta_1\delta_2 - \lambda\delta'_1\delta'_2,$$

donnent, après réduction :

$$\frac{(1'_1 2'_2) . (1'_2 2'_1)}{1'' . 2''} \equiv \frac{(2'_1 1'_1) . (1'_2 2'_1)}{1 . 2} - \lambda \frac{(1'_1 1'_2) . (2'_2 2'_1)}{1' . 2'} \quad . \quad . \quad 5)$$

Si le centre du faisceau est choisi en un point du bilatère $\delta''_1\delta''_2$, chacun des deux membres de l'identité sera nul, et, par suite :

$$\lambda \frac{1 . 2}{1' . 2'} = \frac{(2'_1 1'_1) . (1'_2 2'_2)}{(1'_1 1'_2) . (2'_2 2'_1)},$$

expression dans laquelle on reconnait le rapport anharmonique des quatre rayons du faisceau, que l'on pourrait aussi écrire :

$$\frac{(1) . (2)}{(1') . (2')},$$

intersections avec la transversale; nous aurons, en désignant par (1), $(1'_1)$, $(2'_2)$, les sinus des angles des triangles $11'_1 2'_2$,... :

$$\varpi_1 = 1'_1 2'_1 \frac{(1'_1)(2'_1)}{(1)} ; \quad \varpi_2 = 2'_2 1'_2 \frac{(2'_2)(1'_2)}{(2)} ;$$

$$\varpi'_1 = 1'_1 1'_2 \frac{(1'_1)(1'_2)}{(1')} ; \quad \varpi'_2 = 2'_2 2'_1 \frac{(2'_2)(2'_1)}{(2')} ;$$

$$\varpi''_1 = 1'_1 2'_2 \frac{(1'_1)(2'_2)}{(1'')} ; \quad \varpi''_2 = 2'_1 1'_2 \frac{(2'_1)(1'_2)}{(2'')} .$$

Ces expressions, substituées dans l'identité précédente, donnent, après réduction

$$\frac{1'_1 2'_2 . 2'_1 1'_2}{(1'')(2'')} \equiv \frac{1'_1 2'_1 . 2'_2 1'_2}{(1) . (2)} - \lambda \frac{1'_1 1'_2 . 2'_2 2'_1}{(1') . (2')} \quad \ldots \ldots \text{5')}$$

Si la transversale est une droite du digone $1''2''$ (c'est-à-dire

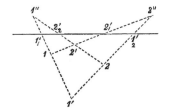

Fig. 5'.

si elle passe par l'un de ces deux points), chacun des membres de l'identité sera nul, et, par suite :

$$\lambda \frac{(1) . (2)}{(1') . (2')} = \frac{1'_1 2'_1 . 2'_2 1'_2}{1'_2 1'_1 . 2'_1 2'_2} ,$$

où l'on reconnaît le rapport anharmonique des quatre points de la transversale, rapport que l'on pourrait écrire

$$\frac{1 . 2}{1' . 2'} ,$$

en désignant par 1 ... les segments interceptés, sur celle-ci, entre les côtés des angles des deux digones.

La même propriété existe évidemment pour toute tangente à une conique conjuguée (inscrite) aux deux digones; elle est connue par le nom de *propriété anharmonique de quatre tangentes à une conique.*

Si la transversale est une droite quelconque du plan des

en désignant par (1) ... les sinus des angles soutendus, au centre du faisceau, par les côtés δ_1 ...

La même propriété existe évidemment pour tout point d'une conique conjuguée (circonscrite) aux deux bilatères; elle est connue sous le nom de *propriété anharmonique de quatre points d'une conique* (*).

Si le centre du faisceau est un point quelconque du plan des bilatères, en réunissant en une seule les constantes 1, 2, etc., de l'identité 5), on pourra mettre celle-ci sous la forme :

$$(1).(2) + k'(1').(2') + k''(1'').(2'') \equiv 0,$$

c'est-à-dire :

Théorème II. *Si, d'un centre quelconque (pris dans le plan), on mène des rayons aux sommets de trois bilatères conjugués entre eux, il existe une relation linéaire entre les produits des sinus des angles soutendus, en ce centre, par les couples respectifs de côtés des trois bilatères.*

Cet énoncé n'est, au fond, qu'une forme différente de la généralisation que nous avons donnée plus haut (n° 6) du théorème de Pappus, et de la formule générale 4) qui exprime l'involution (n° 8).

10. Un autre procédé, tout intuitif également, permet d'établir la constance du rapport anharmonique, et d'arriver, chemin faisant, à un théorème susceptible de la généralisation la plus complète.

Nous l'appliquerons, comme ci-dessus, au cas de trois bilatères conjugués entre eux.

En conservant la figure et les notations qui précèdent, écrivons simplement l'identité

$$1'_1.1'_2.2'_2.2'_1 = 1'_1.1'_2.2'_2.2'_1,$$

(*) C'est l'extension de ce procédé de recherche bien simple, à nos systèmes de plurilatères conjugués à des courbes d'ordre supérieur, qui nous a conduit à la découverte du *rapport anharmonique du* n^e *ordre*.

digones, en réunissant en une seule les constantes qui entreront dans l'identité 4), on pourra écrire celle-ci :

$$1 \cdot 2 + k'1' \cdot 2' + k''1'' \cdot 2'' \equiv 0, \text{ c'est-à-dire :}$$

Théorème II. *Si l'on coupe, par une transversale quelconque, les côtés de trois digones conjugués entre eux, il existe une relation linéaire entre les produits des segments interceptés, sur cette transversale, par les couples respectifs d'angles des trois digones,* énoncé qui ne diffère pas, dans le fond, de ceux des n°ˢ 6′ et 8′.

10′. Écrivons l'identité

$$(1_1') \cdot (1_2') \cdot (2_2') \cdot (2_1') = (1_1') \cdot (1_2') \cdot (2_2') \cdot (2_1'),$$

et transformons-la dans les suivantes :

$$\frac{(1_1') \cdot (1_2') \cdot 1'}{1'} \cdot \frac{(2_2') \cdot (2_1') \cdot 2'}{2'} = \frac{(2_1') \cdot (1_1') \cdot 1}{1} \cdot \frac{(1_2') \cdot (2_2') \cdot 2}{2}$$

$$= \frac{(1_1') \cdot (2_2') \cdot 1''}{1''} \cdot \frac{(1_2') \cdot (2_1') \cdot 2''}{2''} \cdot$$

Ces égalités peuvent s'énoncer :

Théorème III. *Dans le cas de trois digones conjugués entre eux,*

5

et transformons-la dans les suivantes :

$$\frac{1'_1 . 1'_2 . (1')}{(1')} \cdot \frac{2'_2 . 2'_1 (2')}{(2')} = \frac{2'_1 . 1'_1 (1)}{(1)} \cdot \frac{1'_2 . 2'_2 . (2)}{(2)} = \frac{1'_1 . 2'_2 . (1'')}{(1'')} \cdot \frac{1'_2 . 2'_1 . (2'')}{(2'')}.$$

Chacun des numérateurs, tels que $1'_1 . 1'_2 (1')$ représente le double de l'aire du triangle qui a son sommet au centre du faisceau, et pour base le côté $1'$; nous pourrons donc énoncer le théorème :

Théorème III. *Dans le cas de trois bilatères conjugués entre eux, dont les quatre sommets sont joints à un centre quelconque, si l'on forme le produit des aires des deux triangles qui ont leur sommet en ce centre, et pour bases respectives les côtés de chaque bilatère, et qu'on divise ce produit par celui des sinus des angles au centre de chacun de ces triangles, le quotient obtenu sera constant pour chacun des trois bilatères.*

Mais si nous exprimons les aires de ces triangles au moyen du produit de la base par la hauteur, les égalités précédentes s'écriront :

$$\frac{1' . \delta'_1}{(1')} \cdot \frac{2' . \delta'_2}{(2')} = \frac{1 . \delta_1}{(1)} \cdot \frac{2 . \delta_2}{(2)} = \frac{1'' . \delta''_1}{(1'')} \cdot \frac{2'' . \delta''_2}{(2'')}.$$

Si le centre du faisceau est un point du lieu qui a pour équation

$$\delta_1 . \delta_2 - \lambda \delta'_1 . \delta'_2 = 0$$

et qui est, en général, une conique conjuguée aux deux bilatères, on aura donc

$$\lambda = \frac{\delta_1 . \delta_2}{\delta'_1 . \delta'_2} = \frac{1' . 2'}{1 . 2} \cdot \frac{(1)(2)}{(1')(2')},$$

comme nous venons de le voir.

11. Au lieu de rechercher la signification géométrique de l'équation

$$\delta_1 \delta_2 - \lambda \delta'_1 \delta'_2 = 0 \quad . \quad . \quad . \quad . \quad . \quad . \quad . \quad 6)$$

par la méthode du n° 9, si nous exprimons les distances $\delta_1 \ldots$ de la

dont les quatre côtés sont coupés par une droite quelconque, si l'on forme le produit des quotaires (*) des deux triangles qui ont leurs bases sur cette droite, et pour sommets respectifs ceux de chaque digone, et qu'on divise ce produit par celui des bases de chacun de ces triangles, le quotient obtenu sera constant pour chaque digone.

Mais on a évidemment

$$(1'_1).(1'_2).1' = (1').\varpi'_1,$$

Substituant dans les égalités précédentes, on obtient :

$$\frac{(1').\varpi'_1}{1'} \cdot \frac{(2').\varpi'_2}{2'} = \frac{(1).\varpi_1}{1} \cdot \frac{(2).\varpi_2}{2} = \frac{(1'').\varpi''_1}{1''} \cdot \frac{(2'').\varpi''_2}{2''}.$$

Si la transversale est une droite du lieu qui a pour équation

$$C'_2 \equiv \varpi_1\varpi_2 - \lambda\varpi'_1\varpi'_2 = 0,$$

c'est-à-dire si elle est tangente à une conique conjuguée aux deux digones, on aura donc

$$\lambda = \frac{\varpi_1 \cdot \varpi_2}{\varpi'_1 \cdot \varpi'_2} = \frac{(1')(2')}{(1)\,(2)} \cdot \frac{1 \cdot 2}{1' \cdot 2'},$$

comme nous venons de le voir.

11′. Au lieu de rechercher la signification géométrique de l'équation

$$C'_2 \equiv \varpi_1\varpi_2 - \lambda\varpi'_1\varpi'_2 = 0 \quad . \quad . \quad . \quad . \quad . \quad 6')$$

(*) Voir les Préliminaires.

manière dont nous l'avons fait en suivant la corrélative de celle-ci, nous arriverons à une nouvelle propriété assez remarquable.

Écrivons donc

$$\delta_1 = \frac{1.(11_1')(12_1')}{(1)}, \qquad \delta_2 = \frac{2.(21_2')(22_2')}{(2)},$$

$$\delta_1' = \frac{1'.(1'1_1')(1'1_2')}{(1')}, \qquad \delta_2' = \frac{2'(2'2_1')(2'2_2')}{(2')};$$

et substituons ces valeurs dans l'équation précédente, nous obtiendrons :

$$\lambda = \frac{(11_1').(12_1').(21_2').(22_2')}{(1'1_1')(1'1_2').(2'2_1').(2'2_2')} \cdot \frac{1.2.}{1'.2'} \cdot \frac{(1').(2')}{(1).(2)}.$$

Or, en comparant cette valeur à celle que nous venons de trouver

$$\lambda = \frac{1'.2'}{1.2} \cdot \frac{(1).(2)}{(1').(2')};$$

nous en déduirons

$$\lambda^2 = \frac{(11_1'). (12_1').(21_2').(22_2')}{(1'1_1').(1'1_2').(2'2_1').(2'2_2')},$$

c'est-à-dire, si nous nous rappelons la signification générale de l'équation 6) :

Théorème IV. *Si une conique est conjuguée (circonscrite) à deux bilatères, et qu'on joigne les sommets de ceux-ci à un point quelconque de la conique, le rapport des produits des sinus des angles comptés, dans le premier bilatère, depuis les côtés de celui-ci jusqu'aux rayons aboutissant à leurs extrémités, à ceux des sinus des angles, comptés de même dans le second, est constant.*

En combinant ce théorème avec le corrélatif de celui de Carnot, on arrivera à une expression tellement simple de l'un et de l'autre, qu'elle sera tout à fait intuitive dans le cas du cercle; et c'est pour cette raison, peut-être, qu'on ne l'a pas remarquée.

12. Les propriétés que nous venons d'énoncer, étaient toutes connues, à l'exception des derniers théorèmes; leur mode seul de démonstration nous est quelquefois propre.

par la méthode précédente, qui est de tout point la corrélative de celle du n° 9', si nous exprimons les distances ϖ_1... en fonction des aires des triangles $1'_1 1 2'_2$, ..., nous arriverons à une nouvelle propriété assez remarquable.

Écrivons donc

$$\varpi_1 = \frac{11'_1 \cdot 12'_1 \cdot (1)}{1}, \quad \varpi_2 = \frac{22'_2 \cdot 21'_2 \cdot (2)}{2},$$

$$\varpi'_1 = \frac{1'1'_1 \cdot 1'1'_2 \cdot (1')}{1'}, \quad \varpi'_2 = \frac{2'2'_2 \cdot 2'2'_1 \cdot (2')}{2'};$$

et substituons ces valeurs dans l'équation précédente, nous obtiendrons :

$$\lambda = \frac{11'_2 \cdot 12'_2 \cdot 21'_2 \cdot 22'_2}{1'1'_1 \cdot 1'1'_2 \cdot 2'2'_1 \cdot 2'2'_2} \cdot \frac{(1) \cdot (2)}{(1') \cdot (2')} \cdot \frac{1' \cdot 2'}{1 \cdot 2}.$$

Or, en comparant cette valeur à celle que nous venons d'obtenir

$$\lambda = \frac{(1') \cdot (2')}{(1) \cdot (2)} \cdot \frac{1 \cdot 2}{1' \cdot 2'},$$

nous en déduirons

$$\lambda^2 = \frac{11'_1 \cdot 12'_1 \cdot 21'_2 \cdot 22'_2}{1'1'_1 \cdot 1'1'_2 \cdot 2'2'_1 \cdot 2'2'_2},$$

c'est-à-dire si nous nous rappelons la signification générale de l'équation 6') :

Théorème IV'. *Si une conique est conjuguée (inscrite) à deux digones, et qu'on coupe les côtés de ceux-ci par une tangente quelconque à la conique, le rapport des produits des côtés du premier digone, comptés depuis les sommets de celui-ci jusqu'à cette tangente, à ceux des côtés du second, comptés de même, est constant.*

En combinant ce théorème avec celui de Carnot, on arrivera à une expression plus simple de l'un et de l'autre; et cette dernière expression, transformée en sa corrélative, deviendra tout à fait intuitive, dans le cas du cercle.

12'. Démontrons le théorème de Brianchon comme nous avons démontré celui de Pascal.

Soit un trigone $\varpi_1 \varpi_3 \varpi_5$, et l'un de ses conjugués par rapport à

Celles dont nous allons nous occuper étant neuves, nous les traiterons pour les coniques en général.

Commençons par démontrer de la manière la plus simple, pensons-nous, le théorème de Pascal.

Soit un trilatère $\delta_1\delta_3\delta_5$, et l'un de ses conjugués, par rapport à une conique C_2, $\delta_2\delta_4\delta_6$, ce qui forme un hexagone inscrit $\delta_1...\delta_6$. Appelons δ_0 par la droite de jonction des intersections de δ_3 avec δ_4 et de δ_6 avec δ_1.

$\delta_1\delta_3$ et $\delta_2\delta_0$ seront deux bilatères conjugués à la conique; l'équation de celle-ci sera donc

$$C_2 \equiv \delta_1\delta_3 - \lambda\delta_0\delta_2 = 0.$$

Et de même :

$$C_2 \equiv \delta_4\delta_6 - \lambda'\delta_3\delta_0 = 0.$$

En multipliant en croix ces deux équations, nous aurons

$$\lambda'\delta_1\delta_3\delta_5 - \lambda\delta_2\delta_4\delta_6 = 0.$$

Or, le premier membre renferme le facteur C_2; il doit donc renfermer en outre un facteur linéaire Δ, en sorte que

$$\lambda'\delta_1\delta_3\delta_5 - \lambda\delta_2\delta_4\delta_6 \equiv C_2.\Delta = 0; \quad . \quad . \quad . \quad . \quad 7)$$

et, comme les intersections de δ_1 avec δ_2 et δ_6, de δ_3 avec δ_2 et δ_4, de δ_5 avec δ_4 et δ_6 sont sur la conique C_2, les autres, savoir celles de δ_1 avec δ_4, de δ_3 avec δ_6, de δ_5 avec δ_2, sont sur la droite Δ, cqfd.

Cette même forme d'équation conduit aussi très-aisément aux théorèmes sur les points et les droites de Steiner.

Elle dévoile, en outre, lorsque la conique se réduit à un bilatère, l'existence de *trois bilatères conjugués entre eux*, c'est-à-dire tels que chaque côté de l'un passe par trois points d'intersection des côtés des deux autres. L'équation 6) devient en effet, dans ce cas :

$$\lambda'\delta_1\delta_3\delta_5 - \lambda\delta_2\delta_4\delta_6 = \Delta . \Delta' . \Delta'' = 0. \quad . \quad . \quad . \quad . \quad 8)$$

une conique C_2, $\varpi_2\varpi_4\varpi_6$, ce qui forme un hexagone circonscrit $\varpi_1 \ldots \varpi_6$. Appelons ϖ_0 le point d'intersection des jonctions de ϖ_3 avec ϖ_4 et de ϖ_6 avec ϖ_1.

$\varpi_1\varpi_3$ et $\varpi_2\varpi_0$ seront deux digones conjugués à la conique; l'équation de celle-ci sera donc

$$C_2 \equiv \varpi_1\varpi_3 -- \lambda\varpi_2\varpi_0.$$

Et de même

$$C_2 \equiv \varpi_4\varpi_6 - \lambda'\varpi_8\varpi_0.$$

En multipliant en croix ces deux équations, nous aurons

$$\lambda'\varpi_1\varpi_3\varpi_3 - \lambda\varpi_2\varpi_4\varpi_6 = 0.$$

Or, le premier membre renferme le facteur C_2; il doit donc, en outre, renfermer un facteur linéaire Π, en sorte que

$$\lambda'\varpi_1\varpi_3\varpi_8 - \lambda\varpi_2\varpi_4\varpi_6 \equiv C_2 . \Pi = 0 ; \quad . \quad . \quad . \quad . \quad . \quad 7')$$

et, comme les jonctions de ϖ_1 avec ϖ_2 et ϖ_6, de ϖ_3 avec ϖ_2 et ϖ_4, de ϖ_8 avec ϖ_4 et ϖ_6 sont tangentes à la conique C_2, les autres, savoir celles de ϖ_1 avec ϖ_4, de ϖ_3 avec ϖ_6, de ϖ_8 avec ϖ_2, concourent au point Π, cqfd.

Cette même forme d'équation conduit aux théorèmes sur les points et les droites de Steiner.

Elle dévoile, en outre, l'existence de *trois trigones conjugués entre eux*, c'est-à-dire tels que chaque sommet de l'un est le concours de trois droites de jonction des sommets des deux autres. L'équation 7') devient, en effet, dans le cas où la conique se réduit à un digone $\Pi'. \Pi''$:

$$\lambda'\varpi_1\varpi_3\varpi_8 - \lambda\varpi_2\varpi_4\varpi_2 \equiv \Pi . \Pi' . \Pi'' = 0 . \quad . \quad . \quad . \quad . \quad 8')$$

Enfin, on trouverait de même des théorèmes tels que le suivant:

Dans un octogone circonscrit à une conique, les jonctions des sommets non adjacents sont tangentes à une autre conique.

Enfin, des modes de démonstration tout à fait analogues conduiraient à des théorèmes tels que le suivant :

Dans un octogone inscrit à une conique, les côtés non adjacents se coupent sur une autre conique (*).

12bis. Considérons l'équation

$$\frac{a_1}{\delta_1} + \frac{a_2}{\delta_2} + \frac{a_3}{\delta_3} = 0$$

qui est évidemment celle d'une conique.

Il est facile de prouver que δ_1, δ_2, δ_3 sont les côtés d'un triangle inscrit à la courbe ; et que ceux du triangle circonscrit à celle-ci, par les sommets du premier, sont respectivement $\frac{\delta_2}{a_2} + \frac{\delta_3}{a_3} = 0$, etc.

En effet, l'équation précédente peut s'écrire

$$(a_1\delta_2 + a_2\delta_1)\,\delta_3 + a_3\delta_1\delta_2 = 0$$

ou

$$A_3\Delta_3'\delta_3 + a_3\delta_1\delta_2 = 0 ;$$

ce qui est l'équation d'une conique rapportée aux bilatères conjugués $\delta_1\delta_2$ et $\delta_3\Delta_3'$; il en résulte, 1° que δ_1 et δ_2 se coupent sur la courbe ; 2° que Δ_3' est tangente en ce point d'intersection de δ_1 et de δ_2, puisque les deux points de rencontre de Δ_3' avec la courbe se confondent en ce point.

De ces relations on déduit très-simplement le *théorème de* Carnot.

Mais il en résulte, de plus, que l'équation de la conique, rapportée à ces deux riangles, inscrit et circonscrit, pourra s'écrire :

$$2C_2 \equiv A_1\delta_1\Delta_1' + A_2\delta_2\Delta_2' + A_3\delta_3\Delta_3' = 0.$$

Cette forme symétrique d'équation devait conduire à une propriété fort simple de ces triangles ; la voici en effet :

Théorème V. *Si, par trois points pris sur une conique, on lui inscrit et circonscrit un triangle, une transversale quelconque coupe les côtés de ces deux triangles en trois couples de points en* ÉVOLUTION.

Démonstration. Si l'on désigne les points d'intersection de la transversale, avec la conique, par 00′ ; avec les côtés des deux triangles, par 1, 2, 3, 1′, 2′ 3′, on sait, par le théorème Desargues, que 00′ est en involution avec 21 et 33′, 13 et 22′, 32 et 11′ ; écrivant les relations qui expriment ces involutions, et les multipliant membre à membre, on trouvera

$$12'.23'.31' = 1'2.2'3.3'1,$$

relation identique, au signe près, avec celle qui exprime l'involution des trois couples de points 11′, 22′, 33′, et que nous avons appelée ÉVOLUTION de ces trois couples (*).

Nous verrons que cette même propriété se rencontre également, sous une forme absolument identique, dans les courbes supérieures.

Il est fort aisé de mettre la relation précédente sous une forme telle qu'elle exprime l'égalité de deux rapports anharmoniques, par exemple :

$$[11'23'] = -[1'12'3],$$

et ainsi de suite ; en sorte que l'*évolution des trois couples de points* signifie que *ces trois couples sont tels que le rapport anharmonique de quatre points, pris dans les trois couples, est égal et de signe contraire à celui de leurs conjugués.*

Il est aisé de trouver de même, pour l'hexagone inscrit, la propriété correspondante à celle de l'évolution (**).

Les propriétés corrélatives sont tellement aisées à formuler et à démontrer, que nous nous bornerons à l'énoncé du corrélatif du théorème V :

Théorème V′. *Si, par trois points pris sur une conique, on lui inscrit et circonscrit un triangle, et qu'on joigne les sommets de ces deux triangles à un centre quelconque, on forme un faisceau en* ÉVOLUTION.

(*) *Bulletin de l'Académie roy. de Belgique,* 2ᵉ serie, t. XLIII, p. 500.

(**) *Ibid.,* t. XLIV, p. 193.

§ IV. Faisceau de trilatères (*).

13. L'identité 8) n° 12, ou

$$\delta_1 \delta_2 \delta_3 + k' \delta_1' \delta_2' \delta_3' + k'' \delta_1'' \delta_2'' \delta_3'' \equiv 0 \quad . \quad . \quad . \quad . \quad 1)$$

exprime, comme nous l'avons vu, que les trois trilatères qui y entrent sont conjugués entre eux; et l'on y lit immédiatement l'énoncé suivant :

Théorème VI. Extension du théorème de Pappus. *Si trois trilatères sont conjugués entre eux, les produits des distances d'un point quelconque de l'un d'entre eux, aux côtés des deux autres, sont analogiques;*

et, plus généralement encore :

Il existe une relation linéaire entre les produits des distances d'un point quelconque (du plan) aux ternes respectifs de côtés de trois trilatères conjugués entre eux.

Ce dernier énoncé revêtira une autre forme au n° 19.

14. Une autre interprétation de la même identité nous conduira immédiatement à l'*extension du théorème de* Desargues.

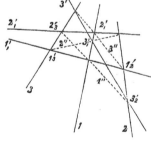

En suivant absolument la même marche qu'au n° 7, et conservant les mêmes notations, nous aurons, pour chacun des points 1″, 2″, 3″ d'intersection d'une transversale quelconque, avec les côtés de même nom du troisième trilatère, la relation

Fig. 6.

$$\delta_1 \delta_2 \delta_3 - \lambda \delta_1' \delta_2' \delta_3' = 0 , \quad . \quad . \quad 2)$$

(*) Les extensions des théorèmes de Pappus, de Desargues et de Pascal, par lesquelles commence ce paragraphe, ont été données, pour la première fois, dans nos F. G. S. C., pp. 20 et suiv., où nous en avons fait directement

§ IV'. De trigones (*).

13'. L'identité 8') n° 12, ou

$$\varpi_1\varpi_2\varpi_3 + k'\varpi_1'\varpi_2'\varpi_3' + k''\varpi_1''\varpi_2''\varpi_3'' \equiv 0 \quad . \quad . \quad . \quad . \quad 1')$$

exprime que les trois trigones qui y entrent sont conjugués entre eux ; et l'on y lit l'énoncé suivant :

Théorème VI'. Extension du théorème corrélatif de celui de Pappus. Si *trois trigones sont conjugués entre eux, les produits des distances d'une droite quelconque (passant par un sommet) de l'un d'entre eux, aux sommets des deux autres, sont analogiques;*

et, plus généralement :

Il existe une relation linéaire entre les produits des distances d'une droite quelconque (du plan) aux ternes respectifs de sommets de trois trigones conjugués entre eux.

Ce dernier énoncé revêtira une autre forme au n° 19'.

14'. Passons au théorème corrélatif de celui de Desargues, et suivons, pour cela, absolument la même marche qu'au n° 7', en conservant les mêmes notations.

Nous aurons, pour chacune des droites 1″, 2″, 3″ de jonction d'un centre quelconque (dans le plan) avec les sommets de même nom du trigone, la relation suivante, qui se tire de l'identité 1') :

$$\varpi_1\varpi_2\varpi_3 - \lambda\varpi_1'\varpi_2'\varpi_3' = 0; \quad . \quad . \quad 2')$$

Fig. 6'.

(*) La note du n° 13 est applicable à l'extension des théorèmes corrélatifs de ceux de Pappus et de Desargues, et à celle du théorème de Brianchon, aux courbes de la troisième classe ; voir F. G. S. C., pp. 42 et suiv.

La figure des trois trigones peut se construire à l'aide du théorème suivant:

Théorème. *Si l'on joint, par des droites, les sommets d'un trigone à deux*

et, comme dans ce même n° 7, pour le point $1''$:

$$\delta_1 = 11''.(1); \quad \delta_2 = 21''.(2); \quad \delta_3 = 31''.(3);$$
$$\delta_1' = 1'1''.(1'); \quad \delta_2' = 2'1''.(2'); \quad \delta_3' = 3'1''.(3');$$

valeurs qui, substituées dans la relation 2), donnent :

$$11''.21''.31''.(1).(2).(3) = \lambda 1'1''.2'1''.3'1''.(1').(2').(3').$$

Pour les points $2''$ et $3''$, il suffira évidemment de changer, dans cette relation, $1''$ en $2''$ et en $3''$.

La comparaison de ces trois égalités entre elles conduira aux suivantes :

$$\frac{11''.21''.31''}{1'1''.2'1''.3'1''} = \left[\quad\right]_{2''} = \left[\quad\right]_{3''},$$

où le second et le troisième membre ne sont autre chose que le premier lui-même, dans lequel on a à remplacer $1''$ par $2''$ et par $3''$.

Elles expriment le théorème :

Théorème VII. Extension du théorème de Desargues. *Dans un système de trois trilatères conjugués entre eux, une transversale quelconque rencontre les côtés de ces trilatères en trois ternes de points qui sont en involution.*

15. On trouve une expression plus générale de cette involution, analogue à celle que M. P. Serret a donnée pour le second ordre, en procédant comme nous l'avons fait au n° 8.

l'application aux courbes du troisième ordre, ce qui nous dispensera de la faire ici.

La figure des trois trilatères peut se construire à l'aide du théorème suivant :

Théorème. *Si l'on coupe un trilatère par deux sécantes, et qu'on joigne deux à deux les points d'intersection de celles-ci avec ses côtés par trois transversales (qui ne passent pas, deux à deux, par l'un de ces points), les troisièmes intersections de ces dernières avec le trilatère sont collimantes.*

et, comme dans ce même n° 7', pour la droite 1″ :

$$\varpi_1 = (11'') \cdot 1 \; ; \quad \varpi_2 = (21'') \cdot 2 \; ; \quad \varpi_3 = (31'') \cdot 3 \, ;$$
$$\varpi_1' = (1'1'') \cdot 1' \, ; \quad \varpi_2' = (2'1'') \cdot 2' \, ; \quad \varpi_3' = (3'1'') \cdot 3' \, ;$$

valeurs qui, substituées dans la relation 2'), donneront

$$(11'') \cdot (21'') \cdot (31'') \cdot 1 \cdot 2 \cdot 3 = \lambda \, (1'1'') \cdot (2'1'') \cdot (3'1'') \cdot 1' \cdot 2' \cdot 3'.$$

Pour les droites 2″ et 3″, il suffira de changer, dans cette relation, 1″ en 2″ et en 3″.

La comparaison de ces trois égalités entre elles conduira aux suivantes :

$$\frac{(11'') \cdot (21'') \cdot (31'')}{(1'1'') \cdot (2'1'') \cdot (3'1'')} = \Big[\qquad \Big]_{2''} = \Big[\qquad \Big]_{3''} \, ;$$

elles expriment le théorème :

Théorème VII′. Extension du corrélatif du théorème de Desargues. *Dans un système de trois trigones conjugués entre eux, si l'on joint leurs sommets à un centre quelconque (du plan) par des droites, ces trois ternes de droites sont en involution.*

15′. On trouve une expression plus générale de cette involution, en procédant comme nous l'avons fait au n° 8'.

Cette expression, mise sous forme symbolique, est

$$\overset{'''}{\underset{'}{\Sigma}} \, \lambda \, (X - X_1) \cdot (X - X_2) \cdot (X - X_3) \equiv 0.$$

points (du plan), et qu'on prenne trois points d'intersection de ces droites deux à deux (de manière qu'il n'y en ait pas deux sur l'une de ces droites), les troisièmes jonctions de ces points avec le trigone sont concourantes. (Voir ibid.)

Cette expression, mise sous forme symbolique, est

$$\overset{'''}{\underset{'}{\Sigma}} \lambda \overline{x - x_1} . \overline{x - x_2} . \overline{x - x_3} \equiv 0 \ \ (^*).$$

16. On déduirait immédiatement, de notre extension du théorème de Desargues, celle que nous avons donnée au théorème de Pascal, pour une courbe du troisième ordre en général (**), et qui s'énonce dans les termes suivants, si cette courbe est remplacée par un trilatère :

Théorème VIII. Extension du théorème de Pascal. *Dans un système de deux quadrilatères conjugués à un trilatère, les intersections des côtés opposés sont collimantes.*

L'expression analytique la plus simple de ce théorème est, si $\delta'_1 .. \delta'_4$, $\delta''_1 .. \delta''_4$ sont les premiers membres des équations des deux quadrilatères conjugués au trilatère $\delta_1 \delta_2 \delta_3 = 0$:

$$\delta'_1 \dots \delta'_4 - \lambda \delta''_1 \dots \delta''_4 \equiv k \delta_1 \delta_2 \delta_3 \Delta , \ \ . \ \ . \ \ . \ \ . \ \ . \ \ 5)$$

expression dans laquelle on découvre l'existence de trois quadrilatères conjugués entre eux. (Voir fig. 7.)

Remarque. De même qu'une forme d'équation semblable (n° 12) conduit très-aisément aux propriétés des points et des droites de Steiner, de même l'étude de l'équation précédente, appliquée aux différents systèmes de quadrilatères conjugués inscrits à un même trilatère (ou à une même courbe du troisième ordre), au moyen de la construction rappelée dans les deux notes ci-dessus, conduirait bien certainement à des propriétés analogues.

Nous n'avons pas le loisir d'entreprendre cette recherche, et nous appelons sur elle l'attention des jeunes géomètres. Il nous paraît superflu de répéter cette remarque à l'occasion des formes analogues que nous trouverons dans les ordres supérieurs. Nous n'y reviendrons donc pas.

(*) Voir à ce sujet le *Bulletin de l'Académie,* 2ᵉ sér., t. XLV, p. 189.

(**) Pour la construction de la figure, et la démonstration du théorème, voir F. G. S. C., pp. 22 et 23.

16′. Du théorème qui précède, on déduirait immédiatement l'extension de celui de Brianchon, que nous avons donnée pour une courbe de la troisième classe en général (*), et qui s'énonce dans les termes suivants, si cette courbe est remplacée par un trigone :

Théorème VIII′. EXTENSION DU THÉORÈME DE BRIANCHON. *Dans un système de deux tétragones conjugués à un trigone, les jonctions des sommets opposés sont concourantes.*

L'expression la plus simple de ce théorème est

$$\varpi'_1 \dots \varpi'_4 - \lambda\varpi''_1 \dots \varpi''_4 \equiv k\varpi_1\varpi_2\varpi_3 . \Pi, \quad . \quad . \quad . \quad . \quad 3')$$

expression dans laquelle on découvre l'existence de trois tétragones conjugués entre eux.

(*) Voir **F. G. S. C.**, p. 44.

17. Enfin, de ce que les intersections des couples de côtés opposés de deux quadrilatères conjugués (inscrits) à un même trilatère (ou à une courbe au troisième ordre), sont collimantes, on peut conclure immédiatement ce corollaire (*) :

Théorème IX. *Si l'on combine trois à trois, dans un ordre quelconque, les couples de côtés opposés de deux quadrilatères conjugués (inscrits) à un même trilatère (ou à une même courbe du troisième ordre), on obtient un hexagone inscrit à une conique;* et l'on peut conclure de là, en appliquant notre extension du théorème de Pascal, ou l'équation 3), aux courbes du troisième ordre en général, C_3, que, de l'identité

$$\delta'_1 \dots \delta'_4 - \lambda \delta''_1 \dots \delta''_4 \equiv k C_3 \cdot \Delta, \quad \dots \dots \quad 4)$$

on peut déduire les suivantes :

$$\delta'_1 \delta'_2 \delta'_3 - \lambda_1 \delta''_1 \delta''_2 \delta''_3 \equiv k_1 C'_2 \cdot \Delta;$$
$$\delta'_1 \delta'_2 \delta'_4 - \lambda_2 \delta''_1 \delta''_2 \delta''_4 \equiv k_2 C'_2 \cdot \Delta;$$
$$\delta'_1 \delta'_3 \delta'_4 - \lambda_3 \delta''_1 \delta''_2 \delta''_4 \equiv k_3 C'''_2 \cdot \Delta;$$
$$\delta'_1 \delta'_3 \delta'_4 - \lambda_4 \delta''_2 \delta''_3 \delta''_4 \equiv k_4 C^{iv}_2 \cdot \Delta;$$

ce qui constitue, en soi, un théorème d'analyse pure assez curieux.

Il serait très-intéressant de rechercher les propriétés des quatre coniques $C'_2 \dots C^{iv}_2$, qui résultent de ces combinaisons.

18. En généralisant la forme d'équation 4), on arrive à la suivante

$$\delta'_1 \dots \delta'_n - \lambda \delta''_1 \dots \delta''_n \equiv k \delta_1 \delta_2 \delta_3 \cdot C_{n-3},$$

dans laquelle on lit l'énoncé :

Théorème X. *Dans un système de deux n latères conjugués (inscrits) à un trilatère (ou à une courbe du troisième ordre), les couples de côtés non adjacents se coupent en $n(n-3)$ points situés sur une courbe d'ordre $n-3$.*

(*) *Bulletin de l'Académie royale de Belgique*, 2e série, t. XLIV, p. 191.

17′. Enfin, de ce que les jonctions des couples de sommets opposés de deux tétragones conjugués à un même trigone (ou à une courbe de la troisième classe) sont concourantes, on peut conclure immédiatement ce corollaire :

Théorème IX′. *Si l'on combine trois à trois, dans un ordre quelconque, les couples de sommets opposés de deux tétragones conjugués à un même trigone (ou à une courbe de la troisième classe), on obtient un hexagone circonscrit à une conique.*

18′. Par la même forme d'équation que celle donnée au n° 19′, on démontrerait ce théorème :

Théorème X′. *Dans un système de deux n gones conjugués à un trigone (ou à une courbe de la troisième classe), les jonctions des couples de sommets non adjacents, au nombre de n (n — 3), enveloppent une courbe de classe n — 3.*

4

19. Nous allons suivre maintenant, dans l'étude des trilatères conjugués, la même voie qui, dans l'étude des bilatères, nous a conduit directement au rapport anharmonique.

Partons de l'identité

$$\delta''_1 \delta''_2 \delta''_3 \equiv \delta_1 \delta_2 \delta_3 - \lambda \delta'_1 \delta'_2 \delta'_3 \quad . \quad . \quad . \quad . \quad . \quad 5)$$

Joignons, à un centre quelconque, les sommets des trilatères 1, 2, 3 et 1', 2', 3', sommets qui sont, pour chacun des côtés d'un trilatère, ses intersections avec deux des trois côtés de l'autre, à choisir arbitrairement, pourvu qu'ils déterminent complétement les trilatères.

Nous choisirons, pour ces sommets, les points

$$2'_1, \ 3'_1; \ 3'_2, \ 1'_2; \ 1'_3, \ 2'_3,$$

qui sont les intersections respectives des côtés 2' et 1, 3' et 1, etc.

Conservons ces mêmes notations pour représenter les rayons qui aboutissent à ces extrémités; nommons $2'_1 3'_1$, $1'_2 1'_3$ etc. les longueurs des côtés 1, 1', etc., comprises entre ces extrémités; nous aurons, comme au n° 9, en rapportant les distances δ_1, etc., au centre considéré :

$$\delta_1 = \frac{2'_1 \cdot 3'_1 \, (2'_1 3'_1)}{2'_1 3'_1} \, ;$$

expression que nous représenterons simplement par

$$\delta_1 = \{ 2'_1 3'_1 \} \equiv \{ 3'_1 2'_1 \} \, ;$$

nous aurons de même :

$$\delta_2 = \{ 3'_2 1'_2 \} \, ; \quad \delta_3 = \{ 1'_3 2'_3 \}.$$

$$\delta'_1 = \{ 1'_2 1'_3 \} \, ; \quad \delta'_2 = \{ 2'_3 2'_1 \} \, ; \quad \delta'_1 = \{ 3'_1 3'_2 \}.$$

$$\delta''_1 = \{ 3'_2 2'_3 \} \, ; \quad \delta''_2 = \{ 1'_3 3'_1 \} \, ; \quad \delta''_3 = \{ 2'_1 1'_2 \}.$$

Substituant ces valeurs, développées, dans l'identité 5), et

19′. Recherchons le rapport anharmonique du troisième ordre dans l'identité

$$\varpi_1'' \varpi_2'' \varpi_3'' \equiv \varpi_1 \varpi_2 \varpi_3 - \lambda \varpi_1' \varpi_2' \varpi_3'.$$

Coupons, par une transversale quelconque, les côtés des trigones 1, 2, 3 et 1′, 2′, 3′, *côtés* qui sont, pour chacun des sommets d'un trigone, ses jonctions avec deux des trois sommets de l'autre, à choisir arbitrairement, pourvu qu'ils déterminent entièrement les trigones.

Nous choisirons, pour ces côtés, les droites $2_1' 3_1'$; $3_2' 1_2'$; $1_3' 2_3'$, qui sont les jonctions respectives des sommets 2′ et 1, 3′ et 1, etc.

Conservons ces mêmes notations pour représenter les intersections de ces côtés avec la transversale; nous aurons, en rapportant les distances ϖ_1 ... à celle-ci :

$$\varpi_1 = \frac{2_1' 3_1' \cdot (2_1') \cdot (3_1')}{(2_1' 3_1')}, \qquad \varpi_2 = \frac{3_2' 1_2' \cdot (3_2') \cdot (1_2')}{(3_2' 1_2')}, \qquad \varpi_3 = \frac{1_3' 2_3' \cdot (1_3') \cdot (2_3')}{(1_3' 2_3')};$$

$$\varpi_1' = \frac{1_2' 1_3' \cdot (1_2') \cdot (1_3')}{(1_2' 1_3')}, \qquad \varpi_2' = \frac{2_3' 2_1' \cdot (2_3') \cdot (2_1')}{(2_3' 2_1')}, \qquad \varpi_3' = \frac{3_1' 3_2' \cdot (3_1') \cdot (3_2')}{(3_1' 3_2')};$$

$$\varpi_1'' = \frac{3_2' 2_3' \cdot (3_2') \cdot (2_3')}{(3_2' 2_3')}, \qquad \varpi'' = \frac{1_3' 3_1' \cdot (1_3') \cdot (3_1')}{(1_3' 3_1')}, \qquad \varpi_3'' = \frac{2_1' 1_2' \cdot (2_1') \cdot (1_2')}{(2_1' 1_2')};$$

expressions dans lesquelles les dénominateurs, tels que $(2_1' 3_1')$ ou $(1_2' 1_3')$, représentent les sinus des angles $2_1' 1 3_1'$ ou $1_2' 1 1_3'$, etc., ou bien des angles 1 ou 1′, etc.

Substituées dans l'identité précédente, elles donnent, après réduction :

$$\frac{3_2' 2_3' \cdot 1_3' 3_1' \cdot 2_1' 1_2'}{(3_2' 2_3') \cdot (1_3' 3_1') \cdot (2_1' 1_2')} \equiv \frac{2_1' 3_1' \cdot 3_2' 1_2' \cdot 1_3' 2_3'}{(2_1' 3_1') \cdot (3_2' 1_2') \cdot (1_3' 2_3')} - \lambda \frac{1_2' 1_3' \cdot 2_3' 2_1' \cdot 3_1' 3_2'}{(1_2' 1_3') \cdot (2_3' 2_1') \cdot (3_1' 3_2')}.$$

Comme les dénominateurs sont des quantités constantes, quelle que soit la transversale choisie, nous pourrons écrire :

$$2_1' 3_1' \cdot 3_2' 1_2' \cdot 1_3' 2_3' - \lambda' 1_2' 1_3' \cdot 2_3' 2_1' \cdot 3_1' 3_2' \equiv k 3_2' 2_3' \cdot 3_1' 1_3' \cdot 2_1' 1_2'.$$

Or les facteurs, qui entrent dans ces expressions, sont les

supprimant les facteurs $2'_1$, $3'_1$, $3'_2$, $1'_2$, $1'_3$, $2'_3$, qui seront communs à tous les termes, nous trouverons

$$\frac{(2'_1 3'_1)(3'_2 1'_2)(1'_3 2'_3)}{2'_1 3'_1 \cdot 3'_2 1'_2 \cdot 1'_3 2'_3} - \lambda\,\frac{(1'_2 1'_3)(2'_3 2'_1)(3'_1 3'_2)}{1'_2 1'_3 \cdot 2'_3 2'_1 \cdot 3'_1 3'_2} \equiv \frac{(3'_2 2'_3)(1'_3 3'_1)(2'_1 1'_2)}{3'_2 2'_3 \cdot 1'_3 3'_1 \cdot 2'_1 1'_2}\,;$$

si nous remarquons que les dénominations sont des quantités constantes, quelque soit le centre choisi, nous pourrons écrire plus simplement :

$$(2'_1 3'_1)(3'_2 1'_2)(1'_3 2'_3) - \lambda'\,(1'_2 1'_3)(2'_3 2'_1)(3'_1 3'_2) \equiv k \cdot (3'_2 2'_3)(3'_1 1'_3)(2'_1 1'_2).$$

Or, les différents facteurs, qui entrent dans ces expressions, sont les sinus des angles soutendus, au centre du faisceau, par les côtés 1, 2, 3 ; 1', 2', 3' ; 1″, 2″, 3″, qui sont limités respectivement par 2', 3' ; 3', 1' ; 1', 2' ; 2, 3 ; 3, 1 ; 1, 2 ; de sorte que la relation précédente s'écrira :

$$(1) \cdot (2) \cdot (3) - \lambda'\,(1') \cdot (2') \cdot (3') \equiv k\,(1'') \cdot (2'') \cdot (3''),$$

et pourra s'énoncer :

Théorème XI. *Si, d'un centre quelconque (pris dans le plan) on mène les rayons aux sommets* (*) *de trois trilatères conjugués entre eux, il existe une relation linéaire entre les produits des sinus des angles soutendus, en ce centre, par les ternes respectifs de côtés des trois trilatères*, énoncé qui ne diffère pas, dans le fond, ni de notre extension générale du théorème de Pappus (n° 14), ni de celle du théorème de Desargues (n° 16).

20· Si le centre du faisceau est un point du troisième trilatère, le second membre des identités précédentes est nul, et l'on aura, par suite :

$$\lambda' = \lambda\,\frac{1 \cdot 2 \cdot 3}{1' \cdot 2' \cdot 3'} = \frac{(1) \cdot (2) \cdot (3)}{(1') \cdot (2') \cdot (3')} = \frac{(2'_1 3'_1)(3'_2 1'_2)(1'_3 2'_3)}{(1'_2 1'_3)(2'_3 2'_1)(3'_1 3'_2)} \quad . \quad 6)$$

Cette dernière égalité peut s'écrire

$$\lambda' = \frac{(2'_1 3'_1)(3'_2 1'_2)(1'_3 2'_3)}{(2'_3 2'_1)(3'_1 3'_2)(1'_2 1'_3)}\,;$$

(*) V. plus haut la définition de ces *sommets*.

segments interceptés, sur la transversale, par les angles 1, 2, 3 ;
1′, 2′, 3′; 1″, 2″, 3″, dont les côtés sont déterminés, respectivement, par les sommets 2′, 3′; 3′, 1′; 1′, 2′; 2, 3; 3, 1; 1, 2; de
sorte que la relation précédente pourra s'écrire

$$1 \cdot 2 \cdot 3 - \lambda' 1' \cdot 2' \cdot 3' \equiv k 1'' \cdot 2'' \cdot 3'',$$

et s'énoncer :

Théorème XI′. *Si l'on mène une droite quelconque dans le plan
de trois trigones conjugués entre eux, il existe une relation
linéaire entre les produits des segments interceptés, sur cette
droite, par les ternes respectifs d'angles des trois trigones,*
énoncé qui n'est qu'une autre forme de ceux que nous avons
trouvés comme extension des corrélatifs des théorèmes de Pappus, n° 14′, et de Desargues, n° 16′.

20′. Si la transversale passe par l'un des sommets du digone
$\sigma''_1 \sigma''_2 \sigma''_3$, chacun des membres de l'identité sera nul, et, par suite :

$$\lambda' = \lambda \cdot \frac{(1) \cdot (2) \cdot (3)}{(1') \cdot (2') \cdot (3')} = \frac{1 \cdot 2 \cdot 3}{1' \cdot 2' \cdot 3'} = \frac{2'_1 3'_1 \cdot 3'_2 1'_2 \cdot 1'_3 2'_3}{2'_3 2'_1 \cdot 3'_1 3'_2 \cdot 1'_2 1'_3}.$$

On reconnaît dans le second membre le rapport anharmonique
des six points de la transversale; et l'on peut, par conséquent,
énoncer ce théorème fondamental :

Théorème XII′. *Si l'on mène une droite quelconque par l'un des*

et l'on voit alors que le dénominateur se tire du numérateur en faisant simplement passer au premier rang la dernière figure de celui-ci.

Or, c'est ainsi que se forme (n° 5bis) le rapport anharmonique connu jusqu'à ce jour, et dont chaque terme est composé de deux facteurs, ou le rapport anharmonique du second ordre.

L'identité de marche et de résultat entre l'exposition actuelle, relative aux trilatères conjugués, et celle du n° 9, relative aux bilatères conjugués, montre à l'évidence que nous avons affaire ici à un rapport anharmonique supérieur; nous l'appellerons RAPPORT ANHARMONIQUE DU TROISIÈME ORDRE (*); et nous pourrons énoncer ce théorème fondamental :

Théorème XII. *Si l'on joint un point quelconque d'un trilatère aux sommets* (**) *de deux trilatères conjugués au premier, le rapport anharmonique du faisceau ainsi formé est constant;*

et l'on peut ajouter que :

Ce rapport est égal à celui des segments interceptés, entre les rayons, sur une transversale quelconque.

Cette dernière propriété, presque intuitive, se vérifie, du reste, très-aisément.

Désignons par $2'_1$ etc. les rayons menés aux points $2'_1$ etc.; par $(2'_1)$ etc. les sinus des angles compris entre la transversale et ces rayons; par $2'_1 3'_1$ la distance entre les extrémités de la transversale, comptées sur les rayons $2'_1$ et $3'_1$, etc., nous aurons :

$$(2'_1 3'_1) = (2'_1)\,\frac{2'_1 3'_1}{3'_1}\,; \;\; (3'_2 1'_2) = (3'_2)\,\frac{3'_2 1'_2}{1'_2}\,; \;\; (1'_3 2'_3) = (1'_3)\,\frac{1'_3 2'_3}{2'_3}\,.$$

$$(2'_3 2'_1) = (2'_1)\,\frac{2'_3 2'_1}{2'_3}\,; \;\; (3'_1 3'_2) = (3'_2)\,\frac{3'_1 3'_2}{3'_1}\,; \;\; (1'_2 1'_3) = (1'_3)\,\frac{1'_2 1'_3}{1'_2}\,.$$

De là se tire immédiatement la propriété cherchée.

(*) Voir au *Bulletin* les raisons pour lesquelles nous avons adopté cette dénomination. *Bulletin de l'Académie*, 2e série, t. XLIV, p. 469; et *Recherches de géom. sup.*

(**) Voir plus haut comment nous avons défini ces sommets; on pourrait prendre pour tels les intersections d'un côté avec ceux de noms contraires.

sommets d'un trigone, elle rencontre les côtés (*) *de deux trigones, conjugués au premier, en six points dont le rapport anharmonique est constant;*

et l'on peut ajouter que

Ce rapport est égal à celui du faisceau formé par la jonction de ces points à un centre quelconque.

Cette dernière propriété se vérifierait comme nous l'avons fait pour sa corrélative.

REMARQUE CAPITALE. Le théorème précédent est applicable également au cas où l'un des trigones serait remplacé par une courbe de la troisième classe, à laquelle les deux autres seraient conjugués, et s'énonce alors :

Théorème XIII'. *Une tangente quelconque à une courbe de la troisième classe rencontre les côtés de deux trigones, conjugués à cette courbe, en six points dont le rapport anharmonique est constant.*

Cette propriété de six tangentes à une courbe de la troisième classe est l'extension de la *propriété anharmonique de quatre tangentes à une conique.*

(*) Voir plus haut la définition de ces *côtés.*

. Remarque capitale. Le théorème qui précède est encore applicable au cas où le premier trilatère serait remplacé par une courbe quelconque du troisième ordre, à laquelle les deux autres trilatères seraient conjugués. Inutile de s'arrêter à la démonstration, qui se fonde sur l'identité de forme des équations du premier trilatère et de la courbe, si on les rapporte à un système de trilatères conjugués (*).

Nous aurons ainsi le théorème général :

Théorème XIII. *Si l'on joint un point quelconque d'une courbe du troisième ordre aux sommets de deux trilatères conjugués à cette courbe, le rapport anharmonique du faisceau ainsi formé est constant.*

Ce théorème est l'extension de celui qui est connu sous le nom de *propriété anharmonique de quatre points d'une conique.*

21. Avant de procéder à une étude, tout à fait sommaire cependant, du rapport anharmonique du troisième ordre, cherchons à le découvrir de nouveau par le procédé que nous avons suivi au n° 10.

En désignant par 2_1 etc. les rayons qui joignent les sommets 2_1 etc. à un centre quelconque, par (1) etc. les sinus des angles soutendus, en ce centre, par les côtés 1, etc., nous pourrons écrire identiquement :

$$\frac{2_1'.3_1'.(1)}{(1)} \cdot \frac{5_2'.1_2'.(2)}{(2)} \cdot \frac{1_3'.2_3'.(5)}{(5)} = \frac{1_2'.1_3'.(1')}{(1')} \cdot \frac{2_3'.2_1'.(2')}{(2')} \cdot \frac{3_1'.3_2'(5')}{(5')}$$

$$= \frac{5_2'.2_3'.(1'')}{(1'')} \cdot \frac{1_3'.3_1'.(2'')}{(2'')} \cdot \frac{2_1'.1_2'.(5'')}{(5'')},$$

et énoncer, comme au n° 10, le théorème :

Théorème XIV. *Dans le cas de trois trilatères conjugués entres eux, dont les sommets (**) sont joints à un centre quelconque, si l'on forme le produit des aires des trois triangles qui ont leurs*

(*) F. G. S. C., p. 11.
(**) Ces sommets sont définis plus haut (voir la note précédente).

21′. Écrivons identiquement

$$\frac{(2_1').(3_1').1}{1} \cdot \frac{(3_2').(1_2').2}{2} \cdot \frac{(1_3').(2_3').3}{3}$$

$$= \frac{(1_2').(1_3').1'}{1'} \cdot \frac{(2_3').(2_1').2'}{2'} \cdot \frac{(3_1').(3_2').3'}{3'}$$

$$= \frac{(3_2').(2_3').1''}{1''} \cdot \frac{(1_3').(3_1').2''}{2''} \cdot \frac{(2_1').(1_2').3''}{3''} \cdot$$

Ces égalités nous permettront d'énoncer ce théorème :

Théorème XIV′. *Dans le cas de trois trigones conjugués entre eux, dont les côtés* (*) *sont coupés par une droite quelconque, si l'on forme le produit des quotaires des triangles qui ont leurs bases sur cette droite, et pour angles adjacents respectifs ceux que celle-ci fait avec ces mêmes côtés, et qu'on divise ce produit par celui des bases, le quotient obtenu sera constant pour chaque trigone.*

Mais on a :

$$(2_1').(3_1').1 = (1).\varpi, \text{ etc.}$$

(*) Voir plus haut la définition de ces *côtés.*

sommets en ce centre, et pour bases respectives les côtés de chaque trilatère, et qu'on divise ce produit par celui des sinus des angles formés au sommet de chacun de ces triangles, le quotient obtenu sera constant pour chacun des trois trilatères.

Mais si nous exprimons les aires de ces triangles au moyen du produit de la base par la hauteur, et que nous désignions, pour abréger, les côtés qui servent de base par 1, etc., les égalités précédentes s'écriront :

$$\frac{1 \cdot \delta_1}{(1)} \cdot \frac{2 \cdot \delta_2}{(2)} \cdot \frac{3 \cdot \delta_3}{(3)} = \frac{1' \cdot \delta_1'}{(1')} \cdot \frac{2' \cdot \delta_2'}{(2')} \cdot \frac{3' \cdot \delta_3'}{(3')} = \frac{1'' \cdot \delta_1''}{(1'')} \cdot \frac{2'' \cdot \delta_2''}{(2'')} \cdot \frac{3'' \cdot \delta_3''}{(3'')}.$$

Si le centre du faisceau est pris en un point de lieu qui a pour équation

$$C_3 \equiv \delta_1 \delta_2 \delta_3 - \lambda \delta_1' \delta_2' \delta_3' = 0,$$

(que ce lieu soit un trilatère ou une courbe du troisième ordre), on aura donc

$$\lambda = \frac{\delta_1 \delta_2 \delta_3}{\delta_1' \delta_2' \delta_3'} = \frac{1' \cdot 2' \cdot 3'}{1 \cdot 2 \cdot 3} \cdot \frac{(1)\,(2)\,(3)}{(1')\,(2')\,(3')},$$

ce qui nous ramène à la *propriété anharmonique* trouvée plus haut.

22. Si nous recherchons la signification de l'équation

$$C_3 \equiv \delta_1 \delta_2 \delta_3 - \lambda \delta_1' \delta_2' \delta_3' = 0 \quad \cdots \cdots \quad 7)$$

par la méthode du n° 11, nous pourrons écrire :

$$\delta_1 = \frac{2_1' 3_1' \cdot (12_1')\,(13_1')}{(2_1' 3_1')}, \quad \delta_2 = \frac{3_2' 1_2' \cdot (23_2')\,(21_2')}{(3_2' 1_2')}, \quad \delta_3 = \frac{1_3' 2_3' \cdot (31_3')\,(32_3')}{(1_3' 2_3')},$$

$$\delta_1' = \frac{1_2' 1_3' \cdot (1'1_2')\,(1'1_3')}{(1_2' 1_3')}, \quad \delta_2' = \frac{2_3' 2_1' \cdot (2'2_3')\,(2'2_1')}{(2_3' 2_1')}, \quad \delta_3' = \frac{3_1' 3_2' \cdot (3'3_1')\,(3'3_2')}{(3_1' 3_2')}.$$

Ces valeurs, substituées dans les égalités précédentes, donnent

$$\frac{(1).\varpi_1}{1}\cdot\frac{(2).\varpi_2}{1}\cdot\frac{(3).\varpi_3}{3} = \frac{(1').\varpi_1'}{1'}\cdot\frac{(2').\varpi_2'}{2'}\cdot\frac{(3').\varpi_3'}{3'} = \frac{(1'').\varpi_1''}{1''}\cdot\frac{(2'').\varpi_2''}{2''}\cdot\frac{(3'').\varpi_3''}{3''}.$$

Si la transversale est tangente au lieu qui a pour équation

$$C_3' \equiv \varpi_1\varpi_2\varpi_3 - \lambda\varpi_1'\varpi_2'\varpi_3' = 0,$$

(que ce lieu soit un trigone ou une courbe de la troisième classe), on aura donc

$$\lambda = \frac{\varpi_1\varpi_2\varpi_3}{\varpi_1'\varpi_2'\varpi_3'} = \frac{(1')\,.\,(2')\,.\,(3')}{(1)\,.\,(2)\,.\,(3)}\cdot\frac{1\,.\,2\,.\,3}{1'.\,2'.\,3'},$$

ce que nous ramène à la *propriété anharmonique* trouvée plus haut.

22'. Si nous recherchons la signification de l'équation

$$C_3' \equiv \varpi_1\varpi_2\varpi_3 - \lambda\varpi_1'\varpi_2'\varpi_3' = 0. \quad . \quad . \quad . \quad . \quad . \quad 7')$$

par la méthode du n° **11'**, nous pourrons écrire :

$$\varpi_1 = \frac{12_1'.13_1'.(2_1'3_1')}{2_1'3_1'}, \quad \varpi_2 = \frac{23_2'.21_2'.(3_2'1_2')}{3_2'1_2'}, \quad \varpi_3 = \frac{31_3'.32_3'.(1_3'2_3')}{1_3'2_3'};$$

$$\varpi_1' = \frac{1'1_2'.1'1_3'.(1_2'1_3')}{1_2'1_3'}, \quad \varpi_2' = \frac{2'2_3'.2'2_1'.(2_3'2_1')}{2_3'2_1'}, \quad \varpi_3' = \frac{3'3_1'.3'3_2'.(3_1'3_2')}{3_1'3_2'}.$$

Substituons ces valeurs dans l'équation précédente, nous obtiendrons :

$$\lambda = \frac{(12'_1).(13'_1).(23'_2).(21'_2).(31'_3).(32'_3)}{(1'1'_2).(1'1'_3).(2'2'_3).(2'2'_1).(3'3'_1).(3'3'_2)} \cdot \frac{2'_1 3'_1.3'_1 1'_2.1'_2 2'_3}{1'_2 1'_5.2'_3 2'_1.3'_1 5'_2} \cdot \frac{(1'_2 1'_1).(2'_3 2'_1).(3'_1 3'_2)}{(2'_1 3'_1).(3'_2 1'_2).(1'_3 2'_3)}$$

ou

$$\lambda = \frac{(12'_1).(13'_1).(23'_2).(21'_2).(31'_3).(32'_3)}{(1'1'_2).(1'1'_3).(2'2'_3).(2'2'_1).(3'3'_1).(3'3'_2)} \cdot \frac{1.2.5}{1'.2'.3'} \cdot \frac{(1').(2').(3')}{(1).(2).(3)}.$$

Comparant cette valeur à celle donnée par la relation 6), nous en déduirons :

$$\lambda^2 = \frac{(12'_1).(13'_1).(23'_2).(21'_2).(31'_3).(32'_3)}{(1'1'_2).(1'1'_3).(2'2'_3).(2'2'_1):(3'3'_1).(3'3'_2)},$$

c'est-à-dire, en nous rappelant la signification générale de l'équation 7) :

Théorème XV. *Si une courbe du troisième ordre est conjuguée à deux trilatères, et qu'on joigne les sommets de ceux-ci* (*) *à un point quelconque de la courbe, le rapport des produits des sinus des angles comptés, dans le premier trilatère, depuis les côtés de celui-ci jusqu'aux rayons aboutissant à leurs extrémités, à ceux des sinus des angles, comptés de même dans le second, en constant.*

Ce théorème, combiné avec le corrélatif de celui de Carnot, donnera lieu à une expression nouvelle de l'un et de l'autre.

(*) C'est-à-dire les extrémités définies plus haut.

Substituons ces valeurs dans l'équation précédente, nous aurons :

$$\lambda = \frac{12'_1 \cdot 13'_1 \cdot 23'_2 \cdot 21'_2 \cdot 31'_3 \cdot 32'_3}{1'1'_2 \cdot 1'1'_3 \cdot 2'2'_3 \cdot 2'2'_1 \cdot 3'3'_1 \cdot 3'3'_2} \cdot \frac{(2'_1 5'_1) \cdot (3'_2 1'_2) \cdot (1'_3 2'_3)}{(1'_1 1'_3) \cdot (2'_3 3'_1) \cdot (3'_1 5'_2)} \cdot \frac{1'_1 1'_1 \cdot 2'_3 2'_1 \cdot 3'_1 3'_2}{2'_1 3'_1 \cdot 3'_2 1'_2 \cdot 1'_3 2'_3},$$

ou

$$\lambda = \frac{12'_1 \cdot 13'_1 \cdot 23'_2 \cdot 21'_2 \cdot 31'_3 \cdot 32'_3}{1'1'_2 \cdot 1'1'_3 \cdot 2'2'_3 \cdot 2'2'_1 \cdot 3'3'_1 \cdot 3'3'_2} \cdot \frac{(1) \cdot (2) \cdot (3)}{(1') \cdot (2') \cdot (3')} \cdot \frac{1' \cdot 2' \cdot 3'}{1 \cdot 2 \cdot 3}.$$

Comparant cette valeur à celle donnée par la relation 6'), nous en déduirons :

$$\lambda^2 = \frac{12'_1 \cdot 13'_1 \cdot 23'_2 \cdot 21'_2 \cdot 31'_3 \cdot 32'_3}{1'1'_2 \cdot 1'1'_3 \cdot 2'2'_3 \cdot 2'2'_1 \cdot 3'3'_1 \cdot 3'3'_2},$$

c'est-à-dire :

Théorème XV'. *Si une courbe de la troisième classe est conjuguée à deux trigones, et qu'on coupe les côtés (*) de ceux-ci par une tangente quelconque à la courbe, le rapport des produits des côtés du premier trigone, comptés depuis les sommets de celui-ci jusqu'à cette tangente, à ceux des côtés du second, comptés de même, est constant.*

Ce théorème, combiné avec celui de Carnot, donnera lieu à une expression nouvelle de l'un et de l'autre.

(*) Voir plus haut la définition de ces *côtés.*

§ IVbis. Rapport anharmonique du troisième ordre (*).

22bis. Dans son *Traité de Géométrie supérieure*, M. Chasles a étudié, d'une manière complète, les relations qui existent entre les différentes formes du rapport anharmonique du second ordre.

Il serait sans doute très-intéressant, au point de vue analytique, d'entreprendre la même étude pour les rapports anharmoniques du troisième ordre et des ordres supérieurs; mais la géométrie aurait, pensons-nous, moins à y gagner.

Les formes seules du rapport anharmonique du troisième ordre sont au nombre de 120, en ne comptant, bien entendu, que celles qui commencent par la même figure. Ce nombre, à la vérité, peut être réduit à 60, au moyen des formules que nous donnerons ci-dessous. On verra même qu'il est aisé de le réduire davantage, si l'on veut considérer une forme comme étant réduite à une autre, lorsque la somme de leurs valeurs est équivalente à un rapport du second ordre.

Il n'en est pas moins vrai que le nombre de ces formes sera toujours trop considérable, pour que l'énumération complète puisse en être d'une grande utilité à la géométrie; et que sera-ce dans les ordres supérieurs au troisième ?

Nous nous bornerons donc à indiquer ici le procédé qui pourrait conduire à l'étude des formes du rapport anharmonique du troisième ordre.

En général, on convient de choisir, parmi les six formes du rapport anharmonique d'un faisceau de quatre droites $\alpha + \lambda_1 ..._4 \beta = 0$, comme forme capitale la suivante

$$(1324) = \frac{(\lambda_1 - \lambda_3)(\lambda_2 - \lambda_4)}{(\lambda_4 - \lambda_1)(\lambda_3 - \lambda_2)},$$

parce qu'elle se réduit à $\frac{\lambda_3}{\lambda_4}$, lorsque les quatre rayons sont

$$\alpha = 0, \quad \beta = 0, \quad \alpha + \lambda_3 \beta = 0, \quad \alpha + \lambda_4 \beta = 0,$$

et qu'elle est susceptible, alors, de l'interprétation géométrique la plus simple.

Comme la même raison n'existe pas pour les ordres supérieurs, nous conviendrons de prendre pour forme capitale :

$$r_2 = (1234) = \frac{(\lambda_1 - \lambda_2)(\lambda_3 - \lambda_4)}{(\lambda_4 - \lambda_1)(\lambda_2 - \lambda_3)},$$

de sorte que, dans le cas particulier examiné plus haut, $\frac{\lambda_3}{\lambda_4}$ ne sera plus égal à r_2, mais à $1 - r_2$; et de même, la forme capitale du rapport des six rayons $\alpha + \lambda_1 ..._6 \beta = 0$ sera

$$r_3 = (123456) = \frac{(\lambda_1 - \lambda_2)(\lambda_3 - \lambda_4)(\lambda_5 - \lambda_6)}{(\lambda_6 - \lambda_1)(\lambda_2 - \lambda_3)(\lambda_4 - \lambda_5)} = \frac{(12).(34).(56)}{(61).(23).(45)},$$

(*) Voir *Bulletin de l'Académie royale de Belgique*, 2e série, t. XLV, pp. 88 et suiv., et *Recherches de géom. sup.*

les facteurs des deux termes représentant les sinus des angles compris entre les rayons 1 et 2, 3 et 4, etc.

Examinons d'abord les cas particuliers qui peuvent se présenter dans ce rapport.

De même que $(1214) = 1$, on trouvera

$$(121416) = -1,$$
$$(123415) = -(1234),$$
$$(121345) = -(1345).$$

Recherchons maintenant quelles sont les différentes formes qui sont équivalentes à la première (123456).

La relation fondamentale, qui nous servira de point de départ, est la suivante, qui se vérifie très-aisément, et qui montre que

Un rapport anharmonique du troisième ordre est équivalent au produit de deux rapports du second, c'est-à-dire :

$$r_3 = (123456) = -(1234)(5614), \quad \ldots \ldots \quad 1)$$

d'où l'on déduira, en renversant l'ordre des figures dans le second membre, ce qui est permis :

$$r_3 = -(4321)(6541) = 432165. \quad \ldots \ldots \quad 2)$$

Or, si l'on tient compte des identités manifestes

$$(123456) \equiv (345612) \equiv (561234), \quad \ldots \ldots \quad 3)$$

la relation 1) donnera

$$r_3 = (654321) \equiv (216543); \quad \ldots \ldots \quad 4)$$

par où l'on voit que le rapport (123456) est équivalent à cinq autres rapports, commençant respectivement par $2, 3, 4, 5, 6$; et qu'on peut renverser l'ordre des figures, et écrire $(123456) = (654321)$, comme le montre la relation 4); ajoutons enfin qu'en renversant les termes du rapport r_3 on trouvera

$$r_3 = (123456) \equiv \frac{1}{(612345)} \equiv \frac{1}{(254561)} \equiv \frac{1}{(456123)} \quad \ldots \quad 5)$$

relations auxquelles on en ajoutera trois autres, en renversant l'ordre des figures dans les seconds membres; et nous aurons, pensons-nous, donné le moyen de trouver tous les rapports qui peuvent s'exprimer au moyen du premier seul (123456).

Nous bornant maintenant à ceux de ces rapports, qui commencent par 1, cherchons s'il existe, comme dans le second ordre, une relation simple entre la somme de certains d'entre eux.

Si, dans la relation fondamentale 1), on remplace (1234) par $-1 + (1324)$, on trouvera

$$(123456) \equiv - (3614) - (132456)$$

ou

$$(123456) + (132456) \equiv - (1456).$$

On trouverait de même

$$(123456) + (123546) \equiv - (1236)$$
$$(123456) + (154326) \equiv - (3452)$$

$$\left. \rule{0pt}{60pt} \right\} \quad \ldots \ldots \ldots \quad 6)$$

On peut retrouver ces relations, ainsi que d'autres, par une voie plus directe.
Les identités

$$a_1 - a_3 + a_2 - a_4 + a_5 - a_2 \equiv 0,$$
$$a_2(a_4 - a_5) + a_3(a_2 - a_4) + a_4(a_3 - a_2) \equiv 0,$$

d'où l'on peut déduire les relations qui existent entre les diverses formes du rapport du second ordre, ont pour analogues les suivantes :

$$a_2(a_5 - a_3) + a_3(a_2 - a_4) + a_4(a_3 - a_5) + a_5(a_4 - a_2) \equiv 0, \quad . \quad 7)$$

$$a_2(a_5 - a_3)(a_6 - a_4) + a_3(a_2 - a_4)(a_6 - a_5) + a_4(a_3 - a_5)(a_6 - a_2)$$
$$+ a_5(a_4 - a_2)(a_6 - a_3) \equiv 0. \quad \ldots \ldots \quad 8)$$

Si $a_2 \ldots$ représentent, dans ces relations, les distances des points d'intersection $2 \ldots$, d'une transversale avec les rayons $2 \ldots$, à son point d'intersection 1 avec le rayon 1, la relation 7) pourra s'écrire

$$12 . 35 + 13 . 42 + 14 . 53 + 15 . 24 \equiv 0,$$

ou bien

$$\frac{12.35.46}{46} - \frac{13..24.56}{56} + \frac{14.53.26}{26} - \frac{15.42.36}{36} \equiv 0. \quad . \quad . \quad 7')$$

Divisant celle-ci par $61 . 23 . 45$, on trouvera (*) :

$$- \frac{(123546)}{(46)} + \frac{(132456)}{(56)} - \frac{(145326)}{(26)} + \frac{(154236)}{(36)} \equiv 0. \quad . \quad . \quad . \quad 9)$$

. On obtiendrait d'autres identités entre rapports anharmoniques du troisième ordre, en divisant la relation 7) par $12 . 35 . 46, 13 . 24 . 56$, etc.; mais, comme la relation 8) nous en fournira de plus simples, et tout à fait analogues, nous nous bornerons à rechercher celles-ci.
La relation 8) s'écrira

$$12 . 35 . 46 + 13 . 42 . 56 + 14 . 53 . 26 + 15 . 24 . 36 \equiv 0. \qquad 8$$

(*) Nous transportons ici, aux sinus des angles compris entre les rayons, la relation trouvée entre les segments interceptés, sur la transversale, entre ces rayons. (Voir n° 20)

Si nous la divisons successivement par 61.23.45 et par 61.25.43, nous aurons :

$$- (123546) + (132456) - (145326) + (154236) \equiv 0, \left.\begin{array}{l} \\ \\ \end{array}\right\} \quad . . \quad 10)$$
$$(125346) - (134256) - (143526) - (152436) \equiv 0,$$

Il est remarquable que les relations 9) et 10) ne diffèrent entre elles qu'en ce que les premières ont un dénominateur à chaque terme, et que les secondes n'en ont pas.

De la combinaison de ces identités, on pourra en déduire d'autres, dans lesquelles n'entreront que trois rapports seulement.

Si nous divisons la relation 8′)

1° Par 12.35.46, nous trouverons :

$$1 + (246531) - (1462) + (155643) \equiv 0,$$

ou bien, puisque $1 - (1462) \equiv (1642)$:

$$(135642) + (155642) + (1642) \equiv 0$$

qu'on peut écrire, par un changement de figures :

$$(123456) + (132456) + (1456) \equiv 0; \quad . . . . . . 11)$$

2° par 13.42.56, nous trouverons de même :

$$(124655) + (142655) + (1655) \equiv 0,$$

ce qui est, au fond, la relation 11); et, en suivant un procédé analogue :

$$(123456) + (123546) + (1256) \equiv 0, \text{ et } . . . . . 12)$$
$$(123456) + (154326) + (3452) \equiv 0; \quad . . . . . . 13)$$

3° par 12.34.56, nous obtiendrons :

$$(5346) - (1342) + (143562) - (243651) \equiv 0,$$

ou, par un changement de figures, après en avoir renversé l'ordre dans le dernier rapport :

$$(123456) - (154236) + (1456) + (2455) \equiv 0. \quad . . . . 14)$$

L'addition des identités 13) et 14) reproduirait 12).

Toutes ces identités expriment la somme de deux rapports du troisième ordre au moyen de rapports du second.

On en déduirait d'analogues, affectées de dénominateurs, de la relation 7′) ; et ces dernières, combinées avec les précédentes, ramèneraient naturellement à l'expression fondamentale du rapport du troisième ordre au moyen du produit de deux rapports du second.

5

§ IV^{ter}. De l'involution du troisième ordre (*).

22ter. On sait que l'involution des trois couples de points 1, 2; 1′, 2′; 1″, 2″ peut s'exprimer par la relation

$$| 11'21'' | . | 12'22'' | = 1, \quad . \quad . \quad . \quad . \quad . \quad . \quad 1)$$

et par celles qu'on en déduit en avançant les accents d'un rang, c'est-à-dire en changeant 1 en 1′, 1′ en 1″, 1″ en 1, ou de deux rangs, en changeant 1 en 1″, 1′ en 1 et 1″ en 1′.

L'involution entre les trois ternes de points 1, 2, 3; 1′, 2′, 3′; 1″, 2″, 3″, qui s'exprime par (voir n° 14)

$$\frac{11'.12'.13'}{11''.12''.13''} = \left[\quad \right]_2 = \left[\quad \right]_3, \quad . \quad . \quad . \quad . \quad . \quad 2)$$

peut se traduire aisément en relations analogues aux formules 1).

En ne considérant que les deux premiers membres des égalités 2), on pourra les écrire

$$\frac{11'.21''.12'.22''.13'.23''}{11''.21'.12''.22'.13''.23'} = 1,$$

ou

$$| 11'21'' | . | 12'22'' | . 13'23'' | = 1; \quad . \quad . \quad . \quad . \quad . \quad 3)$$

et les formules analogues s'obtiendraient immédiatement par le changement de 1 en 2, 2 en 3, 3 en 1, ou de 1 en 3, 2 en 1, 3 en 2.

Mais celles-ci ne renferment que des rapports anharmoniques du second ordre, et il s'agirait de pouvoir exprimer l'involution du troisième ordre au moyen de rapports anharmoniques du même ordre.

L'analogie nous conduit évidemment à écrire la formule

$$| 11'21''31''' | . | 12'22''32''' | . | 13'23''33''' | = -1. \quad . \quad . \quad . \quad 4)$$

ou, symboliquement :

$$\prod_{1'}^{3'} | 11'21''31''' | = -1, \quad . \quad . \quad . \quad . \quad . \quad . \quad 4')$$

ainsi que les formules qu'on obtiendrait en avançant, dans cette dernière, les

---

(*) Les formules qui suivent ont été données dans le *Bulletin de l'Académie*, 2e série t. XLV, pp. 90-92. La démonstration donnée ci-dessus est plus simple que celle que nous avions trouvée; elle nous a été communiquée par M. Le Paige.

accents, ou les figures 1, 2, 3, d'un ou de deux rangs, ou en les intervertissant entre eux, comme on peut le faire dans les relations 2).

Ainsi, par exemple, en avançant les accents d'un rang, on aurait

$$\overset{3''}{\underset{1''}{\Pi}} \mid 11''21'''31' \mid = -1;$$

et l'on arriverait au même résultat, en avançant de deux rangs les figures 1, 2, 3 c'est-à-dire en les changeant en 3, 1, 2, sans modifier, dans la relation 4), les lettres accentuées.

Démontrons que la formule 4) exprime en effet l'involution des quatre ternes 1, 2, 3; 1', 2', 3'; 1'', 2'', 3''; 1''', 2''', 3'''. Celle des ternes 1 .. 1' .. 1''' .. donne :

$$\frac{11' \cdot 12' \cdot 13'}{11''' \cdot 12''' \cdot 13'''} : \frac{21' \cdot 22' \cdot 23'}{21''' \cdot 22''' \cdot 23'''} = 1; \quad \ldots \ldots \quad 5)$$

et celle des ternes 1 .. 1'' .. 1''' .. :

$$\frac{21'' \cdot 22'' \cdot 23''}{21''' \cdot 22''' \cdot 23'''} : \frac{31'' \cdot 32'' \cdot 33''}{31''' \cdot 32''' \cdot 33'''} = 1. \quad \ldots \ldots \quad 6)$$

Multiplions ces deux relations l'une par l'autre, nous aurons :

$$\frac{11' \cdot 12' \cdot 13' \cdot 21'' \cdot 22'' \cdot 23'' \cdot 31''' \cdot 32''' \cdot 33'''}{11''' \cdot 12''' \cdot 13''' \cdot 21' \cdot 22' \cdot 23' \cdot 31'' \cdot 32'' \cdot 33''} = 1,$$

ou

$$\frac{11' \cdot 21'' \cdot 31'''}{1'''1 \cdot 1'2 \cdot 1''3} \cdot \frac{12' \cdot 22'' \cdot 32'''}{2'''1 \cdot 2'2 \cdot 2''3} \cdot \frac{13' \cdot 23'' \cdot 33'''}{3'''1 \cdot 3'2 \cdot 3''3} = -1, \text{C. Q. F. D.}$$

En écrivant les autres formules qui, avec 5) et 6), expriment l'involution des ternes 1 .. 1' .. 1''' .., et 1 .. 1'' .. 1''' .., on obtiendrait celles que nous avons annoncées comme se déduisant de 4') par l'inversion des accents ou des figures.

§ IV^quater. Évolution dans les courbes du troisième ordre.

2 3 ^quater. Considérons l'équation

$$\frac{a_1}{\delta_1} + \frac{a_2}{\delta_2} + \frac{a_3}{\delta_3} + \frac{a_4}{\delta_4} = 0,$$

ou

$$a_1\delta_2\delta_3\delta_4 + a_2\delta_1\delta_3\delta_4 + a_3\delta_1\delta_2\delta_4 + a_4\delta_1\delta_2\delta_3 = 0, \quad \ldots \ldots \quad 1)$$

qui est celle d'une courbe du troisième ordre passant par les six sommets du quadrilatère $\delta_1\delta_2\delta_3\delta_4$.

(La construction du quadrilatère inscrit se fera simplement de la manière suivante, lorsque la courbe proposée n'est pas de la troisième classe :

1° Par un point de la courbe, je mène deux tangentes 3′ et 3″ à celle-ci;

2° Par le point de contact de 3′, la corde arbitraire 1 ;

5° Par ses intersections avec la courbe, et par le contact de 3″, les cordes 3 et 4;
leurs nouvelles intersections collimeront avec le contact de 3′, et donneront le
côté 2.

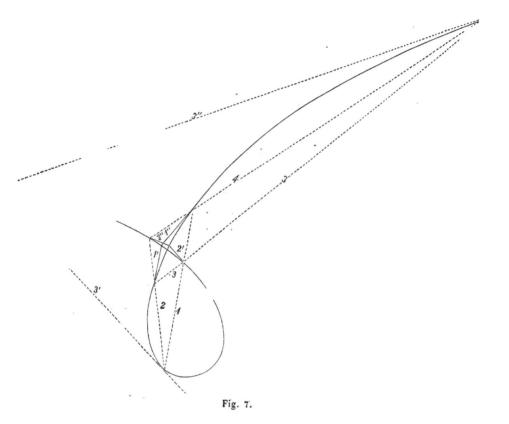

Fig. 7.

On voit en effet que, si l'on écrit l'équation 1) sous la forme

$$\delta_3\delta_4\,(a_1\delta_2 + a_2\delta_1) + \delta_1\delta_2\,(a_3\delta_4 + a_4\delta_3) = 0,$$

ou, pour abréger

$$\delta_3\delta_4\delta'_3 + k\delta_1\delta_2\delta''_3 = 0, \quad . \quad . \quad . \quad . \quad . \quad . \quad . \quad 2)$$

on a affaire à deux trilatères conjugués; or δ'_3, passant par le point d'intersection
de δ_1 et de δ_2, et rencontrant deux fois la courbe en ce point, y est tangente; de
même δ''_3 est tangente au point $\delta_3\delta_4$; et ces deux tangentes se coupent sur la courbe,

en vertu de l'équation 2). On verrait, de même, que les tangentes aux sommets $\delta_1\delta_3$ et $\delta_2\delta_4$, $\delta_1\delta_4$ et $\delta_2\delta_3$ se coupent sur la courbe.

Il est facile de s'assurer, en outre, de la collimation des trois points $1'$, $1''$; $2'$, $2''$ et $3'$, $3''$ où ces tangentes se rencontrent sur la courbe, ainsi que des trois points 1, $1'$; 2, $2'$ et 3, $3'$ d'intersection des côtés opposés des deux triangles, l'un inscrit, l'autre circonscrit, ou des trois points $3'$, 4; $2''$, 1 et $1''$, 2; etc.

Or, les trilatères conjugués $123''$ et $343'$ donnent, si on les coupe par une transversale, qui rencontre leurs côtés en des points désignés par les mêmes chiffres, et la courbe en des points 0, $0'$, $0''$ (n° 14) :

$$\frac{13' . 13 . 14}{23' . 23 . 24} = \frac{10 . 10' . 10''}{20 . 20' . 20''}.$$

Les trilatères conjugués $132''$ et $242'$ donnent de même :

$$\frac{32' . 32 . 34}{12' . 12 . 14} = \frac{30 . 30' . 30''}{10 . 10' . 10''};$$

et les trilatères conjugués $231''$ et $141'$:

$$\frac{21' . 21 . 24}{31' . 31 . 34} = \frac{20 . 20' . 20''}{30 . 30' . 30''}.$$

Multipliant entre elles ces trois égalités, on obtiendra :

$$13' . 32' . 21' = 1'3 . 5'2 . 2'1.$$

On trouverait de même, pour les triangles 124 et $1''2''3'$; 234 et $2''3''1'$; 134 et $1''3''2'$, les relations

$$11'' . 23' . 42'' = 2''2 . 1''4 . 3'1,$$
$$22'' . 31' . 43'' = 3''3 . 2''4 . 1'2,$$
$$33'' . 12' . 41'' = 1''1 . 3''4 . 2'3;$$

et la multiplication de ces trois égalités entre elles reproduit la précédente.

Toutes les quatre sont des relations d'*évolution;* on peut donc énoncer ce théorème (*) :

Théor. XVI. *Si un quadrilatère est complètement* (**) *inscrit à une courbe du troisième ordre, et qu'on mène, en trois de ses sommets, des tangentes à la courbe, les côtés des deux triangles, déterminés par ces sommets et par ces tangentes, sont coupés par une transversale en trois couples de points* EN ÉVOLUTION.

Il serait aisé de trouver la propriété corrélative pour les courbes de la troisième classe.

(*) *Bulletin de l'Académie*, t. XLIII, p. 505

(**) Voir *Journal de Crelle*, t. LXVI, une note de Steiner, dans laquelle il signale l'existence de ces quadrilatères complètement inscrits à des courbes du troisième ordre.

§ V. Faisceau de quadrilatères (*).

23. L'identité trouvée précédemment (n° 16)

$$\delta_1 \ldots \delta_4 + k'\delta'_1 \ldots \delta'_4 + k''\delta''_1 \ldots \delta''_4 \equiv 0 \quad \ldots \quad \ldots \quad 1)$$

exprime que les trois quadrilatères $\delta_1, \ldots \delta_4$; $\delta'_1, \ldots \delta'_4$; $\delta''_1, \ldots \delta''_4$ sont conjugués entre eux; et l'on y lit immédiatement l'énoncé suivant :

Théorème XVII. Extension du théorème de Pappus. *Si trois quadrilatères sont conjugués entre eux, les produits des distances d'un point quelconque de l'un d'entre eux, aux côtés des deux autres, sont analogiques;*

et, plus généralement encore :

Il existe une relation linéaire entre les produits des distances d'un point quelconque (du plan) aux quaternes respectifs de côté de trois quadrilatères conjugués entre eux.

Ce dernier énoncé revêtira une autre forme aux n°s (25) et (28).

24. En suivant la même marche qu'aux n°s (7) et (14), et con-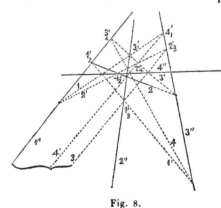servant les mêmes notations, nous aurons, pour chacun des points $1''$, $2''$, $3''$, $4''$ d'intersection d'une transversale quelconque avec les côtés de même nom du troisième quadrilatère, la relation

Fig. 8.

$$\delta_1 \ldots \delta_4 - \lambda \delta'_1 \ldots \delta'_4 = 0; \quad 2$$

(*) Voir F. G. S. C., pp. 23-27, où nos extensions des théorèmes de Pappus, de Desargues et de Pascal, ont été données pour la première fois, et, directement, pour les courbes du quatrième ordre.

§ V′. Chaîne de tétragones (*).

23′. L'identité 7′), (n° 16′), ou

$$\varpi_1 \ldots \varpi_4 + k'\varpi'_1 \ldots \varpi'_4 + k''\varpi''_1 \ldots \varpi''_4 \equiv 0 \ldots \quad 1')$$

exprime que les trois tétragones qui y entrent sont conjugués entre eux, et l'on y lit l'énoncé suivant :

Théorème XVII′. Extension du théorème corrélatif de celui de Pappus. *Si trois tétragones sont conjugués entre eux, les produits des distances d'une droite quelconque (passant par un sommet) de l'un d'entre eux, aux sommets des deux autres, sont analogiques;*

et, plus généralement :

Il existe une relation linéaire entre les produits des distances d'une droite quelconque (du plan) aux ternes respectifs de sommets de trois tétragones conjugués entre eux.

Ce dernier énoncé revêtira une autre forme aux n°ˢ (25′) et (28′).

24′. En conservant les mêmes notations qu'aux n°ˢ (7′) et (14′), nous aurons, pour chacune des jonctions 1″, 2″, 3″, 4″ d'un centre quelconque (dans le plan), avec les sommets de même nom du tétragone, la relation suivante, qui se tire de 1′) :

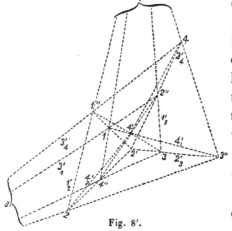

Fig. 8′.

$$\varpi_1 \ldots \varpi_4 - \lambda \varpi'_1 \ldots \varpi'_4 = 0 ; \quad 2')$$

et, comme dans ces mêmes

et, comme dans ce même n° (14), pour le point $1''$:

$$\delta_1 = 11''.(1); \quad \delta_2 = 21''.(2); \quad \delta_3 = 31''.(3); \quad \delta_4 = 41''.(4);$$
$$\delta_1' = 1'1''.(1'); \text{ etc.,}$$

valeurs qui, substituées dans la relation (2), donneront :

$$11''.21''.31''.41''.(1).(2).(3).(4)$$
$$= \lambda \, 1'1''.2'1''.3'1''.4'1''.(1').(2').(3').(4').$$

Pour les points $2''$, $3''$, $4''$, il suffira, évidemment, de changer, dans cette relation, $1''$ en $2''$, en $3''$ et en $4''$.

La comparaison des quatre égalités ainsi obtenues conduira aux suivantes :

$$\frac{11''.21''.31''.41''}{1'1''.2'1''.3'1''.4'1''} = \left[\quad \right]_{2''} = \left[\quad \right]_{3''} = \left[\quad \right]_{4''},$$

où les trois derniers membres ne sont autre chose que le premier lui-même, dans lequel on a à remplacer $1''$ par $2''$, $3''$ et $4''$.

Elles expriment le théorème :

Théorème XVIII. Extension du théorème de Desargues. *Dans un système de trois quadrilatères conjugués entre eux, une transversale quelconque rencontre les côtés de ces quadrilatères en trois quaternes de points en involution.*

25. On trouve une expression plus générale de cette involution, en procédant comme nous l'avons fait au n° (8).

Cette expression, mise sous forme symbolique, est

$$\overset{\text{IV}}{\underset{1}{\Sigma}} \lambda \, (x - x_1')(x - x_2')(x - x_3')(x - x_4') \equiv 0.$$

26. Du théorème précédent, qui est applicable à un système de quadrilatères conjugués inscrits à une courbe du quatrième ordre, on déduirait immédiatement l'extension que nous avons donnée au théorème de Pascal (`*`); elle s'énonce, pour le cas où la courbe est remplacée par un quadrilatère :

(`*`) Pour la démonstration, v. F. G. S. C., pp. 26 et 27.

numéros, pour la droite $1''$:

$$\varpi_1 = (11'').\, 1\, ; \quad \varpi_2 = (21'').2\, ; \quad \varpi_3 = (31'').3\, ; \quad \varpi'_4 = (41'').\, 4\, ;$$

$$\varpi'_1 = (1'1'').1'\, ; \quad \ldots \ldots \ldots \ldots \; \varpi'_4 = (4'1'').4'\, ;$$

valeurs, qui, substituées dans la relation précédente, donneront :

$$(11'').(21'') . (31'') . (41'').\, 1\, .\, 2\, .\, 3\, .\, 4$$
$$= \lambda\,(1'1'').(2'1'').(3'1'').(4'1'').1'.\, 2'.\, 3'.\, 4'.$$

Pour les droites $2''$, $3''$ et $4''$, il suffira de changer, dans cette relation, $1''$ en $2''$, en $3''$ et en $4''$.

La comparaison de ces quatre égalités conduira aux suivantes :

$$\frac{(11'') . (21'') . (31'') . (41'')}{(1'1'').(2'1'').(3'1'').(4'1'')} = \Big[\quad \Big]_{2''} = \Big[\quad \Big]_{3''} = \Big[\quad \Big]_{4''}\, ;$$

elles expriment le théorème :

Théorème XVIII′. Extension du corrélatif du théorème de Desargues. *Dans un système de trois tétragones conjugués entre eux, si l'on joint leurs sommets à un centre quelconque (du plan) par des droites, ces trois quaternes de droites sont en involution.*

25′. On trouvera, comme au n° $(8')$, la forme symbolique suivante de cette involution :

$$\overset{\mathrm{IV}}{\underset{'}{\Sigma}}\,\lambda(X - X'_1) \ldots (X - X'_4) \equiv 0.$$

26′. Du théorème qui précède, on déduit immédiatement celui que nous avons donné antérieurement pour une courbe de la quatrième classe en général (*), et qui s'énonce dans les termes suivants, si cette courbe est remplacée par un tétragone :

(*) F. G. S. C., p. 47.

Théorème XIX. Extension du théorème de Pascal. *Dans un système de deux quinquélatères conjugués à un quadrilatère, les intersections des côtés opposés sont collimantes.*

L'expression analytique la plus simple de ce théorème est

$$\delta'_1 \dots \delta'_5 - \lambda \delta''_1 \dots \delta''_5 \equiv k \delta_1 \delta_2 \delta_3 \delta_4 \cdot \Delta, \quad \dots \quad 3)$$

expression dans laquelle on découvre l'existence de trois quinquélatères conjugués entre eux.

27. Ce théorème a, pour corollaires immédiats, les suivants (*) :

Théorème XX. *Si l'on combine trois à trois, dans un ordre quelconque, les couples de côtés opposés de deux quinquélatères conjugués inscrits à un quadrilatère (ou à une courbe du quatrième ordre), on obtient un hexagone inscrit à une conique.*

Théorème XXI. *Si l'on combine quatre à quatre, dans un ordre quelconque, les couples de côtés opposés de deux quinquélatères conjugués inscrits à un quadrilatère (ou à une courbe du quatrième ordre), on obtient un système de deux quadrilatères conjugués inscrits à une courbe du troisième ordre.*

Si l'on exprime analytiquement ces deux corollaires, v. n° 17, on verra que, de l'identité

$$\delta'_1 \dots \delta'_5 - \lambda \delta''_1 \dots \delta''_5 \equiv k C_4 \cdot \Delta, \quad \dots \quad 4)$$

On peut déduire les suivants :

1° $\qquad \delta'_1 \delta'_2 \delta'_3 - \lambda_1 \delta''_1 \delta''_2 \delta''_3 \equiv k_1 C'_2 \cdot \Delta,$ etc.

2° $\qquad \delta'_1 \delta'_2 \delta'_3 \delta'_4 - \lambda_1 \delta''_1 \delta''_2 \delta''_3 \delta''_4 \equiv k'_1 C'_3 \cdot \Delta,$ etc.

Et, en étendant cette même forme d'équation, on obtiendra immédiatement le théorème général :

Théorème XXII. *Dans un système de deux n latères conjugués, inscrits à un quadrilatère (ou à une courbe du quatrième ordre), les couples de côtés non adjacents se coupent en n (n — 4) points situés sur un lieu d'ordre n — 4.*

(*) *Bulletin de l'Académie*, 2ᵉ série, t. XLIV, p. 191, et *Recherches de Géométrie supérieure.*

Théorème XIX′. Extension du théorème de Brianchon. *Dans un système de deux pentagones conjugués à un tétragone, les jonctions des sommets opposés sont concourantes.*

L'expression la plus simple de ce théorème est

$$\varpi_1' \ldots \varpi_5' - \lambda \varpi_1'' \ldots \varpi_5'' \equiv \varpi_1 \ldots \varpi_4 \cdot \Pi; \quad \ldots \quad 5')$$

on y découvre l'existence de trois pentagones conjugués entre eux.

27′. Ce théorème a, pour corollaires immédiats, les suivants (*) :

Théorème XX′. *Si l'on combine trois à trois, dans un ordre quelconque, les couples de sommets opposés de deux pentagones conjugués à un tétragone (ou à une courbe de la quatrième classe), on obtient un hexagone circonscrit à une conique.*

Théorème XXI′. *Si l'on combine quatre à quatre, dans un ordre quelconque, les couples de sommets opposés de deux pentagones conjugués à un tétragone (ou à une courbe de la quatrième classe), on obtient un système de deux tétragones conjugués à une courbe de la troisième classe.*

En étendant la forme d'équation qui précède, on arriverait au théorème :

Théorème XXII′. *Dans un système de deux* n *gones conjugués à un tétragone (ou à une courbe de la quatrième classe), les jonctions des couples de côtés non adjacents, au nombre de* $n(n-4)$, *enveloppent une courbe de classe* $n-4$.

(*) *Bulletin de l'Académie,* 2ᵉ série, t. XLIV, p. 191, et *Recherches de Géométrie supérieure.*

28. Cherchons maintenant à découvrir, dans les quadrilatères conjugués, l'existence du rapport anharmonique du quatrième ordre.

Partons de l'identité

$$\delta''_1 \dots \delta''_4 \equiv \delta_1 \dots \delta_4 - \lambda \delta'_1 \dots \delta'_4. \quad \dots \dots \quad 5)$$

Joignons, à un centre quelconque, les sommets des quadrilatères 1, 2, 3, 4 et 1′, 2′, 3′, 4′, *sommets* qui sont les intersections de chaque côté d'un quadrilatère avec deux des quatre côtés de l'autre, pourvu qu'elles déterminent complètement les quadrilatères.

Nous choisirons, pour ces *sommets*, les points

$$1'_2, 1'_3; \quad 2'_3, 2'_4; \quad 3'_4, 3'_1; \quad 4'_1, 4'_2,$$

qui sont les intersections respectives des côtés

1′ et 2, 1′ et 3 ; 2′ et 3, 2′ et 4 ; etc.

Conservons ces mêmes notations pour représenter les rayons qui aboutissent à ces sommets ; nommons $1'_2 1'_3$, $3'_4 4'_1$, etc., les longueurs des côtés 1′, 1, etc., comprises entre ces sommets ; nous aurons, comme au n° (19), en rapportant les distances $\delta_1 \dots$ au centre considéré :

$$\delta_1 = \frac{3'_1 \cdot 4' \cdot (3'_1 4'_1)}{3'_1 4'_1},$$

expression que nous représenterons simplement par

$$\delta_1 = \left\{ 3'_1 4'_1 \right\} \equiv \left\{ 4'_1 3'_1 \right\}.$$

Nous aurons de même :

$$\delta_2 = \left\{ 4'_2 1'_2 \right\}, \quad \delta_3 = \left\{ 1'_3 2'_3 \right\}, \quad \delta_4 = \left\{ 2'_4 3'_4 \right\};$$

et

$$\delta'_1 = \left\{ 1'_2 1'_3 \right\}, \quad \delta'_2 = \left\{ 2'_3 2'_4 \right\}, \quad \delta'_3 = \left\{ 3'_4 3'_1 \right\}, \quad \delta'_4 = \left\{ 4'_1 4'_2 \right\};$$

$$\delta''_1 = \left\{ 1'_2 3'_4 \right\}, \quad \delta''_2 = \left\{ 3'_4 1'_5 \right\}, \quad \delta''_3 = \left\{ 4'_1 2'_3 \right\}, \quad \delta''_4 = \left\{ 2'_4 4'_2 \right\}.$$

28'. Recherchons le rapport anharmonique du quatrième ordre dans l'identité

$$\varpi_1' \ldots \varpi_4'' \equiv \varpi_1 \ldots \varpi_4 - \lambda \varpi_1' \ldots \varpi_4'.$$

Coupons, par une transversale quelconque, les *côtés* des tétragones 1, 2, 3, 4 et 1', 2', 3', 4', *côtés* qui sont, pour chacun des sommets d'un tétragone, les jonctions avec deux des trois sommets de l'autre, à choisir arbitrairement, pourvu qu'ils déterminent entièrement les tétragones. Nous choisirons, pour ces côtés, les droites

$$1_2', \ 1_3'; \ 2_3', \ 2_4'; \ 3_4', \ 3_1'; \ 4_1', \ 4_2',$$

qui sont les jonctions respectives des sommets 1' et 2, 1' et 3, etc.

Conservons ces mêmes notations pour désigner les intersections de ces côtés avec la transversale ; nous aurons, en rapportant les distances ϖ_1 ... à celle-ci :

$$\varpi_1 = \frac{3_4' 4_1' \cdot (3_1') \cdot (4_1')}{3_4' 4_1'},$$

que nous écrirons $\{3_4' 4_1'\}$; et de même :

$$\varpi_2 = \{4_2' 1_2'\}, \quad \varpi_3 = \{1_3' 2_3'\}, \quad \varpi_4 = \{2_4' 3_4'\},$$
$$\varpi_1' = \{1_2' 1_3'\}, \quad \varpi_2' = \{2_3' 2_4'\}, \quad \varpi_3' = \{3_4' 3_1'\}, \quad \varpi_4' = \{4_1' 4_2'\},$$
$$\varpi_1'' = \{1_2' 3_4'\}, \quad \varpi_2'' = \{1_3' 3_1'\}, \quad \varpi_3'' = \{2_3' 4_1'\}, \quad \varpi_4'' = \{2_4' 4_2'\}.$$

Substituées dans l'identité précédente, ces expressions donnent :

$$\frac{3_4' 4_1' \cdot 4_2' 1_2' \cdot 1_3' 2_3' \cdot 2_4' 3_4'}{(3_4' 4_1') \cdot (4_2' 1_2') \cdot (1_3' 2_3') \cdot (2_4' 3_4')} - \lambda \frac{1_2' 1_3' \cdot 2_3' 2_4' \cdot 3_4' 3_1' \cdot 4_1' 4_2'}{(1_2' 1_3') \cdot (2_3' 2_4') \cdot (3_4' 3_1') \cdot (4_1' 4_2')}$$
$$\equiv \frac{1_2' 3_4' \cdot 1_3' 3_1' \cdot 2_3' 4_1' \cdot 2_4' 4_2'}{(1_2' 3_4') \cdot (1_3' 3_1') \cdot (2_3' 4_1') \cdot (2_4' 4_2')}.$$

Comme les dénominateurs sont des quantités indépendantes de la transversale, nous pourrons écrire :

$$3_4' 4_1' \cdot 4_2' 1_2' \cdot 1_3' 2_3' \cdot 2_4' 3_4' - \lambda' 1_2' 1_3' \cdot 2_3' 2_4' \cdot 3_4' 3_1' \cdot 4_1' 4_2' \equiv k 1_2' 3_4' \cdot 1_3' 3_1' \cdot 2_3' 4_1' \cdot 2_4' 4_2',$$

Substituant ces valeurs, développées, dans l'identité 5), et supprimant les facteurs $3'_1$, $4'_3$, $4'_2$, $1'_2$, etc., qui seront communs à tous les termes, nous trouverons :

$$\frac{(3'_1 4'_1) \cdot (4'_2 1'_2) \cdot (1'_3 2'_3) \cdot (2'_3 3'_1)}{3'_1 4'_1 \cdot 4'_2 1'_2 \,\colon\, 1'_3 2'_3 \cdot 2'_3 3'_4} - \lambda \, \frac{(1'_2 1'_3) \cdot (2'_3 2'_4) \cdot (3'_4 3'_1) \cdot (4'_1 4'_2)}{1'_2 1'_3 \cdot 2'_3 2'_4 \cdot 3'_4 3'_1 \cdot 4'_1 4'_2}$$
$$\equiv \frac{(1'_2 3'_4) \cdot (3'_4 1'_3) \cdot (4'_1 2'_3) \cdot (2'_4 4'_2)}{1'_2 3'_4 \cdot 3'_1 1'_3 \cdot 4'_1 2'_3 \cdot 2'_4 4'_2} .$$

Si nous remarquons que les dénominateurs sont des quantités constantes, quel que soit le centre choisi, nous pourrons écrire plus simplement :

$$(3'_1 4'_1) \cdot (4'_2 1'_2) \cdot (1'_3 2'_3) \cdot (2'_3 3'_4) - \lambda' (1'_2 1'_3) \cdot (2'_3 2'_4) \cdot (3'_4 3'_1) \cdot (4'_1 4'_2)$$
$$\equiv k (1'_2 3'_4) \cdot (3'_1 1'_3) \cdot (4'_1 2'_3) \cdot (2'_4 4'_2).$$

Or, les différents facteurs, qui entrent dans ces expressions, sont les sinus des angles soutendus, au centre du faisceau, par les côtés

$$1, 2, 3, 4; \quad 1', 2', 3', 4'; \quad 1'', 2'', 3'', 4'',$$

qui sont limités respectivement par

$$3', 4'; \quad 4', 1'; \quad 1', 2'; \quad 2', 3'; \quad 2, 3; \quad 3, 4; \quad 4, 1; \quad 1, 2;$$

de sorte que la relation précédente s'écrira :

$$(1) \cdot (2) \cdot (3) \cdot (4) - \lambda' (1') \cdot (2') \cdot (3') \cdot (4') \equiv k (1'') \cdot (2'') \cdot (3'') \cdot (4''),$$

et s'énoncera :

Théorème XXIII. *Si, d'un centre quelconque (pris dans le plan), on mène des rayons aux sommets* (*) *de trois quadrilatères conjugués entre eux, il existe une relation linéaire entre les produits des sinus des angles soutendus, en ce centre, par les quaternes respectifs de côtés des trois quadrilatères,*
énoncé qui ne diffère pas, dans le fond, ni de notre extension générale du théorème de Pappus nº (23), ni celle du théorème de Desargues, nº (25).

(*) Voir plus haut la définition de ces *sommets*.

ou, plus simplement, comme plus haut (n° 20'),

$$1 . 2 . 3 . 4 - \lambda 1' . 2' . 3' . 4' \equiv k1'' . 2'' . 3'' . 4'',$$

et énoncer le théorème suivant :

Théorème XXIII'. *Si l'on mène une droite quelconque dans le plan de trois tétragones conjugués entre eux, il existe une relation linéaire entre les produits des segments interceptés, sur cette droite, par les quaternes respectifs d'angles des trois tétragones,* qui n'est qu'une autre forme de nos extensions des théorèmes corrélatifs de celui de Pappus et de celui de Desargues, n°ˢ (23') et (25').

29. Si le centre du faisceau est un point du troisième quadrilatère, le second membre des identités précédentes est nul, et l'on
aura, par suite :

$$\lambda' = \lambda \, \frac{1 \cdot 2 \cdot 3 \cdot 4}{1' \cdot 2' \cdot 3' \cdot 4'} = \frac{(1) \cdot (2) \cdot (3) \cdot (4)}{(1') \cdot (2') \cdot (3') \cdot (4')} = \frac{(3'_1 4'_1) \cdot (4'_2 1'_2) \cdot (1'_3 2'_3) \cdot (2'_4 3'_4)}{(1'_2 1'_3) \cdot (2'_3 2'_4) \cdot (3'_4 3'_1) \cdot (4'_1 4'_2)}.$$

Cette dernière égalité peut s'écrire :

$$\lambda' = \frac{(3'_1 4'_1) \cdot (4'_2 1'_2) \cdot (1'_3 2'_3) \cdot (2'_4 3'_4)}{(3'_1 3'_1) \cdot (4'_1 4'_2) \cdot (1'_2 1'_3) \cdot (2'_3 2'_4)};$$

et l'on voit alors que le dénominateur se tire du numérateur en
faisant simplement passer au premier rang la dernière figure de
celui-ci.

C'est ainsi que nous avons formé les rapports anharmoniques
du second et du troisième ordre.

Nous appellerons donc le rapport précédent RAPPORT ANHARMO-
NIQUE DU QUATRIÈME ORDRE, et nous pourrons énoncer ce théorème
fondamental :

Théorème XXIV. *Si l'on joint un point quelconque d'un quadrilatère aux sommets* (*) *de deux quadrilatères conjugués au
premier, le rapport anharmonique du faisceau ainsi formé est
constant;*
et l'on peut ajouter que
*ce rapport est égal à celui des segments interceptés, entre les
rayons, sur une transversale quelconque.*

On vérifierait cette dernière propriété, qui résulte, du reste, à
l'évidence, de l'expression même du rapport anharmonique, de
la même manière que nous l'avons fait au n° (20).

REMARQUE CAPITALE. Le théorème qui précède est manifestement applicable au cas où le premier quadrilatère serait remplacé par une courbe du quatrième ordre, à laquelle les deux
autres seraient conjugués; il suffit, pour cela, que les deux der-

---

(*) Voir, plus haut, comment nous avons défini ces sommets.

29′. Si la transversale passe par l'un des sommets du tétra-gone $\varpi_1''\ldots\varpi_4''$, on aura

$$\lambda\,\frac{(1)\ldots(4)}{(1')\ldots(4')}=\frac{1\ldots4}{1'\ldots4'}=\frac{3_1'4_1'\cdot4_2'1_2'\cdot1_3'2_3'\cdot2_4'3_4'}{1_2'1_3'\cdot2_3'2_4'\cdot3_4'3_1'\cdot4_1'4_2'},$$

expression dans laquelle on reconnait le *rapport anharmonique des huit points de la transversale.*

Nous pourrons donc énoncer ce théorème fondamental :

Théorème XXIV′. *Si l'on mène une droite quelconque par l'un des sommets d'un tétragone, elle rencontre les côtés (*) de deux tétragones conjugués au premier en huit points dont le rapport anharmonique est constant;*

et l'on peut ajouter que

Ce rapport est égal à celui du faisceau formé par la jonction de ces points à un centre quelconque.

Remarque capitale. On peut remplacer le premier tétragone par une courbe de la quatrième classe, à laquelle les deux autres sont conjugués, et dire dans ce cas :

Théorème XXV′. *Une tangente quelconque à une courbe de la quatrième classe rencontre les côtés de deux tétragones, conjugués à cette courbe, en huit points dont le rapport anharmonique est constant.*

Cette propriété de huit tangentes à une courbe de la quatrième classe correspond à la *propriété anharmonique de quatre tangentes à une conique.*

(*) Voir plus haut la définition de ces côtés.

niers membres de l'identité 5) puissent représenter une courbe quelconque du quatrième ordre, ce qui est toujours possible (*).

Dans ce cas nous aurons le théorème général :

Théorème XXV. *Si l'on joint un point quelconque d'une courbe du quatrième ordre aux sommets* (**) *de deux quadrilatères conjugués à cette courbe, le rapport anharmonique du faisceau ainsi formé est constant,*
nouvelle extension de la *propriété anharmonique de quatre points d'une conique.*

30. On peut retrouver également, par le procédé des n^os (10 et 21), le rapport anharmonique du quatrième ordre.

En désignant par $5'_1$, $4'_1$ etc. les rayons qui joignent les extrémités des côtés 1 etc. à un centre quelconque; par (1) etc. les sinus des angles soutendus, en ce centre, par les côtés 1 etc., nous pourrons écrire identiquement :

$$\frac{5'_1 \cdot 4'_1 \cdot (1)}{(1)} \cdot \frac{4'_2 \cdot 1'_2 \cdot (2)}{(2)} \cdot \frac{1'_3 \cdot 2'_3 \cdot (5)}{(5)} \cdot \frac{2'_4 \cdot 5'_4 \cdot (4)}{(4)}$$

$$= \frac{1'_2 \cdot 1'_3 \cdot (1')}{(1')} \cdot \frac{2'_3 \cdot 2'_4 \cdot (2')}{(2')} \cdot \frac{5'_4 \cdot 5'_1 \cdot (5')}{(5')} \cdot \frac{4'_1 \cdot 4'_2 \cdot (4')}{(4')}$$

$$= \frac{1'_2 \cdot 5'_4 \cdot (1'')}{(1'')} \cdot \frac{1'_3 \cdot 5'_1 \cdot (2'')}{(2'')} \cdot \frac{2'_3 \cdot 4'_1 \cdot (5'')}{(5'')} \cdot \frac{2'_4 \cdot 4'_2 \cdot (4'')}{(4'')};$$

et énoncer, comme aux n°s 10 et 21, le théorème :

Théorème XXVI. *Dans le cas de trois quadrilatères conjugués entre eux, dont les sommets* (***) *sont joints à un centre quelconque, si l'on forme le produit des aires des quatre triangles qui ont leur sommet en ce centre, et pour bases respectives les côtés de chaque quadrilatère, et qu'on divise ce produit par celui des sinus des angles formés au sommet de chacun de ces triangles, le quotient obtenu sera constant pour chacun des trois quadrilatères.*

(*) Voir F. G. S. C., p. 24.
(**) Voir plus haut n° 28 la définition de ces *sommets.*
(***) *Ibid.*

30′. Écrivons identiquement

$$\frac{(3'_1).(4'_1).1}{1} \cdot \frac{(4'_2).(1'_2).2}{2} \cdot \frac{(1'_3).(2'_3).3}{3} \cdot \frac{(2'_4).(3'_4).4}{4}$$

$$=\frac{(1'_2).(1'_3).1'}{1'} \cdot \frac{(2'_3).(2'_4).2'}{2'} \cdot \frac{(3'_4).(3'_1).3'}{3'} \cdot \frac{(4'_1).(4'_2).4'}{4'}$$

$$=\frac{(1'_2).(3'_4).1''}{1''} \cdot \frac{(1'_3).(3'_1).2''}{2''} \cdot \frac{(2'_3).(4'_1).3''}{3''} \cdot \frac{(2'_4).(4'_2).4''}{4''};$$

nous pourrons énoncer le théorème :

Théorème XXVI′. *Dans le cas de trois tétragones conjugués entre eux, dont les côtés (*) sont coupés par une transversale quelconque, si l'on forme les produits des quotaires des triangles qui ont leurs bases sur cette droite, et pour angles adjacents respectifs ceux que celle-ci fait avec ces mêmes côtés, et qu'on divise ce produit par celui des bases, le quotient obtenu sera constant pour chaque tétragone.*

Mais on a :

$$(3'_1).(4'_1).1 = (1) . \varpi_1; \text{ etc.}$$

Ces valeurs, substituées dans les égalités précédentes, donnent :

$$\frac{(1).\varpi_1}{1} \cdot \frac{(2).\varpi_2}{2} \cdot \frac{(3).\varpi_3}{3} \cdot \frac{4.(\varpi_4)}{4} = \frac{(1').\varpi'_1}{1'} \cdot \frac{(2').\varpi'_2}{2'} \cdot \frac{(3').\varpi'_3}{3'} \cdot \frac{(4').\varpi'_4}{4'}$$

$$=\frac{(1'').\varpi''_1}{1''} \cdot \frac{(2'').\varpi''_2}{2''} \cdot \frac{(3'').\varpi''_3}{3''} \cdot \frac{(4'').\varpi''_4}{4''}.$$

(*) Voir ci-dessus la définition de ces côtés.

Mais, en exprimant les aires de ces triangles au moyen du produit de la base par la hauteur, et désignant leurs bases par 1, etc., nous pourrons écrire, au lieu des égalités précédentes :

$$\frac{1 \cdot \delta_1}{(1)} \cdot \frac{2 \cdot \delta_2}{(2)} \cdot \frac{3 \cdot \delta_3}{(3)} \cdot \frac{4 \cdot \delta_4}{(4)} = \frac{1' \cdot \delta_1'}{(1')} \cdot \frac{2' \cdot \delta_2'}{(2')} \cdot \frac{3' \cdot \delta_3'}{(3')} \cdot \frac{4' \cdot \delta_4'}{(4')}$$

$$= \frac{1'' \cdot \delta_1''}{(1'')} \cdot \frac{2'' \cdot \delta_2''}{(2'')} \cdot \frac{3'' \cdot \delta_3''}{(3'')} \cdot \frac{4'' \cdot \delta_4''}{(4'')}.$$

Si le centre du faisceau est pris en un point du lieu qui a pour équation

$$C_4 \equiv \delta_1 \ldots \delta_4 - \lambda \delta_1' \ldots \delta_4' = 0,$$

on aura donc :

$$\lambda = \frac{\delta_1 \ldots \delta_4}{\delta_1' \ldots \delta_4'} = \frac{1' \ldots 4'}{1 \ldots 4} \cdot \frac{(1)\,(2)\,(3)\,(4)}{(1')\,(4')\,(3')\,(4')},$$

ce qui nous ramène à la *propriété anharmonique* trouvée plus haut.

31. Si nous recherchons la signification de l'équation

$$C_4 \equiv \delta_1 \ldots \delta_4 - \lambda \delta_1' \ldots \delta_4' = 0, \quad \ldots \ldots \quad 7)$$

par la méthode du n° 22, en écrivant

$$\delta_1 = \frac{1.(13_1').(14_1')}{(1)}, \quad \delta_2 = \frac{2.(24_2').(21_2')}{(2)}, \quad \delta = \frac{3.(31_3').(32_3')}{(3)}, \quad \delta_4 = \frac{4.(42_4').(41_4')}{(4)}$$

$$\delta_1' = \frac{1'.(1'1_2').(1'1_3')}{(1')}, \quad \delta_2' = \frac{2'.(2'2_3').(2'2_4')}{(2')}, \quad \delta_3' = \frac{3'.(3'3_4').(3'3_1')}{(3')}, \quad \delta_4' = \frac{4'.(4'4_1').(4'4_2')}{(4')},$$

nous obtiendrons, en substituant :

$$\lambda = \frac{(13_1') \cdot (14_1') \cdot (24_2') \cdot (21_2') \cdot (31_3') \cdot (32_3') \cdot (42_4') \cdot (41_4')}{(1'1_2').(1'1_3').(2'2_3').(2'2_4').(3'3_4').(3'3_1').(4'4_1').(4'4_2')} \cdot \frac{1..4.(1')..(4')}{1'..4'.(1)..(4)};$$

et, en comparant à la relation 6) :

$$\lambda^2 = \frac{(13_1') \cdot (14_1') \cdot (24_2') \cdot (21_2') \cdot (31_3') \cdot (32_3') \cdot (42_4').(41_4')}{(1'1_2').(1'1_3').(2'2_3').(2'2_4').(3'3_4').(3'3_1').(4'4_1').(4'4_2')} \cdot \frac{1..4.(1')..(4')}{1'..4'(1)..(4)};$$

c'est-à-dire :

Si la transversale est tangente au lieu qui a pour équation

$$C'_4 \equiv \varpi_1 \dots \varpi_4 - \lambda \varpi'_1 \dots \varpi'_4 = 0, \quad . \quad . \quad . \quad . \quad 7')$$

que ce lieu soit un tétragone ou une courbe de la quatrième classe, on aura donc

$$\lambda = \frac{\varpi_1 \dots \varpi_4}{\varpi'_1 \dots \varpi'_4} = \frac{(1')\dots(4')}{(1)\dots(4)} \cdot \frac{1 \dots 4}{1'\dots 4'},$$

c'est-à-dire la *propriété anharmonique* trouvée plus haut.

31'. Si nous recherchons la signification de l'équation

$$C'_4 \equiv \varpi_1 \dots \varpi_4 - \lambda \varpi'_1 \dots \varpi'_4 = 0 \quad . \quad . \quad . \quad . \quad 7')$$

par la méthode du n° 22', en écrivant

$$\varpi_1 = \frac{13'_1 . 14'_1 . (1)}{1}, \quad \varpi_2 = \frac{24'_2 . 21'_2 . (2)}{2}, \quad \varpi_3 = \frac{31'_3 . 32'_3 . (3)}{3}, \quad \varpi_4 = \frac{42'_4 . 43'_4 . (4)}{4};$$

$$\varpi'_1 = \frac{1'1'_2 . 1'1'_3 . (1')}{1'}, \quad \varpi'_2 = \frac{2'2'_3 . 2'2'_4 . (2')}{2'}, \quad \varpi'_3 = \frac{3'3'_4 . 3'3'_1 . (3')}{3'}, \quad \varpi'_4 = \frac{4'4'_1 . 4'4'_2 . (4')}{4'},$$

nous obtiendrons, en substituant, et en comparant la valeur de λ à celle de la relation 6') :

$$\lambda^2 = \frac{13'_1 . 14'_1 . 24'_2 . 21'_2 . 31'_3 . 32'_3 . 42'_4 . 41'_4}{1'1'_2 . 1'1'_3 . 2'2'_3 . 2'2'_4 . 3'3'_4 . 3'3'_1 . 4'4'_1 . 4'4'_2},$$

c'est-à-dire :

Théorème XXVII. *Si une courbe du quatrième ordre est conjuguée à deux quadrilatères, et qu'on joigne les sommets (*) de ceux-ci à un point quelconque de la courbe, le rapport des produits des sinus des angles comptés, dans le premier quadrilatère, depuis les côtés de celui-ci jusqu'aux rayons aboutissant à leurs extrémités, à ceux des sinus des angles, comptés de même dans le second, est constant.*

(*) Définis plus haut.

Théorème XXVII'. *Si une courbe de la quatrième classe est conjuguée à deux tétragones, et qu'on coupe les côtés (*) de ceux-ci
par une tangente quelconque à la courbe, le rapport des produits
des côtés du premier tétragone, comptés depuis les sommets de
celui-ci jusqu'à cette tangente, à ceux des côtés du second, comptés de même, est constant.*

§ V^bis. Rapport anharmonique du quatrième ordre (**).

31bis. Le rapport anharmonique des huit rayons $\alpha + \lambda_{\iota \ldots 8}\, \beta = 0$ s'écrira, selon
les conventions du n° 22bis :

$$r_4 = (12 \ldots 78) = \frac{(\lambda_1 - \lambda_2)(\lambda_3 - \lambda_4)(\lambda_5 - \lambda_6)(\lambda_7 - \lambda_8)}{(\lambda_8 - \lambda_1)(\lambda_2 - \lambda_3)(\lambda_4 - \lambda_5)(\lambda_6 - \lambda_7)}.$$

Et l'on voit immédiatement que l'on aura

$$(12141618) = 1,$$
$$(12341618) = (1234),$$
$$(12345618) = -(123456);$$

on voit, en outre, que le rapport (12345678) est identique aux suivants

$$(34567812), \quad (56781234), \quad (78123456), \quad \ldots \ldots \quad 1)$$

et que l'on peut, de plus, renverser l'ordre des figures dans chacune de ces quatre
expressions.

Le rapport anharmonique du quatrième ordre peut s'exprimer également au
moyen de produits de rapports anharmoniques d'ordre inférieur. C'est ainsi que
l'on a

$$r_4 = (12345678) = -(123456)(1678)$$

et, par suite, si l'on remplace (123456) par sa valeur trouvée au n° 22bis

$$r_4 = (1234)(1456)(1678);$$

$$\left. \right\} \ldots 2)$$

on trouve aussi, directement :

$$r_4 = (1234)(5678)(1458).$$

D'autres expressions, analogues, de r_4 se déduiront de l'application des relations 2) aux formes 1), qui sont les équivalentes de r_4, et à celles qui s'en déduisent
par l'inversion des figures.

(*) Définis plus haut.
(**) Voir *Bull. de l'Acad.*, 2e sér., t. XLIV, pp. 469 et suiv.

C'est ainsi qu'on trouverait

$$
\begin{aligned}
r_4 &= -(345678)(1238) = (3456)(7836)(1238) \\
&= -(567812)(3452) = (5678)(1258)(3452) \\
&= -(781234)(5674) = (7812)(3472)(5674) ;
\end{aligned}
$$

et de même

$$
\begin{aligned}
r_4 &= (3456)(7812)(3672) \\
&= (5678)(1234)(5814) \\
&= (7812)(3456)(7236)
\end{aligned}
\Bigg\} \quad \ldots \ldots \; 2')
$$

En suivant maintenant la même marche qu'aux pages 63 et 64, on arriverait à toutes les formes du rapport anharmonique du quatrième ordre, qui peuvent s'exprimer au moyen de la première (12..78).

Puis, en faisant usage de la méthode et des formules de la page 65, on trouverait des relations, analogues à celles de cette page, entre la somme de rapports anharmoniques du quatrième ordre commençant par la même figure.

C'est ainsi, par exemple, qu'en se servant de la première des formules précédentes 2), et en la combinant avec la première des formules 6) de la page 63, on obtiendrait :

$$
\begin{aligned}
r_4 &= \big\{ (132456) + (1456) \big\} . (1678) \\
&= -(13245678) + (1456)(1678) \\
&= -(13245678) - (145678);
\end{aligned}
$$

$$
(12345678) + (13245678) = -(145678); \quad \ldots \ldots \; 3)
$$

et ainsi de suite.

Ces formules 3) permettraient d'arriver, par une marche inverse de celle que nous avons suivie à la page 64, à des identités analogues à celles de cette page; et l'on tirerait, de ces dernières, de nouvelles relations entre les rapports anharmoniques du quatrième ordre.

Nous ne pousserons pas plus loin ces développements, qui deviendraient beaucoup trop considérables.

§ V^ter. DE L'INVOLUTION DU QUATRIÈME ORDRE (*).

31ter. Nous nous bornerons également à indiquer ici les différentes manières d'exprimer l'involution du quatrième ordre, en engageant le lecteur à les démontrer par le procédé du n° 22ter; comme nous l'avons vu (n° 24) la formule de cette involution est

$$
\frac{11'.12'.13'.14'}{11''.12''.13''.14''} = \left[\quad \right]_2 = \left[\quad \right]_3 = \left[\quad \right]_4 . \quad \ldots \ldots \; 1)
$$

(*) *Bulletin de l'Académie*, 2ᵉ sér., t. XLIV, pp. 88 et suiv.

Il est manifeste qu'on peut y avancer d'un rang les accents, ou les figures, et qu'on peut de même y intervertir l'ordre des accents. On s'assurera aisément que les formules 1) peuvent se remplacer par la suivante :

ou

$$| 11'21'' | \cdot | 12'22'' | \cdot | 13'23'' | \cdot | 14'24'' | = 1, \\ \prod_{1'}^{4'} | 11'21'' | = 1, \qquad \qquad \Bigg\} \quad \dots \ 2)$$

et par celles qu'on en déduira en y remplaçant successivement 1 par 2, 3 ou 4, et de même 2 par 3, 4 ou 1 ; ou en avançant ces figures d'un, de deux ou de trois rangs.

Par analogie avec les résultats obtenus précédemment, relativement à l'involution du troisième ordre, on pourra certainement exprimer aussi celle du quatrième, entre les quatre quaternes de points $1 .. 4$, $1' .. 4'$, $1'' .. 4''$, $1''' .. 4'''$, au moyen de la formule

$$\prod_{1'}^{4'} | 11'21''31''' | = 1, \qquad \dots \dots \dots \ 3)$$

et de celles qui s'en déduisent en y avançant les accents, ou les figures, d'un ou de plusieurs rangs, ou en les intervertissant entre eux, comme on peut le faire dans les formules 1).

Et de même, l'involution entre les cinq quaternes de points $1 ... 4, 1' ... 4', . 1^{iv} ... 4^{iv}$, pourra se traduire par la formule

$$\prod_{1'}^{4'} | 11'21''31'''41^{iv} | = 1, \qquad \dots \dots \dots \ 4)$$

et par celles qu'on en déduira au moyen des transformations que nous venons d'indiquer.

Nous laisserons au lecteur le soin de démontrer, en suivant la marche indiquée au n° 22ter, que les formules 4) se ramènent en effet aux formules 3), et celles-ci aux formules 2).

32. L'identité trouvée plus haut (n° 26)

$$\delta_1 \ldots \delta_5 + k' \delta'_1 \ldots \delta'_5 + k''_1 \delta''_1 \ldots \delta''_5 \equiv 0$$

exprime que les trois quinquélatères $\delta_1 \ldots \delta_5$, $\delta'_1 \ldots \delta'_5$, $\delta''_1 \ldots \delta''_5$ sont conjugués entre eux; et l'on y lit immédiatement l'énoncé suivant :

Théorème XXVIII. Extension du théorème de Pappus. *Si trois quinquélatères sont conjugués entre eux, les produits des distances d'un point quelconque de l'un d'entre eux, aux côtés des deux autres, sont analogiques;*

et, plus généralement encore :

Il existe une relation linéaire entre les produits des distances d'un point quelconque (du plan) aux quines respectifs de côtés de trois quinquélatères conjugués entre eux.

33. On trouverait, comme au n° 24, pour chacun des points d'intersection $1'' \ldots 5''$ d'une transversale quelconque avec les côtés de même nom du troisième quinquélatère, la relation

$$\delta_1 \ldots \delta_5 - \lambda \delta'_1 \ldots \delta'_5 = 0; \quad \ldots \ldots \ldots \quad 1)$$

et, comme dans ce même n° 24, pour le point $1''$:

$$\delta_1 = 11''. (1); \; \delta_2 = 21''. (2); \; \ldots \; \delta_5^1 = 51''. (5);$$
$$\delta'_1 = 1'1''. (1'), \; \text{etc.,}$$

valeurs qui, substituées dans la relation 1), donneront :

$$11''. 21''. 31''. 41''. 51''. (1) \cdots (5) = \lambda 1'1''. \ldots 5'1''. (1') \ldots (5')\cdot$$

(*) F. G. S. C., pp. 27 et suiv., où nos extensions des théorèmes de Pappus, de Desargues et de Pascal, ont été données, pour la première fois, et directement, pour les courbes du cinquième ordre.

§ VI′. Chaîne de pentagones (*).

32′. L'identité trouvée plus haut (n° 24′)

$$\varpi_1 \ldots \varpi_5 + 14'\varpi_1' \ldots \varpi_5' + 14''\varpi_1'' \ldots \varpi_5'' \equiv 0 \quad \ldots \quad 1')$$

exprime que les trois pentagones $\varpi_1 \ldots$, $\varpi_1' \ldots$, $\varpi_1'' \ldots$ sont conjugués entre eux, et l'on y lit l'énoncé :

Théorème XXVIII′. Extension du théorème corrélatif de celui de Pappus. *Si trois pentagones sont conjugués entre eux, les produits des distances d'une droite quelconque (passant par un sommet) de l'un d'entre eux, aux sommets des deux autres, sont analogiques;*

et, plus généralement :

Il existe une relation linéaire entre les produits des distances d'une droite quelconque (du plan) aux ternes respectifs de sommets de trois pentagones conjugués entre eux.

33′. En conservant les mêmes notations qu'aux n°ˢ 14′ et 24′ nous aurons, pour chacune des jonctions 1″…5″ d'un centre quelconque (dans le plan) avec les sommets de même nom du pentagone, la relation suivante, qui se tire de 1′) :

$$\varpi_1 \ldots \varpi_5 - \lambda \varpi_1' \ldots \varpi_5' = 0, \quad \ldots \ldots \quad 2')$$

et, comme dans ces mêmes numéros, pour la droite 1″ :

$$\varpi_1 = 11''.(1), \ \varpi_2 = 21''.(2), \ldots \varpi_5 = 51''.(5);$$
$$\varpi_1' = 1'1''.(1'), \ \ldots \ldots \ldots \varpi_5' = 5'1''.(5');$$

valeurs qui, substituées dans la relation précédente, donneront :

$$(11'').\ldots(15'').1\ldots5 = \lambda\,(1'1'')\ldots(5'1'').1'\ldots5'.$$

(*) F. G. S. C., pp. 47 et suiv.

Pour les points $2''...5''$, il suffira évidemment de changer, dans cette relation, $1''$ en $2''...5''$.

La comparaison des cinq égalités ainsi obtenues conduira aux suivantes :

$$\frac{11''.21''.31''.41''.51''}{1'1''.2'1''.3'1''.4'1''.5'1''} = \Big[\quad\Big]_{2''} = \Big[\quad\Big]_{3''} = \Big[\quad\Big]_{4''} = \Big[\quad\Big]_{5''},$$

où les quatre derniers membres ne sont autre chose que le premier lui-même, dans lequel on a à remplacer $1''$ par $2''$, $3''$, $4''$, $5''$.

Elles expriment le théorème :

Théorème XXIX. EXTENSION DU THÉORÈME DE DESARGUES. *Dans un système de trois quinquélatères conjugués entre eux, une transversale quelconque rencontre les côtés de ces quinquélatères en trois quines de points en involution.*

34. On trouve une expression plus générale de cette involution en procédant comme nous l'avons fait au n° 8.

Cette expression, mise sous forme symbolique, est

$$\overset{v}{\Sigma}\,\lambda'\,(x - x_1')\,...\,(x - x_5') \equiv 0.$$

35. Du théorème précédent, qui est applicable à un système des quinquélatères conjugués inscrits à une courbe du cinquième ordre, on déduirait immédiatement l'extension que nous avons donnée au théorème de Pascal(*) ; elle s'énonce, pour le cas où la courbe est remplacée par un quinquélatère :

Théoreme XXX. EXTENSION DU THÉORÈME DE PASCAL. *Dans un système de deux sélatères conjugués à un quinquélatère, les intersections des côtés opposés sont collimantes,*
théorème dont l'expression analytique la plus simple est

$$\delta_1'\,...\,\delta_6' - \lambda\delta_1''\,...\,\delta_6'' \equiv k\delta_1\,...\,\delta_5.\,\Delta\,,\quad .\ .\ .\ .\ 5)$$

et montre, en même temps, l'existence de trois sélatères conjugués entre eux.

(*) Pour la démonstration, voir F. G. S. C., p. 29.

Pour les droites $2''...5''$, il suffira de remplacer $1''$ par $2''$,...$5''$.

Comparant entre elles les relations obtenues, on trouvera :

$$\frac{(11'').(21'')...(51'')}{(1'1'').(2'1'')...(5'1'')} = \left[\quad\right]_{2''} = \left[\quad\right]_{3''} = \left[\quad\right]_{4''} = \left[\quad\right]_{5''} ;$$

elles expriment le théorème :

Théorème XXIX′. EXTENSION DU CORRÉLATIF DU THÉORÈME DE DESARGUES. *Dans un système de trois pentagones conjugués entre eux, si l'on joint leurs sommets à un centre quelconque (du plan) par des droites, ces trois quines de droites sont en involution.*

34′. On trouvera, comme au n° 8′, la forme symbolique plus générale de cette involution :

$$\overset{v}{\underset{r}{\Sigma}}\lambda'(X - X'_1)...(X - X'_5) \equiv 0.$$

35′. Du théorème qui précède, on déduit immédiatement celui que nous avons donné antérieurement pour une courbe de la cinquième classe en général (*), et qui s'énonce, dans le cas ici considéré :

Théorème XXX′. EXTENSION DU THÉORÈME DE BRIANCHON. *Dans un système de deux hexagones conjugués à un pentagone, les jonctions des sommets opposés sont concourantes.*

- L'expression la plus simple de ce théorème est

$$\varpi'_1 ... \varpi'_6 - \lambda\varpi''_1 ... \varpi''_6 \equiv \varpi_1 ... \varpi_5 . \Pi ; \quad . \quad . \quad . \quad . \quad 5')$$

on y découvre l'existence de trois hexagones conjugués entre eux.

(*) F. G. S. C., p. 49.

36. Ce théorème a, pour corollaires immédiats, les suivants (*) :

Théorème XXXI. *Si l'on combine trois à trois, dans un ordre quelconque, les couples de côtés opposés de deux sélatères conjugués inscrits à un quinquélatère (ou à une courbe du cinquième ordre), on obtient un hexagone inscrit à une conique.*

Théorème XXXII. *Si on les combine quatre à quatre, on obtient un système de deux quinquélatères conjugués inscrits à une courbe du troisième ordre.*

Théorème XXXIII. *Si on les combine cinq à cinq, on obtient un système de deux quinquélatères conjugués inscrits à une courbe du quatrième ordre.*

Si l'on exprime analytiquement ces trois corollaires (voir n° 17), on verra que, de l'identité

$$\delta'_1 \ldots \delta'_6 - \lambda \delta''_1 \ldots \delta''_6 \equiv k C_5 . \Delta,$$

on peut déduire les suivantes :

$$1° \quad \delta'_1 \delta'_2 \lambda'_3 - \lambda_1 \delta''_1 \delta''_2 \delta''_3 \equiv k_1 C'_2 . \Delta, \text{ etc.}$$

$$2° \quad \delta'_1 \ldots \delta'_4 - \lambda'_1 \delta''_1 \ldots \delta''_4 \equiv k'_1 C'_3 . \Delta, \text{ etc.}$$

$$5° \quad \delta'_1 \ldots \delta'_5 - \lambda''_1 \delta''_1 \ldots \delta''_5 \equiv k''_1 C'_4 . \Delta, \text{ etc.}$$

Et, en étendant cette même forme d'équation, on obtiendra le théorème général :

Théorème XXXIV. *Dans un système de deux* n *latères conjugués, inscrits à un quinquélatère (ou à une courbe du cinquième ordre), les couples de côtés non adjacents se coupent en* n (n — 5) *points situés sur un lieu d'ordre* n — 5.

37. Pour découvrir, dans les quinquélatères conjugués, l'existence du rapport anharmonique du cinquième ordre, partons de l'identité

$$\delta''_1 \ldots \delta''_5 \equiv \delta_1 \ldots \delta_5 - \lambda \delta'_1 \ldots \delta'_5; \quad \ldots \ldots \quad 4)$$

(*) *Bulletin de l'Académie*, 2ᵉ série, t. XLIV, p. 191.

36′. Ce théorème a, pour corollaires immédiats, les suivants :

Théorème XXXI′. *Si l'on combine trois à trois, dans un ordre quelconque, les couples de sommets opposés de deux hexagones conjugués à un pentagone (ou à une courbe de la cinquième classe), on obtient un hexagone circonscrit à une conique.*

Théorème XXXII′. *Si on les combine quatre à quatre, on obtient un système de deux tétragones conjugués à une courbe de la troisième classe.*

Théorème XXXIII′. *Si on les combine cinq à cinq, on obtient un système de deux pentagones conjugués à une courbe de la quatrième classe.*

En étendant la forme d'équation qui précède, on arriverait au théorème :

Théorème XXXIV′. *Dans un système de deux n gones conjugués à un pentagone (ou à une courbe de la cinquième classe), les jonctions des couples de côtés non adjacents, au nombre de* $n(n-5)$, *envelopperont une courbe de classe* $n-5$.

37′. Recherchons le rapport anharmonique du cinquième ordre dans l'identité

$$\varpi_1'' \ldots \varpi_5'' \equiv \varpi_1 \ldots \varpi_5 - \lambda \varpi_1' \ldots \varpi_5'.$$

Coupons, par une transversale quelconque, les *côtés* des penta-

joignons, à un centre quelconque, les sommets des quinquélatères 1, 2, 3, 4, 5 et 1', 2', 3', 4', 5', *sommets* qui sont les intersections du côté d'un quinquélatère avec deux des cinq côtés
de l'autre, pourvu que ces sommets déterminent complètement
les quinquélatères.

Nous choisirons, comme tels, les points

$$1'_2, 1'_5; \quad 2'_3, 2'_4; \quad 3'_4, 3'_5; \quad 4'_5, 4'_1; \quad 5'_1, 5'_2,$$

qui sont les intersections successives des côtés 1' et 2, 1' et 3, etc.

Conservons ces mêmes notations pour représenter les rayons
qui aboutissent à ces sommets; nommons $1'_2 1'_3$, $4'_1 5'_1$, etc., les
longueurs des côtés 1', 1, etc., comprises entre ces sommets;
nous aurons, comme au n° 28, en rapportant les distances δ_1...
au centre considéré :

$$\delta_1 = \frac{4'_1.5'_1.(4'_1 5'_1)}{4'_1 5'_1},$$

que nous écrirons

$$\delta_1 = |4'_1 5'_1|.$$

Nous aurons de même :

$$\delta_2 = |5'_2 1'_2|, \quad \delta_3 = |1'_3 2'_3|, \quad \delta_4 = |2'_4 3'_4|, \quad \delta_5 = |3'_5 4'_5|;$$
$$\delta'_1 = |1'_2 1'_3|, \quad \delta'_2 = |2'_3 2'_4|, \quad \delta'_3 = |3'_4 3'_5|, \quad \delta'_4 = |4'_5 4'_1|, \quad \delta'_5 = |5'_1 5'_2|;$$

et

$$\delta''_1 = |1'_2 3'_5|, \quad \delta''_2 = |1'_3 4'_5|, \quad \delta''_3 = |2'_3 4'_1|, \quad \delta''_4 = |2'_4 5'_1|, \quad \delta''_5 = |3'_4 5'_2|.$$

Substituant ces valeurs, développées, dans l'identité 4), et
supprimant les facteurs $4'_1$, $5'_1$, $5'_2$, $1'_2$, ..., qui seront communs à
tous les termes, nous trouverons

$$\frac{(4'_1 5'_1)\,(5'_2 1'_2)\,(1'_3 2'_3)\,(2'_4 3'_4)\,(3'_5 4'_5)}{4'_1 5'_1 \cdot 5'_2 1'_2 \cdot 1'_3 2'_3 \cdot 2'_4 3'_4 \cdot 3'_5 4'_5}$$
$$- \lambda \frac{(1'_2 1'_3)\,(2'_3 2'_4)\,(3'_4 3'_5)\,(4'_5 4'_1)\,(5'_1 5'_2)}{1'_2 1'_3 \cdot 2'_3 2'_4 \cdot 3'_4 3'_5 \cdot 4'_5 4'_1 \cdot 5'_1 5'_2}$$
$$= \frac{(1'_2 3'_5)\cdot(1'_3 4'_5)\cdot(2'_3 4'_1)\cdot(2'_4 5'_1)\cdot(3'_4 5'_2)}{1'_2 3'_5 \cdot 1'_3 4'_5 \cdot 2'_3 4'_1 \cdot 2'_4 5'_1 \cdot 3'_4 5'_2}$$

gones 1...5, 1'...5', que nous définirons comme plus haut, n° 28', et que nous nommerons

$$1'_2,\ 1'_3;\ 2'_3,\ 2'_4;\ 3'_4,\ 3'_5;\ 4'_5,\ 4'_1;\ 5'_1,\ 5'_2,$$

qui sont les jonctions respectives des sommets 1' et 2, 1' et 3, etc.

Conservons ces mêmes notations pour désigner les intersections de ces *côtés* avec la transversale; nous aurons :

$$\varpi_1 = \frac{4'_1 5'_1 \cdot (4'_1) \cdot (5'_1)}{(4'_1 5'_1)},$$

que nous écrirons $\{4'_1 5'_1\}$, et ainsi de suite.

Substituées dans l'identité précédente, ces expressions donnent :

$$\frac{4'_1 5'_1 \cdot 5'_2 1'_2 \cdot 1'_3 2'_3 \cdot 2'_4 3'_4 \cdot 3'_5 4'_5}{(4'_1 5'_1) \cdot (5'_2 1'_2) \cdot (1'_3 2'_3) \cdot (2'_4 3'_4) \cdot (3'_5 4'_5)}$$

$$- \lambda \frac{1'_2 1'_3 \cdot 2'_3 2'_4 \cdot 3'_4 3'_5 \cdot 4'_5 4'_1 \cdot 5'_1 5'_2}{(1'_2 1'_3) \cdot (2'_3 2'_4) \cdot (3'_4 3'_5) \cdot (4'_5 4'_1) \cdot (5'_1 5'_2)}$$

$$= \frac{1'_2 3'_5 \cdot 1'_3 4'_5 \cdot 2'_3 4'_1 \cdot 2'_4 5'_1 \cdot 3'_4 5'_2}{(1'_2 3'_5) \cdot (1'_3 4'_5) \cdot (2'_3 4'_1) \cdot (2'_4 5'_1) \cdot (3'_4 5'_2)}.$$

Comme les dénominateurs sont indépendants de la transversale, nous pourrons écrire, comme plus haut, n° 28' :

$$1...5 - \lambda 1'...5' \equiv k1''...5'',$$

et énoncer le théorème :

Théorème XXXV'. *Si l'on mène une droite quelconque dans le plan de trois pentagones conjugués entre eux, il existe une relation linéaire entre les produits des segments interceptés, sur cette droite, par les quines respectifs d'angles des trois pentagones,* qui n'est qu'une autre forme des théorèmes **XXVIII'** et **XXIX'**.

Si nous remarquons que les dénominateurs sont des quantités constantes, quel que soit le centre choisi, nous pourrons écrire, plus simplement :

$$(4_1'5_1') (5_2'1_2') (1_3'2_5') (2_4'3_4') (3_5'4_5')$$
$$- \lambda' (1_2'1_5') (2_3'2_4') (3_4'3_5') (4_5'4_1') (5_1'5_2')$$
$$= (1_2'3_5') . (1_3'4_5') . (2_3'4_1') . (2_4'5_1') . (3_4'5_2').$$

Or, les différents facteurs, qui entrent dans ces expressions, sont les angles soutendus, au centre du faisceau, par les côtés 1, 2, 3, 4, 5; 1′, 2′, 3′, 4′, 5′; 1″, 2″, 3″, 4″, 5″, qui sont limités respectivement par 4′, 5′; 5′, 1′; 1′, 2′; 2′, 3′; 3′, 4′; 2, 3; 3, 4; 4, 5; 5, 1; 1, 2; de sorte que la relation précédente pourra s'écrire :

$$(1) (2) (3) (4) (5) - \lambda' (1') (2') (3') (4') (5') = k (1'') (2'') (3'') (4'') (5''),$$

et s'énoncera :

Théorème XXXV. *Si, d'un centre quelconque (dans le plan), on mène les rayons aux sommets de trois quinquélatères conjugués entre eux, il existe une relation linéaire entre les produits des sinus des angles soutendus, en ce centre, par les quines respectifs de côtés des trois quinquélatères,*
énoncé qui ne diffère pas, dans le fond, ni de notre extension générale du théorème de Pappus (n° 32), ni de celle du théorème de Desargues (n° 33).

38. Si le centre du faisceau est un point du troisième quinquélatère, le second membre des identités précédentes est nul, et l'on a :

$$\lambda' = \lambda \frac{1 \ldots 5}{1' \ldots 5'} = \frac{(1) (2) (3) (4) (5)}{(1')(2')(3')(4')(5')} = \frac{(4_1'5_1')(5_2'1_2')(1_3'2_5')(2_4'3_4')(3_5'4_5')}{(1_2'1_5')(2_3'2_4')(3_4'3_5')(4_5'4_1')(5_1'5_2')}, \quad 6)$$

ou bien

$$\lambda' = \frac{(4_1'5_1') (5_2'1_2') (1_3'2_5') (2_4'3_4') (3_5'4_5')}{(4_5'4_1') (5_1'5_2') (1_2'1_5') (2_3'2_4') (3_4'3_5')};$$

expression dans laquelle on retrouve la loi de formation énoncée aux n°ˢ 20 et 29, et que nous àppellerons RAPPORT ANHARMONIQUE

38'. Si la transversale passe par l'un des sommets du pentagone $\varpi_1'' \ldots \varpi_5''$, on aura

$$\lambda \frac{(1) \ldots (5)}{(1') \ldots (5')} = \frac{1 \ldots 5}{1' \ldots 5'} = \frac{4_1'5_1' \cdot 5_2'1_2' \cdot 1_3'2_3' \cdot 2_4'5_4' \cdot 5_5'4_5'}{4_5'4_1' \cdot 5_1'5_2' \cdot 1_2'1_5' \cdot 2_3'2_4' \cdot 5_4'5_5'}, \quad . \quad 6')$$

expression dans laquelle on reconnait le RAPPORT ANHARMONIQUE
DU CINQUIÈME ORDRE.

Nous pourrons donc énoncer ce théorème fondamental :

DU CINQUIÈME ORDRE; nous pourrons donc énoncer ce théorème fondamental :

Théorème XXXVI. *Si l'on joint un point quelconque d'un quinqué-latère aux sommets* (*) *de deux quinquélatères conjugués au premier, le rapport anharmonique du faisceau ainsi formé est constant;*

et l'on peut ajouter (voir n° 20) que

Ce rapport est égal à celui des segments interceptés, entre les rayons, sur une transversale quelconque.

REMARQUE CAPITALE. Le théorème qui précède est manifestement applicable au cas où le premier quinquélatère est remplacé par une courbe du cinquième ordre, à laquelle les deux autres seraient conjugués (**).

Dans ce cas, nous aurons le théorème général :

Théorème XXXVII. *Si l'on joint un point quelconque d'une courbe du cinquième ordre aux sommets de deux quinquélatères conjugués à cette courbe, le rapport anharmonique du faisceau ainsi formé est constant,*

nouvelle extension de la *propriété anharmonique de quatre points d'une conique.*

39. En procédant comme au n° 30, et désignant par $4'_1$, $5'_1$, etc., les rayons qui joignent les extrémités des côtés des quinquéla-tères à un centre quelconque; par (1) etc., les sinus des angles soutendus, en ce centre, par les côtés 1, etc., nous écrirons identiquement :

$$\frac{4'_1 . 5'_1 . (1)}{(1)} . \frac{5'_2 . 1'_2 . (2)}{(2)} . \frac{1'_3 . 2'_3 . (3)}{(3)} . \frac{2'_4 . 3'_4 . (4)}{(4)} . \frac{3'_5 . 4'_5 . (5)}{(5)}$$

$$= \frac{1'_2 . 1'_3 . (1')}{(1')} . \frac{2'_3 . 2'_4 . (2')}{(2')} . \frac{3'_4 . 3'_5 . (3')}{(3')} . \frac{4'_5 . 4'_1 . (4')}{(4')} . \frac{5'_1 . 5'_2 . (5')}{(5')}$$

$$= \frac{1'_2 . 5'_5 . (1'')}{(1'')} . \frac{1'_3 . 4'_5 . (2'')}{(2'')} . \frac{2'_3 . 4'_1 . (5'')}{(5'')} . \frac{2'_4 . 5'_1 . (4'')}{(4'')} . \frac{5'_4 . 5'_2 . (5'')}{(5'')} ;$$

et nous énoncerons, par suite, le théorème :

(*) Voir plus haut comment nous avons défini ces *sommets.*
(**) F. G. S. C., p. 27.

Théorème XXXVI'. *Si l'on mène une droite quelconque par l'un des sommets d'un pentagone, elle rencontre les côtés (*) de deux pentagones conjugués au premier en dix points dont le rapport anharmonique est constant ;*

et l'on peut ajouter que

Ce rapport est égal à celui du faisceau formé par la jonction de ces points à un centre quelconque.

Remarque capitale. On peut remplacer le premier pentagone par une courbe de la cinquième classe, à laquelle les deux autres sont conjugués, et dire, dans ce cas :

Théorème XXXVII. *Une tangente quelconque à une courbe de la cinquième classe rencontre les côtés de deux pentagones conjugués à cette courbe en dix points, dont le rapport anharmonique est constant.*

Cette propriété de dix tangentes à une courbe de la cinquième classe correspond à la *propriété anharmonique de quatre tangentes à une conique.*

39'. Écrivons identiquement :

$$\frac{(4_1').(3_1').1}{1} \cdot \frac{(3_2').(1_2').2}{2} \cdot \frac{(1_3').(2_3').5}{5} \cdot \frac{(2_4').(3_4').4}{4} \cdot \frac{(3_5').(4_5').5}{5} =$$

$$\frac{(1_2').(1_3').1'}{1'} \cdot \quad . \quad . \quad . \quad . \quad . \quad . \quad . \quad . \quad . \quad =$$

$$\frac{(1_2').(3_5').1''}{1''} \cdot \quad . \quad . \quad . \quad . \quad . \quad . \quad . \quad . \quad . \quad ,$$

nous pourrons énoncer le théorème :

Théorème XXXVIII. *Dans le cas de trois pentagones conjugués entre eux, dont les côtés (**) sont coupés par une droite quelconque, si l'on forme le produit des quotaires des triangles qui ont leurs*

(*) Définis plus haut.

(**) *Ibid.*

Théorème XXXVIII. *Dans le cas de trois quinquélatères conjugués entre eux, dont les sommets* (*) *sont joints à un centre quelconque, si l'on forme le produit des aires des cinq triangles qui ont leurs sommets en ce centre, et pour bases respectives les côtés de chaque quinquélatère, et qu'on divise ce produit par celui des sinus des angles formés au sommet de chacun de ces triangles, le quotient obtenu sera constant pour chacun des trois quinquélatères.*

Si nous exprimons les aires de ces triangles au moyen du produit de la base par la hauteur, en désignant les bases par 1, etc., les égalités précédentes s'écriront :

$$\frac{1.\delta_1}{(1)} \cdot \frac{2.\delta_2}{(2)} \cdot \frac{3.\delta_3}{(3)} \cdot \frac{4.\delta_4}{(4)} \cdot \frac{5.\delta_5}{(5)} = \frac{1'.\delta_1'}{(1')} \cdots \frac{5'.\delta_5'}{(5')} = \frac{1''.\delta_1''}{(1'')} \cdots \frac{5''.\delta_5''}{(5'')},$$

Si le centre du faisceau est pris en un point quelconque du lieu qui a pour équation

$$C_5 \equiv \delta_1 \ldots \delta_5 - \lambda \delta_1' \ldots \delta_5' = 0, \quad \ldots \ldots \quad 7)$$

on aura donc :

$$\lambda = \frac{\delta_1 \ldots \delta_5}{\delta_1' \ldots \delta_5'} = \frac{1' \ldots 5'}{1 \ldots 5} \cdot \frac{(1)(2)\ldots(5)}{(1')(2')\ldots(5')},$$

ce qui nous ramène à la propriété anharmonique trouvée plus haut.

40. Si nous recherchons la signification géométrique de l'équation

$$C_5 \equiv \delta_1 \ldots \delta_5 - \lambda \delta_1' \ldots \delta_5' = 0$$

par la méthode du n° 31, en écrivant

$$\delta_1 = \frac{1.(14_1').(15_1')}{(1)}, \quad \delta_2 = \frac{2.(25_2').(21_2')}{(2)}, \quad \delta_3 = \frac{3.(31_3').(32_3')}{(3)},$$

$$\delta_4 = \frac{4.(42_4').(43_4')}{(4)}, \quad \delta_5 = \frac{5.(53_5').(54_5')}{(5)},$$

$$\delta_1' = \frac{1'.(1'1_2').(1'1_3')}{(1')}, \quad \delta_2' = \frac{2'.(2'2_3').(2'2_4')}{(2')}, \quad \delta_3' = \frac{3'.(3'3_4').(3'3_5')}{(3')},$$

$$\delta_4' = \frac{4'.(4'4_5').(4'4_1')}{(4')}, \quad \delta_5' = \frac{5'.(5'5_1').(5'5_2')}{(5')},$$

(*) Voir plus haut la définition de ces *sommets*.

bases sur cette droite, et pour angles adjacents respectifs ceux que celle-ci fait avec ces mêmes côtés, et qu'on divise ce produit par celui des bases, le quotient obtenu sera constant pour chaque pentagone.

Mais on a :

$$(4_1') \cdot (5_1') \cdot 1 = (1) \cdot \varpi_1, \text{ etc.}$$

Ces valeurs substituées dans les égalités précédentes donnent :

$$\frac{(1) \cdot \varpi_1}{5} \ldots \frac{(5) \cdot \varpi_5}{5} = \frac{(1') \cdot \varpi_1'}{1'} \ldots \frac{(5') \cdot \varpi_5'}{5'} = \frac{(1'') \cdot \varpi_1''}{1''} \ldots \frac{(5'') \cdot \varpi_5''}{5''} \cdot$$

Si la transversale est tangente au lieu qui a pour équation

$$C_5' \equiv \varpi_1 \ldots \varpi_5 - \lambda \varpi_1' \ldots \varpi_5' = 0, \quad \ldots \ldots 7')$$

(que ce soit un pentagone ou une courbe de la cinquième classe) on aura donc

$$\lambda = \frac{\varpi_1 \ldots \varpi_5}{\varpi_1' \ldots \varpi_5'} = \frac{(1') \ldots (5')}{(1) \ldots (5)} \cdot \frac{1 \ldots (5)}{1' \ldots (5')},$$

c'est-à-dire la *propriété anharmonique* trouvée plus haut.

40′. Si nous recherchons la signification géométrique de l'équation

$$C_5' \equiv \varpi_1 \ldots \varpi_5 - \lambda \varpi_1' \ldots \varpi_5' \quad \ldots \ldots \ldots 7')$$

par la méthode du n° 31′, en écrivant

$$\varpi_1 = \frac{14_1' \cdot 15_1' \cdot (1)}{(1)} \text{ etc.,}$$

nous obtiendrons, en substituant, et en comparant la valeur de λ à celle de la relation 6′) :

$$\lambda^2 = \frac{14_1' \cdot 15_1' \cdot 25_2' \cdot 21_2' \cdot 31_3' \cdot 32_3' \cdot 42_4' \cdot 43_4' \cdot 53_5' \cdot 54_5'}{1'1_2' \cdot 1'1_3' \cdot 2'2_3' \cdot 2'2_4' \cdot 3'3_4' \cdot 3'3_5' \cdot 4'4_5' \cdot 4'4_1' \cdot 5'5_1' \cdot 5'5_2'},$$

c'est-à-dire :

nous obtiendrons, en substituant et comparant à la relation 6) :

$$\lambda^2 = \frac{(14_1') \cdot (15_1') \cdot (25_2') \cdot (21_2') \cdot (31_3') \cdot (32_3') \cdot (42_4') \cdot (43_4') \cdot (53_5') \cdot (54_5')}{(1'1_2') \cdot (1'1_3') \cdot (2'2_3') \cdot (2'2_4') \cdot (3'3_4') \cdot (3'3_5') \cdot (4'4_5') \cdot (4'4_1') \cdot (5'5_1') \cdot (5'5_3')},$$

c'est-à-dire :

Théoreme XXXIX. *Si une courbe du cinquième ordre est conju-guée à deux quinquélatères, et qu'on joigne les sommets de ceux-ci à un point quelconque de la courbe, le rapport des produits des sinus des angles comptés, dans le premier quinquélatère, depuis les côtés de celui-ci jusqu'aux rayons aboutissant à leurs extré-mités, à ceux des sinus des angles, comptés de même dans le se-cond, est constant.*

41. Il serait fort aisé d'étendre les théories qui précèdent à un système de trois *n* latères conjugués entre eux, c'est-à-dire satisfaisant à l'identité

$$\delta_1'' \dots \delta_n'' \equiv \delta_1 \dots \delta_n - \lambda \delta_1' \dots \delta_n',$$

et d'en déduire tous les théorèmes que nous avons donnés plus haut relativement aux bilatères, trilatères, quadrilatères et quin-quélatères conjugués, ou à des courbes rapportées à de sembla-bles systèmes, ainsi que l'expression du rapport anharmonique du *n*° ordre.

Mais nous croyons d'autant plus superflu de nous y arrêter, que nous avons démontré (*) qu'au delà du cinquième ordre, l'équation d'une courbe ne peut pas, en général, se mettre sous la forme

$$C_n \equiv \delta_1 \dots \delta_n - \lambda \delta_1' \dots \delta_n' = 0.$$

Bornons-nous donc à faire remarquer que la loi de formation que nous avons trouvée pour les rapports anharmoniques du

(*) F. G. S. C., p. 11.

Théorème XXXIX. *Si une courbe de la cinquième classe est conjuguée à deux pentagones, et qu'on coupe les côtés de ceux-ci par une
tangente quelconque à la courbe, le rapport des produits des côtés
du premier pentagone, comptés depuis les sommets de celui-ci
jusqu'à cette tangente, à ceux du second, comptés de même, est
constant.*

troisième, du quatrième et du cinquième ordre est tout à fait générale, et que le RAPPORT ANHARMONIQUE DU n^e ORDRE s'écrira, par suite, pour un faisceau de $2n$ droites, en continuant à faire usage des notations qui précèdent :

$$\lambda' = \frac{(\overline{n'-1}_1, n_1')\,(n_2'1_2')\,(1_3', 2_3')\,\ldots\,(\overline{n'-2}_n, \overline{n'-1}_n)}{(\overline{n'-1}_n, \overline{n'-1}_1)\,(n_1'n_2')\,(1_2'1_3')\,\ldots\,(\overline{n'-2}_{n-1}, \overline{n'-2}_n)}$$

ou, si l'on veut remplacer les notations

$$\overline{n'-1}_1,\ n_1',\ n_2',\ 1_2',\ 1_3',\ 2_3'\ldots\overline{n'-2}_n,\ \overline{n'-1}_n$$

par les nombres naturels $1, 2, 3, 4, 5, 6\ldots2n-1, 2n$:

$$\lambda' = \frac{(1, 2)\,(3, 4)\,(5, 6)\,\ldots\,(2n-1, 2n)}{(2n, 1)\,(2, 3)\,(4, 5)\,\ldots\,(2n-2, 2n-1)}.$$

§ VIbis. RAPPORT ANHARMONIQUE DU CINQUIÈME ORDRE (*).

41bis. Le rapport anharmonique du cinquième ordre, ou des dix rayons $\alpha + \lambda_{1\ldots10}\beta = 0$, s'écrira, suivant les conventions du n° 22bis :

$$r_5 = (12\ldots10) = \frac{(\lambda_1 - \lambda_2)\,(\lambda_3 - \lambda_4)\,\ldots\,(\lambda_9 - \lambda_{10})}{(\lambda_{10} - \lambda_1)\,(\lambda_2 - \lambda_3)\,\ldots\,(\lambda_8 - \lambda_9)};$$

et l'on voit immédiatement que l'on aura (**) :

$$(1214161810) = 1,$$
$$(1234161810) = -(1234),$$
$$(1234561810) = (123456),$$
$$(1234567810) = -(12345678);$$

on voit, en outre, que le rapport r_5 ou $(12\ldots90)$ est identique aux suivants

$$(34\ldots9012),\quad (56\ldots1234),\quad (78\ldots3456),\quad (90\ldots5678),\ \ldots\ \ 1)$$

(*) Voir *Bull. de l'Acad.*, 2e sér., t. XLIV, pp. 469 et suiv.
(**) Pour éviter toute ambiguïté, nous remplacerons 10 par 0.

et qu'il est permis, de plus, de renverser l'ordre des figures dans chacune de ces expressions.

Les formules qui suivent donneront le moyen d'exprimer le rapport du cinquième ordre par des produits de rapports d'ordre inférieur :

$$r_5 = (12 \ldots 0) = - (12 \ldots 8)(1890),$$

ou, en remplaçant $(12 \ldots 8)$ par ses valeurs, trouvées au n° 31bis :

$$\left. \begin{aligned} r_5 &= (123456)(1678)(1890), \\ r_5 &= - (1234)(1456)(1678)(1890), \\ r_5 &= - (1234)(5678)(1458)(1890). \end{aligned} \right\} \quad \ldots \ldots \ldots \quad 2)$$

On trouverait aussi directement

$$r_5 = (12 \ldots 6) . (167890),$$

ce qui n'est, du reste, autre chose que la première ou la deuxième des formules précédentes.

En appliquant les formules 2) aux expressions 1), on en trouverait d'autres, toutes équivalentes à r_5.

L'extension, au rapport anharmonique du n^e ordre, des formules que nous avons trouvées pour le troisième, le quatrième et le cinquième, est tellement simple que nous ne nous y arrêterons pas, nous bornant à donner l'expression de ce rapport au moyen d'un produit de rapports du second ordre :

$$r_n = (-1)^n . (1234) . (1456) . (1678) \ldots (1\,2n-4\;2n-3\;2n-2) . (12n-2\;2n-1\;2n).$$

Nous ne nous arrêterons pas davantage à rechercher les formules analogues à celles que nous avons données aux numéros 22bis et 31bis pour le troisième et le quatrième ordre ; cela nous entraînerait trop loin.

§ VI^{ter}. Involution du cinquième ordre (*).

41ter. Ici encore, nous nous contenterons d'indiquer les formules au moyen desquelles l'involution du cinquième ordre pourra s'exprimer par des relations entre les différents rapports anharmoniques du même ordre ou des ordres inférieurs.

Cette involution s'exprime, n° 33, par les formules

$$\frac{11'.12'.13'.14'.15'}{11''.12''.13''.14''.15''} = \left[\quad \right]_2 = \left[\quad \right]_3 = \left[\quad \right]_4 = \left[\quad \right]_5, \quad . \quad 1)$$

dans lesquelles on peut évidemment intervertir les accents ou les figures.

(*) Voir *Bull. de l'Acad.*, 2e sér., t. XLIV, pp. 88 et suiv.

Celles-ci pourront se remplacer par la suivante :

$$\overset{5'}{\underset{1'}{\Pi}} \mid 11'21'' \mid = 1, \quad . \quad . \quad . \quad . \quad . \quad . \quad . \quad 2)$$

et par celles qu'on en déduit en avançant les figures 1 et 2 successivement d'un, de deux, de trois ou de quatre rangs.

De même, l'involution des quatre quines $1 \ldots 5$, $1' \ldots 5'$, ..., $1''' \ldots 5'''$ s'exprimerait par

$$\overset{5'}{\underset{1'}{\Pi}} \mid 11'21''51''' \mid = -1 . \quad . \quad . \quad . \quad . \quad . \quad . \quad 3)$$

et par les formules qui s'en déduisent en avançant les accents, ou les intervertissant entre eux.

Celle des cinq quines de points $1 \ldots 5$, ..., $1^{\mathrm{IV}} \ldots 5^{\mathrm{IV}}$ s'exprimerait par

$$\overset{5'}{\underset{1'}{\Pi}} \mid 11'21''51'''41^{\mathrm{IV}} \mid = 1 \quad . \quad . \quad . \quad . \quad . \quad . \quad . \quad 4)$$

et par les formules qui s'en déduisent comme plus haut.

Enfin, l'involution des six quines de points $1 \ldots 5$, ..., $1^{\mathrm{V}} \ldots 5^{\mathrm{V}}$ se traduirait par la formule

$$\overset{5'}{\underset{1'}{\Pi}} \mid 11'21''51'''41^{\mathrm{IV}}51^{\mathrm{V}} \mid = -1, \quad . \quad . \quad . \quad . \quad . \quad 5)$$

et par celles qui s'en déduisent de même.

La régularité qui se manifeste dans ces formules, non-seulement en met l'exactitude hors de doute, mais permet, de plus, de les généraliser avec la plus grande facilité.

CONCLUSION.

—

Il nous resterait encore à traiter de la génération des courbes du n^e ordre au moyen des points n^{uples} d'intersection des rayons de n faisceaux homographiques, ou de n faisceaux de n^e ordre, ainsi que de la véritable conception du principe de dualité.

Quant au premier de ces points, nous nous bornerons, pour aujourd'hui, à renvoyer aux Notes que nous avons déjà publiées sur ce sujet (*).

Quant au second, il demande, pour que la dualité apparaisse avec une parfaite évidence, à être traité d'abord dans l'espace.

Ce n'est donc pas ici le lieu de nous en occuper. Nous voulons d'autant moins le faire, que nos rectordonnées, ramenées de l'espace dans le plan, nous feraient retomber tout simplement, pensons-nous, sur les coordonnées tangentielles, telles que Clebsch les a déduites, dans son ouvrage posthume (**), des coordonnées trigonales de la droite.

Les théories que nous venons d'exposer, jointes à celles que M. Le Paige a découvertes (***), permettront de construire par points, d'une manière élégante, une courbe supérieure déterminée par un nombre suffisant de conditions.

Ces constructions feront l'objet d'un prochain travail, pour lequel M. Le Paige a bien voulu nous promettre sa collaboration.

(*) *Bull. de l'Acad.*, t. XLIV, p. 474; et *Recherches de Géométrie supérieure*, t. LXVI, p. 195.

(**) CLEBSCH-LINDEMANN, *Vorlesungen über Geometrie.*

(***) *Bull. de l'Acad.*, t. XLIV, pp. 94-96, 158-166, 247-259.

Ibid.,   t. XLV, pp. 231-237, 365-586, 546-561.

ERRATA.

—

Page	Ligne haut.	Ligne bas.	Au lieu de	Lisez
12	2		ou	est
13	9		*by*	*b*Y.
14		1	BELGIQUE	BELGIQUE, 2ᵉ sér., t. XLI, nº 1.
37	1		nº 9′	nº 9.
38		5	*bilatères*	*trilatères*.
43			DE	CHAÎNE DE.
57	2		ϖ	ϖ_1.
59			ce que	ce qui.
74		11	On... suivants . . .	on... suivantes.
82		7	*leur sommet* . . .	*leurs sommets*.
91			$+\,14'...+14''$. . .	$+\,k'...+k''$.
94		14	λ'_3	∂'_3.

TABLE DES MATIÈRES.